北京工业大学研究生创新教育系列教材

复合材料力学

Mechanics of Composite Materials

杨庆生　著

科 学 出 版 社

北 京

内 容 简 介

本书为"复合材料力学"课程的教学而编写，包含复合材料细观力学和复合材料宏观力学两部分。本书以各向同性弹性力学为起点，系统地阐述复合材料力学的基本概念、基本知识和扩展的研究课题，介绍复合材料力学的思想方法、研究手段和发展趋势。

本书可作为力学、机械、土木与材料等专业的研究生、高年级本科生的教材，亦可作为相关专业领域科研人员的参考书。

图书在版编目(CIP)数据

复合材料力学/杨庆生著. —北京：科学出版社，2020.5
北京工业大学研究生创新教育系列教材
ISBN 978-7-03-064627-9

I.①复… Ⅱ.①杨… Ⅲ.①复合材料力学-研究生-教材 Ⅳ.①TB330.1

中国版本图书馆 CIP 数据核字 (2020) 第 037650 号

责任编辑：刘信力 杨 探／责任校对：彭珍珍
责任印制：赵 博／封面设计：无极书装

科 学 出 版 社 出版
北京东黄城根北街 16 号
邮政编码：100717
http://www.sciencep.com
北京凌奇印刷有限责任公司印刷
科学出版社发行 各地新华书店经销
*
2020 年 5 月第 一 版 开本：720×1000 1/16
2024 年 1 月第三次印刷 印张：17
字数：330 000
定价：98.00 元
(如有印装质量问题，我社负责调换)

前　　言

　　本书是为力学类、机械类和土木类及其相关专业的研究生或高年级本科生"复合材料力学"课程教学而编写的教材。

　　复合材料力学研究复合材料的细观、宏观力学行为，是固体力学的一个重要分支。复合材料力学随着工程复合材料的迅速发展和广泛应用而兴起，已经成为较成熟的学科分支。

　　由两种或两种以上的单一材料复合而成的材料，称为复合材料。复合材料一般由基体相和增强相组成。增强相是主要的承载单元，分布或弥散于基体相中；基体相则起到连接增强相的作用，在增强相之间传递应力。这些复合材料再以不同的形式进一步被制造成形形色色的工程结构。复合材料力学从细观上研究由各相组分和界面组成的细观结构的相互作用，从宏观上研究复合材料的结构力学行为。因此，复合材料力学一般被简单地分为复合材料细观力学 (或复合材料的材料力学)和复合材料宏观力学 (或复合材料的结构力学)。

　　复合材料细观力学研究复合材料细观结构 (包括组分相、界面、缺陷等) 的力学特性和细观结构的宏观力学行为。复合材料作为多层级材料 (hierarchical material)具有基本清晰稳定的细观结构，而细观结构的状态决定了复合材料的宏观力学性能。复合材料细观力学的主要任务是在细观层次上研究细观结构的各组分 (包括界面、缺陷等) 的相互作用、缺陷与损伤的萌生、演化规律，以及细观结构的有效性能或整体性能。

　　复合材料宏观力学是将复合材料结构从宏观上看作均匀的连续介质，采用连续介质力学的方法研究各种形式的复合材料结构的力学性能。相对成熟的部分是连续纤维复合材料的层合板理论，其主要思想是将单向纤维增强的一个单层板看作均匀的各向异性的连续板，然后将各层的应力合成为横截面上的内力，建立板的内力与变形之间的关系，从而得到层合板的整体刚度。经过这种处理，一个由连续纤维增强单层板组成的层合板就近似为连续的各向异性均匀板。复合材料宏观力学关注的另一个主要问题是复合材料结构的强度问题，这涉及局部应力分布的详细计算。这时，各向异性材料的弹性力学、断裂力学、非线性连续介质力学的基本理论都可以适用。有限元法等计算力学方法亦被广泛应用。层合结构、蜂窝夹层结构、加筋结构等是主要的工程结构应用形式，其应力分析一直是复合材料力学的研究热点。

复合材料力学的研究方法有解析、实验和数值方法，涉及复合材料的细观和宏观两种层次的力学性能。在实际研究和应用中，需要根据复合材料的特点将多种研究手段进行综合应用，使得人们对复合材料的力学行为和其他物理性能有更为全面的理解和认识。

随着复合材料的日益发展和广泛应用，复合材料力学的研究范围也在逐渐扩大，特别是随着纳米复合材料和智能复合材料的发展，复合材料力学正在向多尺度和多场耦合的方向延伸，例如，从原子尺度、细观尺度到宏观工程尺度的力学行为关联；热、电、磁、光、化学等多场作用下复合材料的力学行为等。一些极端环境下，如超高温、超低温、高辐射、超高速冲击的问题，也是复合材料力学的研究热点。

由于复合材料自身的飞速发展，复合材料力学的内容也在不断丰富，一些特殊的专题性内容就可以写一部很厚的著作，因此确定一本通用教材的内容体系还是很难取舍的。本书主要介绍复合材料力学的基本内容和方法，分为两大部分：一是复合材料细观力学，主要关注如何建立和分析具有细观不均匀结构的复合材料的力学性能；二是复合材料结构力学，主要研究单向纤维增强的单层板和以单层板为单元的层合结构的力学行为。

本书分为 13 章，其中第 1 章为复合材料力学概论，第 2 章 ~ 第 6 章为复合材料细观力学，第 7 章 ~ 第 13 章为复合材料结构力学，弹性力学和有限元法的基础知识作为附录列于书后。

"复合材料力学"课程在北京工业大学已经开设多年，2016 年被列为教育部工程专业研究生在线课程，2018 年作为大型开放式网络课程 (MOOC) 正式在线运行，已经有千名计的学生注册学习。本书作为课程讲义已经使用多年，并逐年修订完善。本书仍有许多不足之处，欢迎批评指正。

目　　录

第1章　复合材料力学概论

1.1　复合材料的定义

由两种或两种以上的单一材料复合而成的材料,称为**复合材料**。复合材料的类型和应用是非常广泛的,例如,在泥土中加入植物秸秆做成的土坯、在水泥中加入砂石形成的混凝土等都是复合材料。用先进纤维增强的聚合物、金属和陶瓷等是现代工程中广泛应用的复合材料。还有些复合材料是由同一种物质但以不同形态存在的材料组成的,如 C/C 复合材料等。不同于化合物和合金材料,复合材料中的组分材料始终作为独立形态的单一材料而存在,没有明显的化学反应。

复合材料中的组分材料一般可分为基体相和增强相。增强相是主要的承载单元,分布或弥散于基体相中;基体相则起到连接增强相的作用,并在增强相之间传递应力。复合材料的性能比其组分材料更优越,并可展示出一些新的性能。根据应用领域的不同,复合材料将几种单相材料的性能复合在一种材料中,具有独特的优点和性能,如图 1.1 所示。

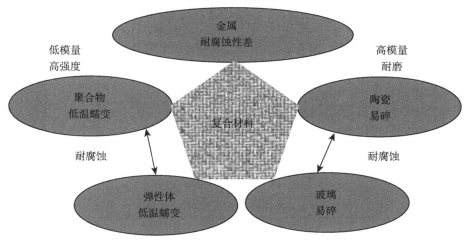

图 1.1　复合材料的复合效应与优点

复合材料的历史可追溯到久远的古代,用泥土和稻草混合砌成的泥墙很早就开始应用。近代的胶合木板等也是广泛应用的复合材料。但以树脂基复合材料为先驱的现代复合材料是在 20 世纪 30 年代诞生的,并在 40 年代初的第二次世界大战中得以应用。从此以后,军事上的应用和军备竞赛一直是复合材料发展的主要动力,并且逐渐向民用方向发展。随着科技和社会的发展,复合材料正在迅速地应用于各民用工业领域。复合材料的发展历史再次证明了人类制造材料和应用材料的进步是与人类社会的文明进步共同发展的。在科技突飞猛进的今天,复合材料仍然是人类社会重要的物质基础和支柱材料。

现在,以各种先进纤维和高性能基体制造的复合材料已经广泛应用于工业领域和日常生活中。在航空航天领域,以各种复合材料制造的结构部件已经占到整个结构的较大比例。例如,航天飞行器和卫星的主要部件采用高性能金属基复合材料,玻璃和碳纤维复合材料应用于飞机的机翼等部件。全复合材料飞机已经投入应用多年,并显示出良好的力学和物理性能。在交通运输和汽车工业中,有复合材料铁路客车、汽车车体、各种船舶及其部件等。在体育器械和娱乐工具,以及工业设备和化工、管道上也有大量的应用。

近年来,一个异军突起的应用领域是在土木工程和建筑结构方面,复合材料除了直接用于建造桥梁、房屋结构及其部件外,还在既有大型结构的加固和翻新中显示出巨大的应用前景和优势。特别是在对地震和其他各种破坏造成的桥梁与建筑结构的加固、翻新,以及沿海的强腐蚀环境下的结构建造中,复合材料已经成为首选的结构材料。

1.2   复合材料的种类和特点

与所有其他材料一样,复合材料分为结构复合材料和功能复合材料两大类。同时具有结构和功能特性的智能复合材料也在迅速发展。复合材料的类型很多,可以依据其特性、应用、组分材料等特点分类。

根据基体材料的类型,复合材料可分为三类。

(1) 树脂基复合材料:以高分子聚合物作为基体材料。各种类型的树脂最为常用,例如,环氧树脂、聚酯、聚乙烯等。表 1.1 给出了常用聚合物基体的力学性能。树脂基复合材料是工程常用的结构复合材料。

表 1.1   常用聚合物基体的力学性能

材料		拉伸强度/MPa	模量/GPa	密度/(kg/m³)	比强度/($\times 10^3$m)	比模量/($\times 10^3$m)
热固性聚合物树脂	环氧树脂	60~90	2.4~4.2	1.2~1.3	7.5	350
	聚酯	30~70	2.8~3.8	1.2~1.35	5.8	310
	酚醛树脂	40~70	7~11	1.2~1.3	5.8	910
	有机硅树脂	25~50	6.8~10	1.35~1.4	3.7	740
	聚酰亚胺	55~110	3.2	1.3~1.43	8.5	240

续表

	材料	拉伸强度/ MPa	模量/ GPa	密度/ (kg/m³)	比强度/ (×10³m)	比模量/ (×10³m)
热塑性聚合物	聚乙烯	20~45	6~8.5	0.95	4.7	890
	聚苯乙烯	35~45	30	1.05	4.3	2860
	聚丙烯	35~40	1.4	0.89~0.91	4.5	150
	尼龙	80	2.8	1.14	7.0	240
	聚碳酸酯	60	2.5	1.32	4.5	190

(2) 金属基复合材料：以铝、镍、钛、镁、铜等金属为基体材料。

(3) 陶瓷基复合材料：以 SiO_2、SiC、Si_3N_4 等各种陶瓷为基体材料。

按增强相的种类和形态，复合材料可分为以下几类，如图 1.2 所示。

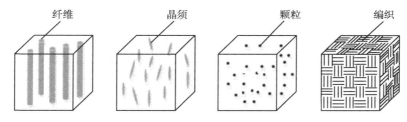

图 1.2　复合材料的类型

(1) 连续纤维增强复合材料。作为增强相的纤维是连续的无限长纤维，如玻璃纤维，Nicalon，尼龙，以及碳、硼纤维等。表 1.2 列出了常用纤维的力学性能。单向连续纤维复合材料沿着纤维的方向具有很高的强度和刚度，而垂直于纤维方向上的性能较差。为了弥补某些方向上较低的力学性能，或为了得到各方向上性能较为均衡的复合材料，一般采用沿不同方向铺层的层合形式。

表 1.2　常用纤维的力学性能

材料		拉伸强度/MPa	模量/GPa	密度/(kg/m³)	比强度/(×10³m)	比模量/(×10³m)
芳纶纤维		3500~5500	140~180	1.4~1.47	390	12800
聚乙烯纤维		2600~3300	120~170	0.97	310	17500
碳纤维	高强	7000	300	1.75	400	17100
	高模	2700	850	1.78	150	47700
硼纤维		2500~3700	390~420	2.5~2.6	150	16800
氧化铝纤维		2400~4100	470~530	3.96	100	13300
碳化硅纤维		2700	185	2.4~2.7	110	7700
碳化钛纤维		1500	450	4.9	30	9100
玻璃纤维		3100~5000	72~95	2.4~2.6	200	3960
石英纤维		6000	74	2.2	270	3360
玄武岩纤维		3000~3500	90	2.7~3.0	130	3300

(2) 短纤维增强复合材料。增强相是具有一定长度的短纤维。短纤维由连续纤维切割而成，金属和陶瓷晶须也可看作短纤维。短纤维在空间或平面内一般呈随机分布，因而复合材料具有空间或平面内的各向同性性质。通过一定的定向技术，也可制造单向或具有一定取向的短纤维复合材料。

(3) 颗粒增强复合材料。增强相被加工成细小的颗粒状或粉末状，将颗粒弥散于基体材料中并使它们黏接复合而成。

(4) 编织复合材料。将纤维采用纺织、编织或缝纫的形式做成各种形状的织物或毡物，然后再与基体复合，这样可使增强相的一体性大为增强。

复合材料的特点因其种类不同而有所差异，一般而言，复合材料具有如下特点：

(1) 比模量和比强度高。比模量和比强度分别是指模量与质量、强度与质量的比值。一般复合材料，特别是纤维复合材料，都具有较高的比模量和比强度。例如，碳纤维/环氧树脂复合材料的比强度是普通钢材的 5 倍、铝合金的 4 倍，比模量是钢、铝的 4~6 倍，如图 1.3 所示。

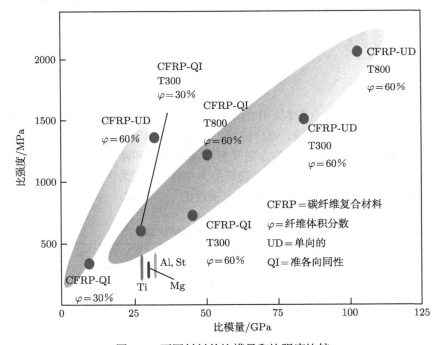

图 1.3 不同材料的比模量和比强度比较

(2) 抗疲劳性能好。金属材料的疲劳破坏主要由主裂纹控制，而复合材料在疲劳破坏之前，往往在高应力区出现大面积的损伤区，具有明显的破坏预兆。单向纤维复合材料的拉–拉疲劳极限一般可达到其静强度的 40%~70%，而金属材料一般为 30%~50%。

(3) 可设计性好。复合材料的细观结构决定了它的力学性能，可以通过选择细观结构参数，在很大的范围内设计其性能。这一特点也正是复合材料最具魅力之处。

(4) 材料与结构的一体性。与传统意义上的均匀材料不同，复合材料本身具有一定的细观结构，因此可以认为复合材料本身是一种结构。另外，复合材料在制造过程中就按特定的工程结构形式设计，并且可以一次成型，具有良好的工艺性能。复合材料的力学性能往往与其结构形式有关。

另外，复合材料还具有良好的减震性能、较小的热膨胀系数、良好的破损安全性能和耐腐蚀、耐磨损等优点。表 1.3 列出了部分纤维复合材料的力学性能。

表 1.3　部分纤维复合材料的力学性能

特性	单向纤维增强复合材料			
	玻璃/环氧	硼/环氧	石墨/环氧	凯芙拉/环氧
纵向杨氏模量 E_1/GPa	54	207	207	76
横向杨氏模量 E_2/GPa	18	21	5	5.5
面内泊松比 ν_{12}	0.25	0.3	0.25	0.34
面内剪切模量 G_{12}/GPa	9	9	2.6	2.1

当然，复合材料也有很多不足，主要有性能数据分散性较大、制造工艺和技术尚有不完善之处、结构的工程应用经验少等。另一个非常致命的缺陷是复合材料的环境保护性能较差，包括废料的回收、销毁和再利用等，这些问题急需改进和解决。

1.3　从宏观连续介质力学到细观结构力学

经典连续介质力学的理论建立在介质连续性、均匀性假设的基础上。材料力学、弹性力学、塑性力学都属于经典力学的范畴。如图 1.4 所示，在伽利略的木梁弯曲实验中，就假设了材料是连续的、均匀的、没有缺陷的，而忽略了材料中可能存在的缺陷和不均匀性。

20 世纪 60 年代，断裂力学的发展解决了工程中经常发生的材料和结构的突然断裂问题。断裂力学的思想是在连续介质中引入一条宏观裂纹。在裂纹的尖端，存在很强的应力集中或应力奇异性，导致材料在低应力水平下发生破坏。因此，裂纹的行为决定了材料的整体强度和使用寿命。断裂力学在强度之外引入了材料韧性的概念，即裂纹开裂所需的能量，这也是衡量材料力学性能的一个重要指标。

按照弹性断裂力学的思想，在尖锐裂纹的尖端，存在应力集中问题，从而使材料在低应力水平下被破坏。有些材料会在应力集中区产生塑性屈服，从而缓解应力的集中程度, 这导致了弹塑性断裂力学的形成和发展。断裂力学解决了工程上遇到的重要力学问题, 例如, 压力容器的力学计算与设计问题等。

图 1.4 伽利略 (Galileo, 1564—1642) 进行木梁弯曲实验的装置

20 世纪 80 年代初期发展的细观力学, 不再将材料看成连续介质, 而是在更细观的层次引入细观结构。这样材料具有了两个尺度上的特性: 在宏观上是连续的均匀介质, 在细观上是具有细观结构的非均匀介质。

由上述简略的回顾, 我们可以看出固体力学发展的基本脉络, 从连续介质力学 (没有任何缺陷) 到宏观断裂力学 (引入宏观缺陷), 再到现在的细观力学 (考虑细观结构), 是一个逐步细化的发展过程。目前正在发展的是多尺度微结构的性能关联。

从材料的组成上看, 所有的材料都是由微小的粒子组成的, 即便是单质材料, 也是由更小的原子、分子组成的。因此, 材料的表现形态与观察它的尺度层次有关。例如, 金属材料在宏观层次可以认为是连续均匀的材料, 可以用经典的弹塑性理论描述。如果用电镜观察, 金属材料则是按一定规则排列的晶粒结构。

复合材料是一种典型的具有细观结构的材料, 由连续的基体材料 (树脂基、金属基、陶瓷基) 和离散的增强材料组成。复合材料的细观结构决定了其宏观力学性能, 从而可以发现复合材料的一个巨大优点, 就是可以通过设计材料的细观结构达到设计材料力学性能的目的, 或者说使材料的力学性能达到最佳。细观力学是关于具有细观结构材料的力学。

连续介质力学模型不能深入反映材料的细观结构信息, 而是把材料看作连续的, 假设其力学性能与细观结构无关。可以测量连续材料的宏观力学性能, 并用应力–应变曲线或者理论模型来唯象地描述材料的力学性能,这种方法称为唯象 (phe-nomenological) 方法。但是这种方法只能反映材料宏观性能的变化,无法体现微观的结构变化,因此我们需要从材料内部的细观结构去观察变形与破坏的细观机理,了解细观结构因素对材料的宏观力学性能的影响。

具有细观结构的材料经常称为非均匀材料 (inhomogeneous or heterogeneous material) 或者阶层材料 (hierarchical material)。非均匀材料包括的种类很多,例如,含有微小孔洞、裂纹、各种杂质的材料都可看作非均匀材料。通常情况下,材料的宏观行为由其细观结构所决定。在细观层次上研究材料的细观结构特性和材料的宏观力学行为,称为**细观力学** (meso-mechanics)。而在均匀性、连续性假设下,研究材料的宏观尺度的性能,称为**宏观力学** (macro-mechanics) 或连续介质力学 (con-tinuum mechanics)。

一般情况下,研究工程结构中构件的力学行为,采用经典的连续介质力学就能够给出材料力学性能的精确表征。如果研究和设计材料本身的力学性能,则需要利用细观力学的方法。从材料的性能设计角度而言,在不同的尺度层次,有不同的材料性能特征,因而有不同的研究方法。表 1.4 表示了材料在不同尺度上的研究方法。

表 1.4 材料在不同尺度上的研究方法

尺度	研究问题	方法
10^{-10}m	电子的相互作用	量子力学
10^{-9}m (1nm)	原子结合力、位错	原子断裂力学
10^{-8}m	纳米晶体断裂	统计力学、分子动力学
10^{-7}m	位错发射、塑性	弹塑性力学、位错力学
10^{-6}m (1μm)	界面、剪切局部化	细观力学
10^{-5}m	微孔洞、微裂纹	细观损伤力学
10^{-4}m	复合材料、多层介质	连续介质力学、复合断裂力学
10^{-3}m (1mm)	宏观裂纹的尖端	宏观断裂力学
10^{-2}m	宏观试件结构	计算力学

可以看出,我们现在所说的细观力学处于统计力学和连续介质力学之间,尺度在 $10^{-9} \sim 10^{-4}$ m。但不同于量子力学、统计力学等研究离散微粒的力学,细观力学是研究连续的不均匀介质的力学。

复合材料细观力学主要研究具有细观不均匀性的复合材料的力学行为。它是材料科学、物理学、固体力学等学科相互交叉和渗透的结果,涉及界面力学、损伤力学、塑性力学、计算力学、断裂力学等学科分支,但它仍然属于连续介质力学的范畴。复合材料细观力学的一些模型和方法也适用于金属、陶瓷和岩石等细观结构材料。

复合材料细观力学的主要任务是研究材料细观结构的演变、细观组分的相互作用，建立细观结构与宏观性能的关系，通过设计材料的细观结构获得材料的最佳性能。

细观力学研究问题的方法主要有以下三种：

(1) 理论方法。建立细观力学模型，采用连续介质方法，研究细观结构的力学行为。细观力学能发展成力学学科中的一个重要分支就是因为它建立了自己的基本理论方法和模型。

(2) 计算分析。计算分析就是采用数值方法，如有限元、边界元法，研究具有细观结构的材料力学性能。由于材料的细观结构非常复杂，建立其理论模型具有一定的困难，因此采取计算分析、借用数值模拟技术来研究细观结构的力学性能成为有力的研究手段。目前，细观力学研究的主要手段就是采用计算力学的方法。

(3) 实验观测。实验观测主要分为定性观测和定量观测两部分。定性观测指通过高清晰度电子显微镜、光谱等观察微结构的变形和破坏，如晶粒的变形、位错等；定量观测指通过原子力显微镜、纳米压痕实验仪等测试微结构的力学性能。

实验观测涉及一些实验方案的巧妙设计，如测量界面层的强度实验，设计了纤维拔出、压出等实验方法。

就复合材料细观力学而言，其主要研究任务可概括为以下几个方面：

(1) 复合材料的有效力学行为和物理行为。尽管复合材料是细观不均匀的，但其宏观上表现出来的平均性能 (也称有效性能) 是人们关注的重点问题。例如，复合材料的本构行为，强度，韧性和热、电、磁、光、声等功能。

(2) 复合材料变形与破坏的细观机理。主要研究复合材料的宏观力学行为 (刚度、强度、韧性等) 与细观结构演化的关系，如孔洞或裂纹的演化、界面失效、纤维屈曲、裂纹扩展等机理。

(3) 材料的细观物理化学性质。主要研究夹杂之间的相互作用、相变、内应力场、温度场等，特别是在工艺过程中和工作环境下的材料细观结构的物理化学变化等。

复合材料设计是建立在力学分析基础之上的。复合材料细观力学设计是指按照力学原理定量地设计细观结构参数，使材料的宏观力学性能达到人们所期望的目标或最优化。因此，建立复合材料细观结构与宏观性能之间的关系是至关重要的任务，而这正是复合材料细观力学的重点。

习　题

1.1　搜集和阅读文献，了解国内外先进复合材料的研究与应用现状。

1.2　阅读文献，了解复合材料力学的发展动态。

第 2 章 细观结构的描述与模型

2.1 细观结构与细观单元

一般材料可划分成三个层次，即微观层次 (micro scale)、细观层次 (meso scale) 和宏观层次 (macro scale)。例如，如果将聚晶体金属看成宏观材料，则晶粒是细观层次，原子点阵是微观层次。当然还存在更微小的层次。一般地，微观层次远小于细观层次，而细观层次远小于宏观层次，即微观 ≪ 细观 ≪ 宏观。在这个条件下，某一层次上的不均匀性在它的高一个层次上可以被忽略。

复合材料由不同组分材料组成，具有清晰的细观结构。在连续介质的范围内，复合材料由细观和宏观两个层次的单元组成。细观单元由若干夹杂 (增强相) 和它周围的基体及界面相组成。在细观层次上，材料是不均匀的，但连续介质力学仍然适用。宏观层次的单元由大量的细观单元组成，具有一般工程结构的尺度，例如，复合材料的层合板壳结构等。

在基体和夹杂之间，有一个界面或者界面层，可将其看作一个数学上的没有厚度的界面，也可看作具有一定厚度的物理界面层，其作用是传递应力。因此，从细观层次上看，复合材料是通过界面或界面层将具有不同性质的组分材料连接成一个细观结构。

如果一个细观单元的总体几何特征，如夹杂的体分比、夹杂分布的概率统计值 (一次矩、二次矩等)，都是常数，与细观单元的位置无关，则称这样的细观单元为一个**代表体元**。也就是说，代表体元是一个具有代表性和一般性的细观单元 (图 2.1)。由代表体元组成的材料称为**统计均匀材料**。

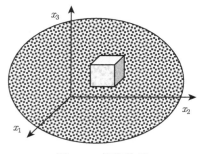

图 2.1 代表体元

均匀边界条件是为了在统计均匀材料内产生统计均匀场而对边界条件所加的

一种限制。对于弹性场而言, 如图 2.2 所示, 均匀边界条件分为均匀应变 (位移) 边界条件和均匀应力边界条件, 它们的表示形式如下:

(1) 均匀应变 (位移) 边界条件:

$$u_i^0(S) = \varepsilon_{ij}^0 x_j \tag{2.1.1}$$

(2) 均匀应力边界条件:

$$T_i(S) = \sigma_{ij}^0 n_j \tag{2.1.2}$$

其中, $\varepsilon_{ij}^0, \sigma_{ij}^0$ 是常数 (弹性场统计平均值), x_i 是长度坐标, n_i 是边界 S 的外法线向量, $i,j = 1,2,3$。对温度场、电场、磁场等亦可相似地定义均匀边界条件。

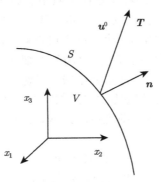

图 2.2　均匀边界条件

统计均匀场是指概率统计值为常数的细观物理场。以应力场为例, 细观应力场是位置的函数且具有不均匀性, 如果应力场是统计均匀场, 则在任一体积为 V 的代表体元上, 应力的概率统计量 (如均值、二次矩等) 都应是常数, 与代表体元的位置无关。

统计均匀材料受到均匀边界条件的作用, 则介质内的场变量是统计均匀场。统计均匀场满足遍历性条件, 其场量的统计平均值 (均值) 与体积平均值相等。

当统计均匀材料受到均匀边界条件的作用时, 其统计均匀场的体积平均值可用边界值表示, 例如, 材料受到均匀应变边界条件 (2.1.1) 的作用, 应变场在代表体元上的体积平均值为

$$\bar{\varepsilon}_{ij} = \varepsilon_{ij}^0 \tag{2.1.3a}$$

上式表明, 统计均匀应变场的体积平均值就等于边界上施加的常应变。

同理, 如果材料受到均匀应力边界条件 (2.1.2) 的作用, 其统计均匀应力场的体积平均值就等于边界上施加的常应力, 即

$$\bar{\sigma}_{ij} = \sigma_{ij}^0 \tag{2.1.3b}$$

由于代表体元的普适性, 由方程 (2.1.3a) 和 (2.1.3b) 定义的平均应变和平均应力就是复合材料的宏观应变和宏观应力。上述关于统计均匀场的平均化理论对材料的热、电、磁场等同样适用。

2.2 细观结构的几何描述

当夹杂增强相、缺陷等在基体材料内呈现随机分布时, 可得到随机分布的细观结构。如果夹杂的形状和大小也是不规则的, 并有一定的随机性, 则复合材料的细观结构呈现多重的随机状态 (分布、大小和形状), 可用随机场来描述。颗粒增强复合材料的细观结构大多如此, 如图 2.3(a) 所示。

用 $C^{(0)}$ 表示基体的弹性模量, $C^{(1)}$ 表示夹杂的弹性模量, 则随机弹性模量场可表示为

$$C(x) = C^{(0)} + (C^{(1)} - C^{(0)})V(x) \tag{2.2.1}$$

其中 $V(x)$ 叫做**特征函数**, 它是位置的随机函数。

$$V(x) = \begin{cases} 1, & x \in \Omega \\ 0, & x \in D - \Omega \end{cases} \tag{2.2.2}$$

其中 D 是整个材料所占有的区域, Ω 是夹杂占有的区域。

这个模型实际上将弹性模量看成坐标的随机函数, 由它导出的弹性力学方程成为具有随机变量系数的微分方程, 因而由此解出的位移、应变和应力场也是坐标的随机函数。但是, 这种思想是很难实现的, 因为弹性模量的数学模型实际上很难用于描述一个实际的材料。作为一种近似和简化, 可借助于细观扫描技术, 对细观结构的分布曲面或曲线进行定量化统计处理, 再得到弹性场的统计特性。

对短纤维复合材料, 如果纤维的形状和长度是基本确定的, 则只有纤维分布的角度是随机的。在二维 (2D) 情况下 (如图 2.3(b) 所示), 假设方位角在 $[0,\pi]$ 内均匀分布, 其分布函数可写为

$$f(\theta) = \frac{1}{\pi}, \quad \theta \in [0,\pi] \tag{2.2.3}$$

详细分析随机细观结构复合材料的弹性场分布是比较困难的, 即便能够分析, 也会因夹杂的数量非常大而失去实用价值。一般分析其统计特性就够了。

复合材料细观结构的常见几何形式有如下几种:

(1) 单向纤维复合材料细观结构: 所有的纤维 (连续纤维或短纤维) 都沿着一个确定方向。一般的连续纤维复合材料都是单向铺设成片层, 然后再将单层按照一定角度黏接成层合结构。

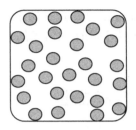 

(a) 随机分布颗粒   (b) 二维随机分布短纤维

图 2.3 随机分布颗粒和二维随机分布短纤维

(2) 随机分布短纤维或颗粒复合材料细观结构: 短纤维或颗粒随机地分布于基体中, 其分布方位和分布密度是随机分布, 但是其大小和形状基本一致, 如图 2.3 所示。

(3) 按一定规则分布的短纤维或颗粒复合材料细观结构: 短纤维或颗粒的分布密度, 或者短纤维的方位都按照一定的规则分布。例如, 通过控制组分材料的分布密度, 可以制造具有功能梯度的复合材料。

对单方向铺设的连续纤维复合材料, 由于纤维在轴向无限长, 只需分析纤维在横截面内的分布情况。典型的纤维分布为正方形和正六边形分布, 如图 2.4 和图 2.5 所示。对这种具有均匀性和周期性的细观结构, 可取出一个最小的单胞作为代表体元。这种单胞可以按平面应变模型或广义平面应变 (考虑轴向位移) 模型计算, 而且要满足变形后的单胞边界仍为直线或平面的协调性要求。对于单向分布的短纤维复合材料, 可根据细观结构的特点, 取出相应的代表体元, 如图 2.6 所示。

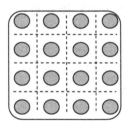 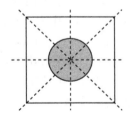

图 2.4 正方形排列与代表体元

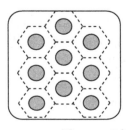 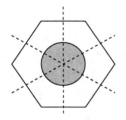

图 2.5 正六边形排列与代表体元

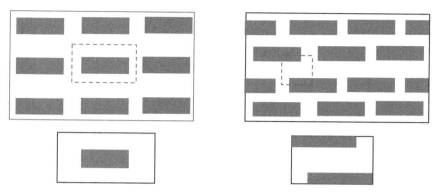

图 2.6 短纤维复合材料的排列模型

一般情况下, 利用三维 (3D) 模型的代表体元更接近于圆柱形纤维的实际形状, 如图 2.7 所示。

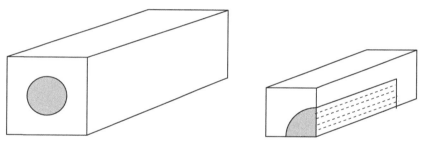

图 2.7 短纤维复合材料的三维单胞模型

2.3 周期性均匀细观结构

实际复合材料中的夹杂是随机分布的, 其力学问题的数学描述和定量化处理则相当困难。因此, 对细观结构进行简化是非常必要的。其中均匀性和周期性分布假设是常用的方法。

假设细观结构是周期性分布的, 即假设夹杂在基体中呈现周期性分布, 如图 2.8 所示。这样, 在无穷远的外力作用下, 细观结构将发生周期性变形, 其应力分布也是周期性的, 如图 2.9 所示。在利用代表体元研究细观结构的变形时, 存在代表体元与周围材料的变形协调问题。对于周期性细观结构, 需要满足变形和应力周期性的要求。

对周期性细观结构, 变形是周期性的, 为了反映这种周期性, 在取出的代表体元上应施加相应的周期性边界条件。

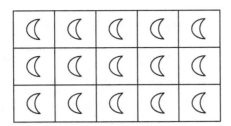 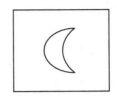

(a) 周期性细观结构   (b) 代表体元

图 2.8   周期性细观结构与代表体元

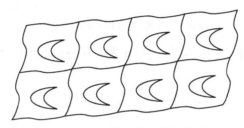

图 2.9   细观结构的周期性变形

对于二维情况，如图 2.10 所示，代表体元的周期位移边界条件可以表示为，在左右两边的周期性对应点上，有

$$u_1(y_1^{(0)}, y_2) = u_1(y_1^{(0)} + Y_1, y_2) \tag{2.3.1a}$$

$$u_2(y_1^{(0)}, y_2) = u_2(y_1^{(0)} + Y_1, y_2) \tag{2.3.1b}$$

在上下两边的周期性对应点上，有

$$u_1(y_1, y_2^{(0)}) = u_1(y_1, y_2^{(0)} + Y_2) \tag{2.3.2a}$$

$$u_2(y_1, y_2^{(0)}) = u_2(y_1, y_2^{(0)} + Y_2) \tag{2.3.2b}$$

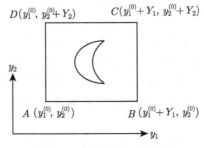

图 2.10   周期性代表体元

应力的符号按照弹性力学的规定定义。应力的周期边界条件可以表示为，在左右两边周期性对应点上，有

$$\sigma_{11}(y_1^{(0)}, y_2) = \sigma_{11}(y_1^{(0)} + Y_1, y_2) \tag{2.3.3a}$$

$$\sigma_{12}(y_1^{(0)}, y_2) = \sigma_{12}(y_1^{(0)} + Y_1, y_2) \tag{2.3.3b}$$

在上下两边周期性对应点上，有

$$\sigma_{22}(y_1, y_2^{(0)}) = \sigma_{22}(y_1, y_2^{(0)} + Y_2) \tag{2.3.4a}$$

$$\sigma_{21}(y_1, y_2^{(0)}) = \sigma_{21}(y_1, y_2^{(0)} + Y_2) \tag{2.3.4b}$$

上式中的 Y_1 和 Y_2 表示代表体元在 y_1 和 y_2 方向上的周期。周期性位移边界条件和周期性正应力边界条件如图 2.11 所示。

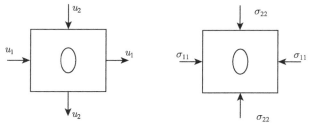

图 2.11　周期性位移和正应力边界条件

对于有对称性的代表体元，在二维情况下，如图 2.12 和图 2.13 所示，代表体元的位移和应力对称性边界条件可表示如下。

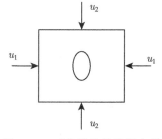

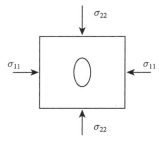

图 2.12　对称性位移边界条件　　　图 2.13　对称性应力边界条件

在左右两边对称点上，位移的对称性要求

$$u_1(y_1^{(0)}, y_2) = -u_1(y_1^{(0)} + Y_1, y_2) \tag{2.3.5a}$$

$$u_2(y_1^{(0)}, y_2) = u_2(y_1^{(0)} + Y_1, y_2) \tag{2.3.5b}$$

在左右两边对称点上，应力的对称性要求

$$\sigma_{11}(y_1^{(0)}, y_2) = \sigma_{11}(y_1^{(0)} + Y_1, y_2) \tag{2.3.6a}$$

$$\sigma_{12}(y_1^{(0)}, y_2) = -\sigma_{12}(y_1^{(0)} + Y_1, y_2) \tag{2.3.6b}$$

在上下两边对称点上，位移的对称性要求

$$u_1(y_1, y_2^{(0)}) = u_1(y_1, y_2^{(0)} + Y_2) \tag{2.3.7a}$$

$$u_2(y_1, y_2^{(0)}) = -u_2(y_1, y_2^{(0)} + Y_2) \tag{2.3.7b}$$

在上下两边对称点上，应力的对称性要求

$$\sigma_{22}(y_1, y_2^{(0)}) = \sigma_{22}(y_1, y_2^{(0)} + Y_2) \tag{2.3.8a}$$

$$\sigma_{21}(y_1, y_2^{(0)}) = -\sigma_{21}(y_1, y_2^{(0)} + Y_2) \tag{2.3.8b}$$

由此可以看出，正应力对称性边界条件的周期性是自然满足的，不需要重新表示。对于对称性和周期性都满足的边界条件，例如，在左右两边周期性对应点和对称点上

$$u_1 = u_1, \quad \sigma_{12} = \sigma_{12} \quad \text{（周期性）} \tag{2.3.9a}$$

$$u_1 = -u_1, \quad \sigma_{12} = -\sigma_{12} \quad \text{（对称性）} \tag{2.3.9b}$$

则在左右两边界上，对称性和周期性的要求是

$$u_1 = 0, \quad \sigma_{12} = 0 \tag{2.3.10}$$

同理，在上下两边界上，由对称性和周期性的要求，可得

$$u_2 = 0, \quad \sigma_{21} = 0 \tag{2.3.11}$$

因此，同时满足周期性和对称性的边界条件可用如图 2.14 和图 2.15 所示的常规约束条件表示。总之，在周期性基础上，如果代表体元再满足对称性条件，则必有法向位移为零，这时应力的周期性和对称性条件自然满足。

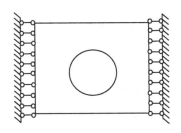   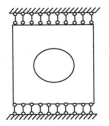

图 2.14   左右对称的周期性边界条件   图 2.15   上下对称的周期性边界条件

2.4 细观结构的局部涨落

夹杂在基体内的分布一般是随机的，为了分析的简单，往往将其简化为均匀模型，并且认为各个夹杂具有相同的大小和形状。一般而言，无论从设计上还是在工艺过程中，人们会追求一种均匀分布的完美细观结构。但是，由于现有工艺水平的限制，复合材料细观结构的几何缺陷是不可避免的，这种几何缺陷有下列几类。

(1) 夹杂的形状和尺寸缺陷。夹杂的形状和尺寸不可能完全相同，个别夹杂的形状和尺寸与其平均值有较大的误差。另外，在制造工艺中，有些夹杂被破坏而造成几何缺陷。例如，在复合工艺中纤维或晶须被拉断、颗粒破碎等。从统计的观点看，只要夹杂的几何统计值没有大的分散性，用其平均值表示夹杂的形状和尺寸是合理的。换言之，因为夹杂的数目很多，少数偏差较大的夹杂的影响可以忽略。如果夹杂的几何性质相差较大，且统计分散性较大，应当作为几种不同类型的夹杂考虑。

(2) 夹杂位置分布的不均匀性。这是最常见的细观结构的几何缺陷，主要表现在细观结构的局部涨落。例如，纤维复合材料中，纤维分布不均匀，在局部区域内造成纤维堆积，而另一些区域内只有基体材料而没有纤维。在树脂基复合材料中，使用浸脂纤维带可在一个单层内均匀铺设纤维，但在层合固化中，纤维会随着基体的流动而局部堆积。当然，这与所使用的工艺和模具有关。在颗粒或晶须增强金属基复合材料中也存在类似现象，例如，在制造出的复合材料毛坯中，即使夹杂的分布是均匀的，但经过拔拉成型或者其他机械加工后，夹杂可能会局部堆积或局部转向。图 2.16 给出了颗粒 (连续纤维) 复合材料和单向短纤维复合材料的局部涨落的示意图。

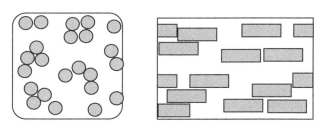

图 2.16 细观结构位置分布的不均匀性

(3) 夹杂方向分布的不均匀性。单向纤维和完全的随机分布纤维复合材料都是理想的材料模型，实际的复合材料中的纤维与模型材料有一定的差别。单向的纤维分布可能会出现部分或局部的偏向，而随机的分布可能会出现部分的定向趋势，如图 2.17 所示。这种缺陷主要来自于制造工艺和随后的加工过程。夹杂方向分布的不均匀性是影响复合材料质量和性能的主要因素之一。

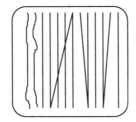 

图 2.17　细观结构方向分布的不均匀性

　　细观结构的局部涨落对复合材料的宏观力学性能产生很大的影响，造成复合材料质量的明显降低，并且给细观力学的分析带来极大的困难。夹杂相互接近时，其相互作用、接触效应等都不可忽视，对复合材料的增强机理和破坏机理有显著的影响。

习　　题

　　2.1　导出满足对称性和周期性要求的应力边界条件和位移边界条件。

　　2.2　导出满足反对称性和周期性要求的应力边界条件和位移边界条件。

第3章 细观力学理论基础

复合材料是由连续的基体材料与离散的夹杂材料组成的。由于离散的夹杂具有几何形状或位置分布的随机性，而且当夹杂的浓度较大时，夹杂之间存在严重的相互作用，所以复合材料细观结构的弹性力学问题是非常复杂的，甚至是不可求解的。为了求解细观结构的弹性力学问题，需要进行简化或模型化。在本章中，将夹杂简化为椭球 (椭圆) 形，并且不考虑夹杂的相互作用，也就是研究一个无限大的基体中，含有单一椭球形夹杂的弹性力学问题，这构成了复合材料细观力学的基础。

3.1 特征应变问题与格林函数

如图 3.1 所示，设有无限大的各向同性介质 D，其局部区域 Ω 内由于某种物理和化学原因产生了一个局部应变 ε_{ij}^*，它是在无外力作用下产生的微小非弹性应变，如热膨胀、相变、预应变或塑性应变等。这种应变称为**特征应变** (eigenstrain)，由特征应变引起的自平衡应力称为**特征应力** (eigenstress)，如热应力、相变应力、预应力、残余应力等。特征应力是因为子域 Ω 的变形受到周围介质的约束而产生的。

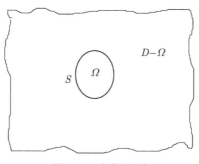

图 3.1 夹杂问题

产生特征应变 ε_{ij}^* 的子域 Ω 称为**夹杂** (inclusion)，包围夹杂的无限大介质称为**基体** (matrix)。特征应变问题有时也被称为夹杂问题，它研究一个夹杂引起的弹性力学解。

特征应变问题可以分解为以下三个问题的叠加：

(1) 从 D 中取出夹杂 Ω，使子域 Ω 不受任何约束地经历特征应变 ε_{ij}^*，子域 Ω

内对应的位移场为 u_i，但这时夹杂内没有任何应力，而 $D-\Omega$ 内没有任何应变。

(2) 在子域 Ω 的表面 S 上施加外力 p_i^*，使子域 Ω 恢复到原来的大小和形状，即

$$p_i^* = -\sigma_{ij}^* n_j \tag{3.1.1}$$

其中，n_j 是 S 的外法向，σ_{ij}^* 是由胡克定律得到的对应于特征应变 ε_{ij}^* 的应力：

$$\sigma_{ij}^* = \lambda\varepsilon^*\delta_{ij} + 2\mu\varepsilon_{ij}^*, \quad \varepsilon^* = \varepsilon_{ii}^* \tag{3.1.2}$$

式中，λ 和 μ 是拉梅常量，δ_{ij} 是克罗内克函数。这时，子域 Ω 内没有变形，但存在初应力 $-\sigma_{ij}^*$，而 $D-\Omega$ 内没有任何应力。

(3) 将夹杂 Ω 放回 D 中，并在 Ω 的边界 S 上施加与 p_i^* 相反的表面力 p_i，即

$$p_i = -p_i^* = \sigma_{ij}^* n_j = (\lambda\varepsilon^*\delta_{ij} + 2\mu\varepsilon_{ij}^*)n_j \tag{3.1.3}$$

使夹杂 Ω 与无限大介质 $D-\Omega$ 一起协调变形。这样，特征应变问题就变为一个在 S 上作用分布面力 p_i，而在 Ω 内存在初应力 $-\sigma_{ij}^*$ 的无限大介质的弹性力学问题。分布面力微元 $p_i\mathrm{d}s$ 可以看作无限大介质 D 内的集中力，其解可用格林函数表示的 Kelvin 解给出，其位移场为

$$u_i(\boldsymbol{x}) = \int_S U_{ik}(\boldsymbol{x}-\boldsymbol{x}')p_k(\boldsymbol{x})\mathrm{d}s \tag{3.1.4}$$

其中 $U_{ik}(\boldsymbol{x}-\boldsymbol{x}')$ 是**格林函数**。有了位移场，应变和应力可依次求出，在夹杂的内外，都有应变场：

$$\varepsilon_{ij} = \frac{1}{2}(u_{i,j} + u_{j,i}) \tag{3.1.5}$$

在夹杂外的无限大介质 $D-\Omega$ 内的应力场为

$$\sigma_{ij} = \lambda\varepsilon\delta_{ij} + 2\mu\varepsilon_{ij}, \quad \varepsilon = \varepsilon_{ii} \tag{3.1.6}$$

在夹杂 Ω 内的应力场为

$$\sigma_{ij}^I = \sigma_{ij} - \sigma_{ij}^* = \lambda(\varepsilon-\varepsilon^*)\delta_{ij} + 2\mu(\varepsilon_{ij}-\varepsilon_{ij}^*) \tag{3.1.7}$$

经过上述的分解与综合，夹杂 Ω 内作用特征应变 ε_{ij}^* 的问题实际就是在子域 Ω 内作用体力 $C_{ijkl}\varepsilon_{kl}^*$ 的问题，其中 C_{ijkl} 为介质的弹性常数。经过 Eshelby 对这个问题的分解，变为在子域 Ω 的边界 S 上作用分布力 p_i 和在子域 Ω 内作用初应力 $-\sigma_{ij}^*$ 的问题。

格林函数 $U_{ik}(\boldsymbol{x}-\boldsymbol{x}')$ 的定义是

$$U_{ik}(\boldsymbol{x}-\boldsymbol{x}') = \frac{1}{4\pi\mu}\left\{\frac{\delta_{ik}}{|\boldsymbol{x}-\boldsymbol{x}'|} - \frac{1}{4(1-\nu)}\frac{\partial^2}{\partial x_i\partial x_k}|\boldsymbol{x}-\boldsymbol{x}'|\right\} \tag{3.1.8a}$$

其中 ν 是材料的泊松比。格林函数 $U_{ik}(\boldsymbol{x} - \boldsymbol{x}')$ 的物理含义是：在无限大各向同性体的点 $\boldsymbol{x}'$ 处沿着 x_k 方向作用一单位力，在点 $\boldsymbol{x}$ 处得到沿着 x_i 方向的位移分量为 $U_{ik}(\boldsymbol{x} - \boldsymbol{x}')$。格林函数还可写成另一种形式：

$$U_{ik}(\boldsymbol{x} - \boldsymbol{x}') = \frac{1}{16\pi\mu(1-\nu)\,|\boldsymbol{x} - \boldsymbol{x}'|}\left\{(3-4\nu)\delta_{ij} + \frac{(x_i - x_i')(x_j - x_j')}{|\boldsymbol{x} - \boldsymbol{x}'|^2}\right\} \quad (3.1.8\text{b})$$

3.2　Eshelby 夹杂问题的解

假设在夹杂 Ω 内发生的特征应变 ε_{ij}^* 是均匀的，即为一常数，将方程 (3.1.3) 代入方程 (3.1.4) 后得到

$$u_i(\boldsymbol{x}) = \lambda\varepsilon^* \int_S U_{ik}(\boldsymbol{x} - \boldsymbol{x}')n_k(\boldsymbol{x}')\mathrm{d}s + 2\mu\varepsilon_{kl}^* \int_S U_{ik}(\boldsymbol{x} - \boldsymbol{x}')n_l(\boldsymbol{x}')\mathrm{d}s \quad (3.2.1)$$

将格林函数 (3.1.8b) 代入上式得到

$$u_i(\boldsymbol{x}) = \frac{\sigma_{jk}^*}{16\pi\mu(1-\nu)} \int_V \frac{\mathrm{d}V'}{r^2} f_{ijk}(\boldsymbol{l}) + \frac{\varepsilon_{jk}^*}{8\pi(1-\nu)} \int_V \frac{\mathrm{d}V'}{r^2} g_{ijk}(\boldsymbol{l}) \quad (3.2.2)$$

式中

$$r = |\boldsymbol{x} - \boldsymbol{x}'|, \quad \boldsymbol{l} = \frac{1}{r}(\boldsymbol{x} - \boldsymbol{x}'), \quad f_{ijk} = (1-2\nu)(\delta_{ij}l_k + \delta_{ik}l_j) - \delta_{jk}l_i + 3l_i l_j l_k$$

$$g_{ijk} = (1-2\nu)(\delta_{ij}l_k + \delta_{ik}l_j - \delta_{jk}l_i) + 3l_i l_j l_k$$

如果夹杂的形状为椭球，式 (3.2.2) 的积分还可简化。设椭球夹杂 Ω 的方程为

$$\left(\frac{x_1}{a_1}\right)^2 + \left(\frac{x_2}{a_2}\right)^2 + \left(\frac{x_3}{a_3}\right)^2 \leqslant 1 \quad (3.2.3)$$

为了计算式 (3.2.2) 中的积分，按如下方式选取积分微元 $\mathrm{d}V'$。对夹杂 Ω 内部的点 $\boldsymbol{x}$，沿着从点 $\boldsymbol{x}$ 到点 $\boldsymbol{x}'$ 作一直线，取 $\mathrm{d}r$ 为该直线上的微元。现在以从点 $\boldsymbol{x}$ 到点 $\boldsymbol{x}'$ 的直线为轴线作一微元圆锥体，此圆锥体与椭球表面的交面为 $\mathrm{d}s$，所以体元 $\mathrm{d}V'$ 可表示为 $\mathrm{d}V' = \mathrm{d}x_1'\mathrm{d}x_2'\mathrm{d}x_3' = \mathrm{d}r\mathrm{d}s$。然后再作一个以点 $\boldsymbol{x}$ 为中心的单位球面 Σ，单位球面 Σ 与微元圆锥体的交面为 $\mathrm{d}\omega$，显然，$\mathrm{d}s = r^2\mathrm{d}\omega$。这样体元 $\mathrm{d}V'$ 可进一步表示为

$$\mathrm{d}V' = \mathrm{d}x_1'\mathrm{d}x_2'\mathrm{d}x_3' = \mathrm{d}r\mathrm{d}s = \mathrm{d}r \cdot r^2\mathrm{d}\omega$$

注意，当点 $\boldsymbol{x}'$ 在整个椭球内取值时，$\mathrm{d}s$ 应扫过整个椭球面，所以，当 $\mathrm{d}\omega$ 扫过整个单位球面时，相应地 $\mathrm{d}s$ 也扫过整个椭球面，而 $\mathrm{d}V'$ 就走遍了整个椭球体。经过这样的处理，式 (3.2.2) 中对椭球 Ω 的积分变换成对 $\mathrm{d}r$ 和对单位球面 Σ 的积分，如图 3.2 所示。

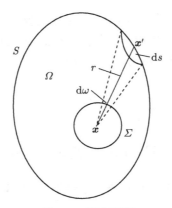

图 3.2　积分微元

由于 $\boldsymbol{x} = \boldsymbol{x}(x_1, x_2, x_3)$ 是夹杂 Ω 的内点, 根据 r 和 l 的定义, 当点 $\boldsymbol{x}'$ 位于椭球表面上时, 它可表示为 $\boldsymbol{x}' = \boldsymbol{x}'(x_1 + rl_1, x_2 + rl_2, x_3 + rl_3)$, 并且满足边界方程:

$$\frac{(x_1 + rl_1)^2}{a_1^2} + \frac{(x_2 + rl_2)^2}{a_2^2} + \frac{(x_3 + rl_3)^2}{a_3^2} = 1$$

从中解出

$$r = \frac{-b + \sqrt{b^2 - 4ac}}{2a} \tag{3.2.4}$$

其中

$$a = \frac{l_1^2}{a_1^2} + \frac{l_2^2}{a_2^2} + \frac{l_3^2}{a_3^2}$$

$$b = 2\left(\frac{l_1 x_1}{a_1^2} + \frac{l_2 x_2}{a_2^2} + \frac{l_3 x_3}{a_3^2}\right)$$

$$c = \frac{x_1^2}{a_1^2} + \frac{x_2^2}{a_2^2} + \frac{x_3^2}{a_3^2} - 1$$

引入向量 $\boldsymbol{\lambda} = \boldsymbol{\lambda}(\lambda_1, \lambda_2, \lambda_3)$:

$$\lambda_1 = \frac{l_1}{a_1^2}, \quad \lambda_2 = \frac{l_2}{a_2^2}, \quad \lambda_3 = \frac{l_3}{a_3^2} \tag{3.2.5}$$

于是在式 (3.2.2) 中先对 $\mathrm{d}r$ 从 0 到 r 积分, 得到

$$u_i(\boldsymbol{x}) = -\frac{\varepsilon_{jk}^*}{8\pi(1-\nu)} \int_{\Sigma} r g_{ijk}(\boldsymbol{l}) \mathrm{d}\omega \tag{3.2.6}$$

将式 (3.2.5) 代入式 (3.2.4) 再代入式 (3.2.6), 得到

$$u_i(\boldsymbol{x}) = \frac{x_m \varepsilon_{jk}^*}{8\pi(1-\nu)} \int_{\Sigma} \frac{\lambda_m g_{ijk}}{a} \mathrm{d}\omega \tag{3.2.7}$$

相应的应变场为

$$\varepsilon_{ij}(\boldsymbol{x}) = \frac{\varepsilon_{mn}^*}{16\pi(1-\nu)} \int_\Sigma \frac{\lambda_i g_{jmn} + \lambda_j g_{imn}}{a} \mathrm{d}\omega \tag{3.2.8}$$

从上式可以看出，在特征应变 ε_{ij}^* 均匀的情况下，夹杂 Ω 内的应变场 $\varepsilon_{ij}(\boldsymbol{x})$ 是不依赖于坐标的常数。这就证明了夹杂内的应变和应力场是均匀的。

将方程 (3.2.8) 表示成

$$\varepsilon_{ij} = S_{ijkl}\varepsilon_{kl}^* \tag{3.2.9a}$$

其中

$$S_{ijkl} = \frac{1}{16\pi(1-\nu)} \int_\Sigma \frac{\lambda_i g_{jkl} + \lambda_j g_{ikl}}{a} \mathrm{d}\omega \tag{3.2.9b}$$

称为 **Eshelby 张量**，它是一个四阶张量，与椭球的形状和材料的性质有关。它有如下的对称关系

$$S_{ijkl} = S_{jikl} = S_{ijlk} \tag{3.2.9c}$$

对各向同性介质，Eshelby 张量可以显式地表示出来。具体的表达式为

$$
\begin{aligned}
S_{1111} &= \frac{3}{8\pi(1-\nu)}a_1^2 I_{11} + \frac{1-2\nu}{8\pi(1-\nu)}I_1 \\
S_{1122} &= \frac{3}{8\pi(1-\nu)}a_2^2 I_{12} - \frac{1-2\nu}{8\pi(1-\nu)}I_1 \\
S_{1133} &= \frac{3}{8\pi(1-\nu)}a_3^2 I_{13} - \frac{1-2\nu}{8\pi(1-\nu)}I_1 \\
S_{1212} &= \frac{a_1^2 + a_2^2}{16\pi(1-\nu)}I_{12} + \frac{1-2\nu}{16\pi(1-\nu)}(I_1 + I_2)
\end{aligned}
\tag{3.2.9d}
$$

对下标 (1,2,3) 循环给出其他非零项，不能由循环给出的项都为零，例如

$$S_{1112} = S_{1223} = S_{1232} = 0$$

其中

$$
\begin{aligned}
I_1 &= 2\pi a_1 a_2 a_3 \int_0^\infty \frac{\mathrm{d}q}{(a_1^2 + q)q'} \\
I_{11} &= 2\pi a_1 a_2 a_3 \int_0^\infty \frac{\mathrm{d}q}{(a_1^2 + q)^2 q'} \\
I_{12} &= 2\pi a_1 a_2 a_3 \int_0^\infty \frac{\mathrm{d}q}{(a_1^2 + q)(a_2^2 + q)q'} \\
q' &= [(a_1^2 + q)(a_2^2 + q)(a_3^2 + q)]^{1/2}
\end{aligned}
\tag{3.2.10}
$$

对下标 $(1,2,3)$ 和 (a_1, a_2, a_3) 循环可得到其他的 I_i 和 I_{ij}。

椭球夹杂的形状确定之后，作上述积分就可以得到 Eshelby 张量的所有分量。下面给出各种形状椭球的 Eshelby 张量。

(1) 旋转椭球体 $(a_1 \geqslant a_2 = a_3)$，如图 3.3(a) 所示。

$$S_{2222} = S_{3333} = \frac{3}{8(1-\nu)}\frac{\alpha^2}{\alpha^2-1} + \frac{1}{4(1-\nu)}\left[1 - 2\nu - \frac{9}{4(\alpha^2-1)}\right]g$$

$$S_{1111} = \frac{1}{2(1-\nu)}\left[1 - 2\nu + \frac{3\alpha^2-1}{\alpha^2-1} - \left(1 - 2\nu + \frac{3\alpha^2}{\alpha^2-1}\right)g\right]$$

$$S_{2233} = S_{3322} = \frac{1}{4(1-\nu)}\left[\frac{\alpha^2}{2(\alpha^2-1)} - (1-2\nu) - \frac{3}{4(\alpha^2-1)}g\right]$$

$$S_{2211} = S_{3311} = -\frac{1}{2(1-\nu)}\frac{\alpha^2}{\alpha^2-1} + \frac{1}{4(1-\nu)}\left[\frac{3\alpha^2}{\alpha^2-1} - (1-2\nu)\right]g$$

$$S_{1122} = S_{1133} = -\frac{1}{2(1-\nu)}\left(1 - 2\nu + \frac{1}{\alpha^2-1}\right) + \frac{1}{2(1-\nu)}\left[1 - 2\nu + \frac{3}{2(\alpha^2-1)}\right]g$$

$$S_{1212} = S_{1313} = \frac{1}{8(1-\nu)}\left[2(1-2\nu) - 2\frac{\alpha^2+1}{\alpha^2-1} + 3\left(-1 + 2\nu + 3\frac{\alpha^2+1}{\alpha^2-1}\right)g\right]$$

$$S_{2323} = \frac{1}{8(1-\nu)}\frac{\alpha^2}{\alpha^2-1} + \frac{1}{16(1-\nu)}\left[4(1-2\nu) - \frac{3}{\alpha^2-1}\right]g \tag{3.2.11}$$

其中

$$\alpha = \frac{a_1}{a_2}, \quad g = \frac{\alpha}{(\alpha^2-1)^{3/2}}\left[\alpha(\alpha^2-1)^{1/2} - \text{arcosh}\alpha\right]$$

(2) 圆盘 (币形夹杂) $(a_1 = t, a_2 = a_3 = c, t \ll c)$，如图 3.3(b) 所示。

$$S_{2222} = S_{3333} = \frac{(13-8\nu)\pi}{32(1-\nu)}\frac{t}{c}$$

$$S_{1111} = 1 - \frac{(1-2\nu)\pi}{4(1-\nu)}\frac{t}{c}$$

$$S_{2233} = S_{3322} = -\frac{(1-8\nu)\pi}{32(1-\nu)}\frac{t}{c}$$

$$S_{2211} = S_{3311} = -\frac{(1-2\nu)\pi}{8(1-\nu)}\frac{t}{c}\left[1 - \frac{4}{\pi(1-\nu)}\frac{t}{c}\right] \tag{3.2.12}$$

$$S_{1122} = S_{1133} = \frac{\nu}{1-\nu}\left[1 - \frac{(1+4\nu)\pi}{8\nu}\frac{t}{c}\right]$$

$$S_{2323} = \frac{(7-8\nu)\pi}{32(1-\nu)}\frac{t}{c}$$

$$S_{1212} = S_{3131} = \frac{1}{2} - \frac{(2-\nu)\pi}{8(1-\nu)}\frac{t}{c}$$

(3) 球体 $(a_1 = a_2 = a_3 = a)$，如图 3.3(c) 所示。

$$S_{1111} = S_{2222} = S_{3333} = \frac{7 - 5\nu}{15(1 - \nu)}$$

$$S_{1122} = S_{2233} = S_{1133} = \frac{5\nu - 1}{15(1 - \nu)}$$

$$S_{2211} = S_{3322} = S_{3311} = \frac{5\nu - 1}{15(1 - \nu)} \tag{3.2.13}$$

$$S_{1212} = S_{2323} = S_{3131} = \frac{4 - 5\nu}{15(1 - \nu)}$$

(4) 椭圆柱体 $\left(a_1 \to \infty, a_2 \geqslant a_3, \alpha = \dfrac{a_2}{a_3} \right)$，如图 3.3(d) 所示。

$$S_{1111} = 0$$

$$S_{2222} = \frac{1}{2(1 - \nu)} \left[\frac{1 + 2\alpha}{(\alpha + 1)^2} + (1 - 2\nu)\frac{1}{\alpha + 1} \right]$$

$$S_{3333} = \frac{1}{2(1 - \nu)} \left[\frac{\alpha^2 + 2\alpha}{(\alpha + 1)^2} + (1 - 2\nu)\frac{\alpha}{\alpha + 1} \right]$$

$$S_{1122} = S_{1133} = 0$$

$$S_{2211} = \frac{\nu}{1 - \nu}\frac{1}{1 + \alpha}$$

$$S_{3311} = \frac{\nu}{1 + \nu}\frac{\alpha}{1 + \alpha} \tag{3.2.14}$$

$$S_{2233} = \frac{1}{2(1 - \nu)} \left[\frac{1}{(1 + \alpha)^2} - (1 - 2\nu)\frac{1}{1 + \alpha} \right]$$

$$S_{3322} = \frac{1}{2(1 - \nu)} \left[\frac{\alpha^2}{(1 + \alpha)^2} - (1 - 2\nu)\frac{\alpha}{1 + \alpha} \right]$$

$$S_{1212} = \frac{1}{2(1 + \alpha)}$$

$$S_{3131} = \frac{\alpha}{2(1 + \alpha)}$$

$$S_{2323} = \frac{1}{2(1 + \nu)} \left[\frac{\alpha^2 + 1}{2(1 + \alpha)^2} + \frac{1 - 2\nu}{1 - \nu} \right]$$

(5) 椭圆盘 $(a_1 > a_2 \gg a_3)$，如图 3.3(e) 所示。

$$I_1 = 4\pi a_2 a_3 [F(k) - E(k)]/(a_1^2 - a_2^2)$$

$$I_2 = 4\pi a_3 E(k)/a_2 - 4\pi a_2 a_3 [F(k) - E(k)]/(a_1^2 - a_2^2)$$

$$I_3 = 4\pi - 4\pi a_3 E(k)/a_2$$

$$I_{12} = \{4\pi a_3 E(k)/a_2 - 8\pi a_2 a_3 [F(k) - E(k)]/(a_1^2 - a_2^2)\}/(a_1^2 - a_2^2) \tag{3.2.15}$$

$$I_{23} = \{4\pi - 8\pi a_3 E(k)/a_2 + 4\pi a_2 a_3 [F(k) - E(k)]/(a_1^2 - a_2^2)\}/a_2^2$$

$$I_{31} = \{4\pi - 4\pi a_2 a_3 [F(k) - E(k)]/(a_1^2 - a_2^2) - 4\pi a_3 E(k)/a_2\}/a_1^2$$

$$I_{33} = 4\pi/(3a_3^2)$$

其中

$$F(k) = \int_0^{\pi/2} (1 - k^2 \sin^2 \varphi)^{-1/2} \mathrm{d}\varphi$$

$$E(k) = \int_0^{\pi/2} (1 - k^2 \sin^2 \varphi)^{1/2} \mathrm{d}\varphi$$

$$k^2 = (a_1^2 - a_2^2)/a_1^2$$

(6) 旋转扁椭球 $\left(a_1 = a_2 > a_3, \alpha = \dfrac{a_3}{a_1} \right)$，如图 3.3(f) 所示。

$$g = \frac{\alpha}{(1 - \alpha^2)^{3/2}} \left[\mathrm{arcosh}\alpha - \alpha(1 - \alpha^2)^{1/2} \right]$$

$$S_{1111} = S_{2222} = \frac{3}{8(1 - \nu)} \frac{\alpha^2}{\alpha^2 - 1} + \frac{1}{4(1 - \nu)} \left[1 - 2\nu - \frac{9}{4(\alpha^2 - 1)} \right] g$$

$$S_{3333} = \frac{1}{2(1 - \nu)} \left[1 - 2\nu + \frac{3\alpha^2 - 1}{\alpha^2 - 1} - \left(1 - 2\nu + \frac{3\alpha^2}{\alpha^2 - 1} \right) g \right]$$

$$S_{1122} = S_{2211} = \frac{1}{4(1 - \nu)} \left\{ \frac{\alpha^2}{2(\alpha^2 - 1)} - \left[1 - 2\nu + \frac{3}{4(\alpha^2 - 1)} \right] g \right\}$$

$$S_{2233} = S_{1133} = -\frac{1}{4(1 - \nu)} \left\{ -\frac{2\alpha^2}{\alpha^2 - 1} + \left[\frac{3\alpha^2}{\alpha^2 - 1} - (1 - 2\nu) \right] g \right\}$$

$$S_{3322} = S_{3311} = -\frac{1}{2(1 - \nu)} \left(1 - 2\nu + \frac{1}{\alpha^2 - 1} \right) + \frac{1}{2(1 - \nu)} \left[1 - 2\nu + \frac{3}{2(\alpha^2 - 1)} \right] g$$

$$S_{2121} = \frac{1}{8(1 - \nu)} \frac{\alpha^2}{\alpha^2 - 1} + \frac{1}{16(1 - \nu)} \left[4(1 - 2\nu) - \frac{3}{\alpha^2 - 1} \right] g$$

$$S_{1313} = S_{3232} = \frac{1}{8(1 - \nu)} \left[2(1 - 2\nu) - 2\frac{\alpha^2 + 1}{\alpha^2 - 1} + \left(3\frac{\alpha^2 + 1}{\alpha^2 - 1} - 1 + 2\nu \right) - 1 + 2\nu \right] g$$

$$(3.2.16)$$

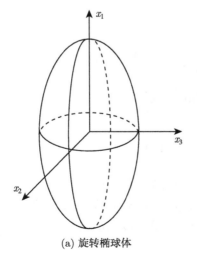

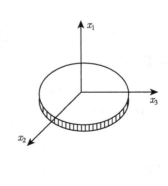

(a) 旋转椭球体　　　　　　　　　　　　　　　(b) 圆盘

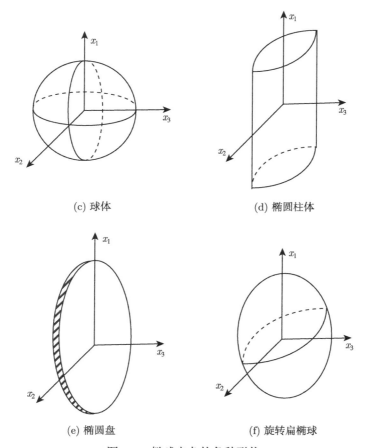

(c) 球体　　　　　　　　　　　(d) 椭圆柱体

(e) 椭圆盘　　　　　　　　　　(f) 旋转扁椭球

图 3.3　椭球夹杂的各种形状

对各向异性介质，椭球夹杂内的应变和应力仍然是均匀的，但 Eshelby 张量的表达式较为复杂。对横观各向同性介质，Eshelby 张量的表达式写为

$$S_{ijkl} = \frac{1}{8\pi} C_{pqkl}(M_{ijpq} + M_{jipq}) \tag{3.2.17}$$

其中 C_{ijkl} 为无限大横观各向同性介质的弹性张量，M_{ijkl} 可用夹杂的形状参数和基体的材料性质表示出来。对用方程 (3.2.3) 表示的夹杂，设 x_1 方向垂直于各向同性面，且椭球的形状为旋转椭球，即 $a_2 = a_3$。

令 $\rho = a_1/a_2$，$C_{2222} = d$，$\frac{1}{2}(C_{2222} - C_{2233}) = e$，$C_{2121} = f$，$C_{2211} + C_{2121} = g$，$C_{1111} = h$，则非零的 M_{ijkl} 分量为

$$M_{2222} = M_{3333} = \frac{\pi}{2} \int_0^1 \Delta(1-x^2)\{[f(1-x^2) + h\rho^2 x^2]$$

$$\times [(3e+d)(1-x^2) + 4f\rho^2 x^2] - g^2\rho^2 x^2(1-x^2)\}\mathrm{d}x$$

$$M_{1111} = 4\pi \int_0^1 \Delta\rho^2 x^2[d(1-x^2) + f\rho^2 x^2][e(1-x^2) + f\rho^2 x^2]\mathrm{d}x$$

$$M_{2323} = M_{3232} = \frac{\pi}{2}\int_0^1 \Delta(1-x^2)\{[f(1-x^2) + h\rho^2 x^2$$
$$\times [(e+3d)(1-x^2) + 4f\rho^2 x^2] - 3g^2\rho^2 x^2(1-x^2)\}\mathrm{d}x$$

$$M_{2121} = M_{3131} = 2\pi \int_0^1 \Delta\rho^2 x^2\{[(d+e)(1-x^2) + 2f\rho^2 x^2]$$
$$\times [f(1-x^2) + h\rho^2 x^2] - g^2\rho^2 x^2(1-x^2)\}\mathrm{d}x \qquad (3.2.18)$$

$$M_{1313} = M_{1212} = 2\pi \int_0^1 \Delta(1-x^2)[d(1-x^2) + f\rho^2 x^2]$$
$$\times [e(1-x^2) + f\rho^2 x^2]\mathrm{d}x$$

$$M_{2233} = \frac{\pi}{2}\int_0^1 \Delta(1-x^2)^2\{g^2\rho^2 x^2 - (d-e)[f(1-x^2) + h\rho^2 x^2]\}\mathrm{d}x$$

$$M_{3311} = M_{2211} = (-2\pi)\int_0^1 \Delta g\rho^2 x^2(1-x^2)[e(1-x^2) + f\rho^2 x^2]\mathrm{d}x$$

$$\Delta^{-1} = [e(1-x^2) + f\rho^2 x^2]\{[d(1-x^2) + f\rho^2 x^2][f(1-x^2) + h\rho^2 x^2]$$
$$- g^2\rho^2 x^2(1-x^2)\}$$

3.3　一个夹杂物引起的应力场 —— 等效夹杂法

前面讨论的夹杂问题中，夹杂与其周围无限大介质的材料性质是相同的。如果子域 Ω 与周围 $D-\Omega$ 的材料性质不同，则称子域 Ω 为异质夹杂或夹杂物 (inhomogeneity)，而称 $D-\Omega$ 为基体。异质夹杂或夹杂物问题可变换为夹杂问题求解，这种方法称为**等效夹杂法**，如图 3.4 所示。有时，在不引起混淆的情况下，也将异质夹杂或夹杂物问题简称为夹杂问题。

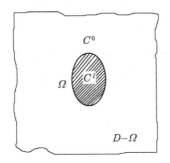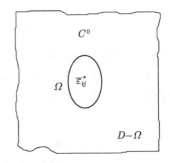

图 3.4　等效夹杂法示意图

对于一个夹杂问题，即使没有外力的作用，也会在整个区域 D 内产生内应力。但对一个夹杂物问题，如果没有外力的作用，是不会产生应力的。当然存在具有特征应变的夹杂物这类混合问题。

假设无限大介质 D 内含有一个异质夹杂 Ω，在无穷远边界受到均匀应力边界条件 (2.1.2) 的作用。用 $D_{ijkl}^{(0)}$ 和 $D_{ijkl}^{(I)}$ 分别表示基体和夹杂物的刚度系数。如果 D 内没有夹杂物 Ω 存在，则成为均匀材料的变形问题，在这种情况下，在整个 D 内的均匀应力为 $\sigma_{ij}^{(0)}$，对应的应变为 $\varepsilon_{ij}^{(0)} = \left(D_{ijkl}^{(0)} \right)^{-1} \sigma_{kl}^{(0)}$。

让我们考虑夹杂物内的实际应力场。由于夹杂物的存在，实际的应力场应该不同于无夹杂物的均匀应力场。所以，夹杂物内实际的应力场还应该加上由 Ω 引起的扰动应力 σ_{ij}'，对应的扰动应变为 ε_{ij}'。这样，夹杂物中的应力和应变分别为 $\sigma_{ij}^{(0)} + \sigma_{ij}'$ 和 $\varepsilon_{ij}^{(0)} + \varepsilon_{ij}'$。由胡克定律：

$$\begin{aligned}
\sigma_{ij}^{(I)} = \sigma_{ij}^{(0)} + \sigma_{ij}' &= D_{ijkl}^{(I)}(\varepsilon_{kl}^{(0)} + \varepsilon_{kl}') \\
&= D_{ijkl}^{(0)}(\varepsilon_{kl}^{(0)} + \varepsilon_{kl}' - \bar{\varepsilon}_{kl}^*)
\end{aligned} \tag{3.3.1}$$

其中 $\bar{\varepsilon}_{ij}^*$ 是因为在上式中将 $D_{ijkl}^{(I)}$ 换为 $D_{ijkl}^{(0)}$ 后所增加的差值，称为等效特征应变。

这样，一个夹杂物问题，通过引入等效特征应变而变为一个夹杂问题，这为处理夹杂物问题提供了一种极其方便的方法。只要求出等效特征应变，就可计算出夹杂物内的应变和应力。这一方法通常被称为等效夹杂法，是由 Eshelby 首先提出的。

夹杂物引起的扰动应变也就是由等效特征应变引起的扰动应变。按照夹杂问题的处理方法，等效特征应变与扰动应变的关系为

$$\varepsilon_{ij}' = S_{ijkl}\bar{\varepsilon}_{kl}^* \tag{3.3.2}$$

其中四阶 Eshelby 张量 S_{ijkl} 仅与基体的材料性能和夹杂物的形状有关。如果夹杂物的形状是椭球，则夹杂物内的应变和应力场是均匀的。

如果 Ω 是一个夹杂物，同时 Ω 内又存在特征应变 ε_{ij}^*，仍然可以利用等效夹杂法，求解一个具有特征应变 ε_{ij}^* 和等效特征应变 $\bar{\varepsilon}_{ij}^*$ 的夹杂问题。

作为例题，下面求解一个含有特征应变 ε_{ij}^* 的币形夹杂物问题。设夹杂物的形状为 $a_1 = t, a_2 = a_3 = c, t \ll c$，如图 3.3(b) 所示。夹杂物的拉梅常量为 λ_1, μ_1，均匀特征应变 ε_{ij}^* 为 $\varepsilon_{11} = \varepsilon^*$，其余分量为零。基体的拉梅常量为 λ_0, μ_0。

由等效夹杂法，等效特征应变 $\bar{\varepsilon}_{11}^*, \bar{\varepsilon}_{22}^*, \bar{\varepsilon}_{33}^* = \bar{\varepsilon}_{22}^*$ 由下式确定，在夹杂物内有

$$\begin{aligned}
\sigma_{11} &= 2\lambda_1\varepsilon_{22} + (\lambda_1 + 2\mu_1)(\varepsilon_{11} - \varepsilon^*) \\
&= 2\lambda_0(\varepsilon_{22} - \bar{\varepsilon}_{22}^*) + (\lambda_0 + 2\mu_0)(\varepsilon_{11} - \bar{\varepsilon}_{11}^*)
\end{aligned} \tag{3.3.3a}$$

$$\sigma_{22} = \sigma_{33} = 2(\lambda_1 + \mu_1)\varepsilon_{22} + \lambda_1(\varepsilon_{11} - \varepsilon^*)$$
$$= 2(\lambda_0 + \mu_0)(\varepsilon_{22} - \varepsilon_{22}^*) + \lambda_0(\varepsilon_{11} - \bar{\varepsilon}_{11}^*) \qquad (3.3.3b)$$

其中

$$\varepsilon_{ij} = S_{ijkl}\bar{\varepsilon}_{kl}^* \qquad (3.3.3c)$$

Eshelby 张量 S_{ijkl} 见 3.2 节。

将式 (3.3.3c) 代入式 (3.3.3a) 和式 (3.3.3b)，得到

$$\bar{\varepsilon}_{11}^* = \varepsilon^* + \varepsilon^* \frac{\pi}{4(1-\nu_0)D} \frac{t}{c}$$
$$\times \{\lambda_1 \Delta\mu(8\nu_0 + 5) + 2\mu_1 [2\Delta\lambda(1 - 2\nu_0) + 3\Delta\mu]\} \qquad (3.3.3d)$$

$$\bar{\varepsilon}_{22}^* = \varepsilon^* \frac{\pi}{4(1-\nu_0)D} \frac{t}{c}$$
$$\times [\lambda_1 \Delta\mu - 2\mu_1(2\Delta\lambda + \Delta\mu)] (2\nu_0 - 1) \qquad (3.3.3e)$$

其中

$$\Delta\lambda = \lambda_1 - \lambda_0, \quad \Delta\mu = \mu_1 - \mu_0$$

$$D = 2\lambda_1[\mu_0 - 2\Delta\mu\nu_0/(1-\nu_0)] + 4\mu_1[\Delta\lambda\nu_0/(1-\nu_0) + (\lambda_0 + \mu_0)]$$

将式 (3.3.3e)、式 (3.3.3d) 代入式 (3.3.3a)、式 (3.3.3b)，得到夹杂物内的应力

$$\sigma_{11} = -\frac{\mu_0}{2(1-\nu_0)}\pi\frac{t}{c}\varepsilon^* \qquad (3.3.3f)$$

$$\sigma_{22} = \frac{1+4\nu_0}{4(1-\nu_0)}\pi\frac{t}{c}\varepsilon^* - 2\mu_0\frac{1+\nu_0}{1-\nu_0}\frac{\varepsilon^*}{D}\frac{\pi}{4(1-\nu_0)}\frac{t}{c}$$
$$\times [\lambda_1 \Delta\mu - 2\mu_1(2\Delta\lambda + \Delta\mu)] (2\nu_0 - 1) \qquad (3.3.3g)$$

其中 ν_0 为基体的泊松比。

3.4　夹杂外的弹性场

在前面的问题中，不考虑夹杂外的应力和应变场。当考虑两个夹杂之间、夹杂与夹杂物之间或两个夹杂物之间的相互作用时，需要知道夹杂外的应力场。

在均匀特征应变的情况下，椭球夹杂内应变和应力场是均匀的，并可利用 Eshelby 的解答显式地表示；夹杂外的弹性场要复杂得多，很多学者曾致力于求解这一问题，其中 Timoshenko 和 Goodier 利用弹性力学理论求解，但这些解答都很复杂，且含有隐式的求根计算。本节根据 Mura 和 Cheng 的推导过程，介绍如下。

考虑含有椭球夹杂 Ω 的无限大各向异性体，其中夹杂内的特征应变 $\varepsilon_{ij}^*(\boldsymbol{x})$ 是坐标 $\boldsymbol{x} = \boldsymbol{x}(x_1, x_2, x_3)$ 的任意函数，用 $u_i(\boldsymbol{x})$ 表示位移，D_{ijkl} 表示材料的弹性系数，则应力可表示为

$$\sigma_{ij} = D_{ijkl}(u_{k,l} - \varepsilon_{kl}^*) \tag{3.4.1}$$

上式中的特征应变在夹杂 Ω 外为 0，代入平衡方程 $\sigma_{ij,j} = 0$ 得到

$$D_{ijkl}u_{k,lj} = D_{ijkl}\varepsilon_{kl,j}^* \tag{3.4.2}$$

这个方程的解可用傅里叶积分表示

$$u_i(\boldsymbol{x}) = -(2\pi)^{-3}\frac{\partial}{\partial x_l}\int_\Omega dV' \int_0^\infty \xi^2 d\xi \int_\Sigma D_{klmn}\varepsilon_{nm}^*(\boldsymbol{x}')[N_{ik}(\boldsymbol{\xi})/D(\boldsymbol{\xi})]$$
$$\times \exp[\mathrm{i}\boldsymbol{\xi}\cdot(\boldsymbol{x}-\boldsymbol{x}')]\,ds(\boldsymbol{\xi}) \tag{3.4.3}$$

这里 $dV' = dx_1'dx_2'dx_3'$；Σ 是单位球面 $\bar{\xi}_i\bar{\xi}_i = 1$；$N_{ik}(\boldsymbol{\xi})$ 和 $D(\boldsymbol{\xi})$ 分别是 3 阶矩阵 $D_{ipkq}\xi_p\xi_q$ 的代数余子式和行列式，它们的次数分别为 4 和 6。

如令 $K_{ik} = D_{ijkl}\xi_j\xi_l$，其代数余子式 $N_{ij}(\boldsymbol{\xi})$ 和行列式 $D(\boldsymbol{\xi})$ 分别为

$$N_{ij}(\boldsymbol{\xi}) = \frac{1}{2}\chi_{jkl}\chi_{jmn}K_{km}K_{lm}$$

$$D(\boldsymbol{\xi}) = \chi_{mnl}K_{m1}K_{n2}K_{l3}$$

其中 χ_{ijk} 中的 i,j,k 各为 1,2,3。当三个下标互不相同时，$\chi_{ijk} = 1$，否则为零。

令 $\xi^2 = \xi_i\xi_i$，$\bar{\boldsymbol{\xi}} = \boldsymbol{\xi}/\xi$，这样

$$N_{ik}(\boldsymbol{\xi})\xi^2/D(\boldsymbol{\xi}) = [N_{ik}(\boldsymbol{\xi})/\xi^4]/[D(\boldsymbol{\xi})/\xi^6] = N_{ik}(\bar{\boldsymbol{\xi}})/D(\bar{\boldsymbol{\xi}})$$

$$\int_0^\infty \exp(\mathrm{i}\xi\eta)d\xi = \pi\delta(\eta)$$

于是积分式 (3.4.3) 变为

$$u_i(\boldsymbol{x}) = -(2\pi^2)^{-1}\frac{\partial}{\partial x_l}\int_\Omega dV' \int_\Sigma C_{klmn}\varepsilon_{nm}^*(\boldsymbol{x}')[N_{ik}(\bar{\boldsymbol{\xi}})/D(\bar{\boldsymbol{\xi}})]$$
$$\times \delta(\bar{\boldsymbol{\xi}}\cdot(\boldsymbol{x}-\boldsymbol{x}'))ds(\bar{\boldsymbol{\xi}}) \tag{3.4.4}$$

为了计算上述积分，假设椭球夹杂的方程为

$$\left(\frac{x_1}{a_1}\right)^2 + \left(\frac{x_2}{a_2}\right)^2 + \left(\frac{x_3}{a_3}\right)^2 \leqslant 1 \tag{3.4.5}$$

对坐标进行如下变换:

$$y_i = x_i/a_i, \qquad \text{对 } i \text{ 不求和}$$

$$y_i' = x_i'/a_i, \qquad \text{对 } i \text{ 不求和}$$

$$\zeta_i = a_i\xi_i, \quad \bar{\zeta}_i = \zeta_i/\zeta, \qquad \text{对 } i \text{ 不求和}$$

$$\zeta = (\zeta_1^2 + \zeta_2^2 + \zeta_3^2)^{1/2} = \left[(a_1\xi_1)^2 + (a_2\xi_2)^2 + (a_3\xi_3)^2\right]^{1/2}$$

这样,在椭球内的积分就变为单位球 Σ 内的积分。微元体为

$$\mathrm{d}V' = \mathrm{d}x_1'\mathrm{d}x_2'\mathrm{d}x_3' = a_1a_2a_3\mathrm{d}y_1'\mathrm{d}y_2'\mathrm{d}y_3' = a_1a_2a_3r\mathrm{d}r\mathrm{d}\phi\mathrm{d}z$$

其中 $z = \bar{\zeta} \cdot y'$,r、ϕ、z 的取值范围覆盖整个单位球 Σ。经过变换,方程 (3.4.4) 表示的位移场为

$$u_i(\boldsymbol{x}) = -\frac{a_1a_2a_3}{8\pi^2}\int_{-1}^{1}\mathrm{d}z\int_{0}^{2\pi}\mathrm{d}\phi\int_{0}^{R}r\mathrm{d}r\int_{\Sigma}C_{klmn}\varepsilon_{nm}^*(\boldsymbol{x}')$$

$$\cdot\,[N_{ik}(\bar{\boldsymbol{\xi}})/D(\bar{\boldsymbol{\xi}})]\cdot\bar{\boldsymbol{\xi}}_l\,\delta'(\zeta\bar{\zeta}\cdot y - \zeta z)\mathrm{d}s(\bar{\boldsymbol{\xi}}) \tag{3.4.6a}$$

其中 $R = (1 - z^2)^{1/2}$。

对式 (3.4.6a) 求 x_j 的微分,得到应变

$$u_{i,j}(\boldsymbol{x}) = -\frac{a_1a_2a_3}{8\pi^2}\int_{-1}^{1}\mathrm{d}z\int_{0}^{2\pi}\mathrm{d}\phi\int_{0}^{R}r\mathrm{d}r\int_{\Sigma}C_{klmn}\varepsilon_{nm}^*(\boldsymbol{x}')$$

$$\cdot\,[N_{ik}(\bar{\boldsymbol{\xi}})/D(\bar{\boldsymbol{\xi}})]\cdot\xi_l\bar{\xi}_j\delta''(\zeta\bar{\zeta}\cdot y - \zeta z)\mathrm{d}s(\bar{\boldsymbol{\xi}}) \tag{3.4.6b}$$

对方程 (3.4.6a) 和 (3.4.6b) 进行分部积分,并消去其中的 Dirac δ 函数的一阶和二阶导数 δ' 和 δ'',得到位移

$$u_i(\boldsymbol{x}) = -\frac{1}{8\pi^2}\int_{0}^{2\pi}\mathrm{d}\phi\left[\int_{0}^{R}r\mathrm{d}r\frac{\partial}{\partial z}\varepsilon_{nm}^*(\boldsymbol{x}') - (\bar{\zeta}\cdot y)\{\varepsilon_{nm}^*(\boldsymbol{x}')\}_{r=R}\right]_{z=\bar{\zeta}\cdot y}$$

$$\times\int_{S^*}C_{klmn}[N_{ik}(\bar{\boldsymbol{\xi}})/D(\bar{\boldsymbol{\xi}})]\cdot\bar{\xi}_l\zeta\mathrm{d}s(\bar{\boldsymbol{\xi}}) \tag{3.4.7a}$$

相应的应变为

$$u_{i,j}(\boldsymbol{x}) = -\frac{1}{8\pi^2}\int_{0}^{2\pi}\mathrm{d}\phi\left[\int_{0}^{R}r\mathrm{d}r\frac{\partial^2}{\partial z^2}\varepsilon_{nm}^*(\boldsymbol{x}') - z\left\{\frac{\partial}{\partial z}\varepsilon_{nm}^*(\boldsymbol{x}')\right\}_{r=R}\right.$$

$$\left.- z\frac{\partial}{\partial z}\{\varepsilon_{nm}^*(\boldsymbol{x}')\}_{r=R} - \{\varepsilon_{nm}^*(\boldsymbol{x}')\}_{r=R}\right]_{z=\bar{\zeta}\cdot y}$$

$$\times\int_{S^*}C_{klmn}[N_{ik}(\bar{\boldsymbol{\xi}})/D(\bar{\boldsymbol{\xi}})]\cdot\bar{\xi}_l\bar{\xi}_j\mathrm{d}s(\bar{\boldsymbol{\xi}})$$

$$-\frac{1}{2\pi}C_{klmn}\int_{L}\{\varepsilon_{nm}^{*}(\boldsymbol{x}')\}_{z=1}\,[N_{ik}(\bar{\boldsymbol{\xi}})/D(\bar{\boldsymbol{\xi}})]\bar{\xi}_{j}\bar{\xi}_{l}y^{-1}\mathrm{d}\theta(\bar{\boldsymbol{\zeta}}) \quad (3.4.7b)$$

此处 L 由 $\bar{\boldsymbol{\zeta}}\cdot\boldsymbol{y}=1$ 决定, 而 $R=[1-(\bar{\boldsymbol{\zeta}}\cdot\boldsymbol{y})^{2}]^{1/2}$。

在上述积分变换中, 为了消去其中的 Dirac δ 函数的一阶和二阶导数 δ' 和 δ'', 必须要有条件 $\bar{\boldsymbol{\zeta}}\cdot\boldsymbol{y}=z$。不论 $\boldsymbol{y}$ 取在单位球的什么位置 (当点 $\boldsymbol{x}$ 在椭球上取值时, 经坐标变换后, $\boldsymbol{y}$ 在单位球 Σ 取值), 这一条件必须满足, 积分值才能取得, 而 $z\leqslant 1$, 所以 $\bar{\boldsymbol{\zeta}}$ 不能在球面 Σ 上任意取, 而要满足 $\bar{\boldsymbol{\zeta}}\cdot\boldsymbol{y}\leqslant 1$, 此区域记为 S^{*}, 如图 3.5 的阴影以外的区域所示。

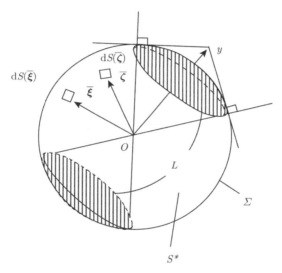

图 3.5 积分区域

当点 $\boldsymbol{x}$ 处于椭球内部时 (即 $\boldsymbol{y}$ 在单位球 Σ 内部), $\bar{\boldsymbol{\zeta}}\cdot\boldsymbol{y}\leqslant 1$ 是自动成立的, 这样 S^{*} 就变成 Σ 了, 这时式 (3.4.7a) 和式 (3.4.7b) 仍然适用, 只需把式中的 S^{*} 变成 Σ, 并去掉绕 L 的线积分。

如果给定特征应变 $\varepsilon_{ij}^{*}(\boldsymbol{x})$ 的函数形式, 则可对式 (3.4.7a) 和式 (3.4.7b) 进行积分, 得到位移和应变。

特别地, 当应力场从夹杂外部变化到夹杂内部时, 应力产生突变。当从夹杂外部趋向夹杂表面时, S^{*} 趋于 Σ, 满足条件 $\bar{\boldsymbol{\zeta}}\cdot\boldsymbol{y}\leqslant 1$ 的 $\bar{\boldsymbol{\zeta}}$ 趋于 $\boldsymbol{y}$, 即 $a_{i}\bar{\xi}_{i}/\zeta\to x_{i}/a_{i}$ ($i=1,2,3$, 对 i 不求和)。这样容易看出 $\bar{\xi}_{i}\to n_{i}$, n_{i} 是椭球夹杂表面的外法向。绕 L 的线积分变为 $-C_{klmn}\varepsilon_{nm}^{*}(\boldsymbol{x}')N_{ik}(\boldsymbol{n})D^{-1}(\boldsymbol{n})n_{j}n_{l}$, 于是, 沿着夹杂界面有应力的跳跃为

$$[\sigma_{ij}]=\sigma_{ij}(\text{out})-\sigma_{ij}(\text{in})$$

$$= C_{ijkl} \left[-C_{pqmn}\varepsilon_{nm}^*(\boldsymbol{x}')N_{kp}(\boldsymbol{n})D^{-1}(\boldsymbol{n})n_q n_l + \varepsilon_{kl}^*(\boldsymbol{x}') \right] \tag{3.4.8}$$

其中 $N_{ij}(\boldsymbol{n})$ 和 $D(\boldsymbol{n})$ 分别是矩阵 $K_{ik} = C_{ijkl}n_j n_l$ 的代数余子式和行列式:

$$N_{ij}(\boldsymbol{n}) = \frac{1}{2}\chi_{jkl}\chi_{jmn}K_{km}K_{lm}$$

$$D(\boldsymbol{n}) = \chi_{mnl}K_{m1}K_{n2}K_{l3}$$

对各向同性材料, 有表达式

$$D(\boldsymbol{n}) = \mu^2(\lambda + 2\mu)n^6$$

$$N_{ij}(\boldsymbol{n}) = \mu n^2[(\lambda + 2\mu)\delta_{ij}n^2 - (\lambda + \mu)n_i n_j]$$

其中 λ 和 μ 是基体材料的拉梅常量, $n = \sqrt{n_i n_i}$。

3.5   夹杂问题的能量计算

设 D 内有一个特征应变为 ε_{ij}^* 的夹杂 Ω, 其基体和夹杂内的弹性场分别由式 (3.1.5)~式 (3.1.7) 给出。夹杂内的弹性应变能为

$$\frac{1}{2}\int_\Omega \sigma_{ij}^{(I)}(\varepsilon_{ij} - \varepsilon_{ij}^*)\mathrm{d}v \tag{3.5.1}$$

基体内的弹性应变能为

$$-\frac{1}{2}\int_S \sigma_{ij}n_j u_i \mathrm{d}s = -\frac{1}{2}\int_S \sigma_{ij}^{(I)}n_j u_i \mathrm{d}s = -\frac{1}{2}\int_\Omega \sigma_{ij}^{(I)}\varepsilon_{ij}\mathrm{d}v \tag{3.5.2}$$

其中 S 为夹杂的边界, 其法向以外法向为正, 因此上式应有负号。上式第一个等号来自于夹杂边界的法向应力和位移的连续性, 第二个等号来自于下面的散度定理, 并注意有平衡条件 $\sigma_{ij,j}^{(I)} = 0$ 和应力张量的对称性条件。

$$\int_\Omega \sigma_{ij}^{(I)}\varepsilon_{ij}\mathrm{d}v = \int_S \sigma_{ij}^{(I)}n_j u_i \mathrm{d}s - \int_\Omega \sigma_{ij,j}^{(I)}u_i \mathrm{d}v \tag{3.5.3}$$

这样夹杂问题的总应变能为

$$U_{el} = -\frac{1}{2}\int_\Omega \sigma_{ij}^{(I)}\varepsilon_{ij}^* \mathrm{d}v \tag{3.5.4}$$

假设在 D 的无穷远边界上作用均匀外力场 $\sigma_{ij}^{(0)}$, 对应的均匀应变场为 $\varepsilon_{ij}^{(0)} = C_{ijkl}^{-1}\sigma_{kl}^{(0)}$, 位移为 $u_i^{(0)}$。由于夹杂 Ω 的存在, 特征应变与外力场之间存在相互作用。这时系统的相互作用应变能为

$$U_{\mathrm{int}} = \int_\Gamma (\sigma_{ij}n_j u_i^{(0)} - \sigma_{ij}^{(0)}n_j u_i)\mathrm{d}s \tag{3.5.5}$$

其中 Γ 为夹杂表面 S 外侧相邻的任一表面，考虑到 S 的正法向为外法向 (如图 3.6 所示)，积分中的第二项取负号。使 Γ 与 S 的外侧靠近，再次利用夹杂边界的法向应力和位移的连续性条件及散度定理，上式变为在夹杂上的体积分：

$$
\begin{aligned}
U_{\text{int}} &= \int_{\Omega} (\sigma_{ij}^{(I)} \varepsilon_{ij}^{(0)} - \sigma_{ij}^{(0)} \varepsilon_{ij}) \mathrm{d}v \\
&= \int_{\Omega} (\sigma_{ij}^{(I)} \varepsilon_{ij}^{(0)} - \sigma_{ij} \varepsilon_{ij}^{(0)}) \mathrm{d}v \\
&= -\int_{\Omega} \sigma_{ij}^{*} \varepsilon_{ij}^{(0)} \mathrm{d}v \\
&= -\int_{\Omega} \sigma_{ij}^{(0)} \varepsilon_{ij}^{*} \mathrm{d}v
\end{aligned}
\tag{3.5.6}
$$

这里利用了功的互等条件：$\sigma_{ij}^{*} \varepsilon_{ij}^{(0)} = \sigma_{ij}^{(0)} \varepsilon_{ij}^{*}$。所以，在外力和特征应变作用下，系统的应变能可写成

$$
\begin{aligned}
U &= U_0 + U_{el} + U_{\text{int}} \\
&= U_0 - \frac{1}{2} \int_{\Omega} \sigma_{ij}^{(I)} \varepsilon_{ij}^{*} \mathrm{d}v - \int_{\Omega} \sigma_{ij}^{(0)} \varepsilon_{ij}^{*} \mathrm{d}v
\end{aligned}
\tag{3.5.7}
$$

式中的第一项可解释为在外力作用下，没有夹杂时的均匀材料的应变能，第二项为在特征应变作用下，没有外力时的应变能，第三项为外力与特征应变的相互作用能。

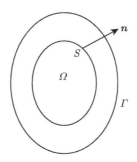

图 3.6　夹杂表面 S 的外法向

习　　题

3.1　推导各向同性材料中的格林函数，并说明其应用。

3.2　推导无限大各向同性弹性介质包含具有特征应变的异质夹杂的解。

3.3　阅读文献，了解并推导正交各向异性介质中含有异质夹杂问题的 Eshelby 张量。

3.4　编写数值计算程序，计算一般形状夹杂的 Eshelby 张量。

第4章　细观结构均匀化与有效性能

4.1　引　言

细观结构材料是有层级的结构体,如各种复合材料。在细观层次上,因为夹杂的存在,材料的性能是不均匀的。但是,如果只需了解细观结构的平均行为,只要将细观结构均匀化,求出其宏观性能就可以了,而不需要了解细观结构的局部行为和相互作用。均匀化是基于细观结构和组分材料性能来计算宏观性能的一种方法。通过均匀化,最终得到复合材料的有效性能。

细观结构的均匀化策略有两类,即直接均匀化法和间接均匀化法。直接均匀化法要求首先已知细观场的详细分布,如应力和应变场,然后基于场量的表面或体积平均和宏观应力–应变之间的关系,可求得宏观有效刚度。通常采用数值方法计算细观场量的分布和平均值。

间接均匀化法是采用等效夹杂法的思想,基于单一夹杂嵌入无限大的基体中求解特征应变的原理。此法不涉及场量的具体分布和平均,而是根据体分比和夹杂的几何尺寸及组分性能来推导有效性能。自洽模型、广义自洽模型、微分法和Mori-Tanaka(M-T)方法都是根据这个思想发展而来的,它们广泛应用于求解各种复合材料的有效性能。

另一种较为特殊的间接均匀化方法是变分法,它能求得弹性模量的上、下界,这个方法给出了早期上、下界条件的改进结果。细观结构均匀化中一个相对新颖的方法是数学均匀化方法,也称二尺度展开法。它基于位移场双尺度展开,起源于分析含两个或更多个长度尺度的物理系统,适用于多相材料,其中两个自然尺度是描述局部不连续非均匀性的细观尺度和描述结构整体尺寸的宏观尺度。

4.2　有效场与有效性能的概念

假设局部或细观的应力 σ_{ij} 和应变 ε_{ij} 都是已知的,它们的体积平均可以定义如下

$$\bar{\sigma}_{ij} = \frac{1}{V} \int_{\Omega} \sigma_{ij} \mathrm{d}\Omega \tag{4.2.1}$$

$$\bar{\varepsilon}_{ij} = \frac{1}{V} \int_{\Omega} \varepsilon_{ij} \mathrm{d}\Omega \tag{4.2.2}$$

式中 Ω 表示代表体元 RVE,V 是 RVE 的体积,物理量上面的横杠表示该量的平均值,即**宏观或有效** (effective) 量。对一个弹性体,应变能的体积平均可表示为

$$
\begin{aligned}
\bar{w} &= \frac{1}{V}\int_{\Omega} w\mathrm{d}\Omega = \frac{1}{V}\int_{\Omega}\frac{1}{2}\sigma_{ij}\varepsilon_{ij}\mathrm{d}\Omega \\
&= \frac{1}{V}\int_{\Omega}\frac{1}{2}D_{ijkl}\varepsilon_{ij}\varepsilon_{kl}\mathrm{d}\Omega \\
&= \frac{1}{V}\int_{\Omega}\frac{1}{2}C_{ijkl}\sigma_{ij}\sigma_{kl}\mathrm{d}\Omega
\end{aligned}
\tag{4.2.3}
$$

其中 $\frac{1}{2}\sigma_{ij}\varepsilon_{ij} = w$ 是应变能密度,D_{ijkl} 是细观刚度系数,$C_{ijkl}(\boldsymbol{C} = \boldsymbol{D}^{-1})$ 是细观柔度系数,它们因组分相的变化而不同。另外,有效应变能密度由下式表示

$$
\bar{w} = \frac{1}{2}\bar{\sigma}_{ij}\bar{\varepsilon}_{ij}
\tag{4.2.4}
$$

根据应力和应变的平均值,复合材料的**有效刚度** $\bar{D}_{ijkl}$ 和**有效柔度** $\bar{C}_{ijkl}$ 定义如下

$$
\bar{\sigma}_{ij} = \bar{D}_{ijkl}\bar{\varepsilon}_{kl}, \quad \bar{\varepsilon}_{ij} = \bar{C}_{ijkl}\bar{\sigma}_{kl}
\tag{4.2.5}
$$

或根据应变能相等

$$
\frac{1}{2}\bar{\sigma}_{ij}\bar{\varepsilon}_{ij} = \frac{1}{V}\int_{\Omega}\frac{1}{2}\sigma_{ij}\varepsilon_{ij}\mathrm{d}\Omega
\tag{4.2.6}
$$

也就是

$$
\frac{1}{2}\bar{D}_{ijkl}\bar{\varepsilon}_{ij}\bar{\varepsilon}_{kl} = \frac{1}{V}\int_{\Omega}\frac{1}{2}D_{ijkl}\varepsilon_{ij}\varepsilon_{kl}\mathrm{d}\Omega
\tag{4.2.7}
$$

这个关系被称为 Hill 定理。这个定理已被推广到非线性和非弹性材料中。

对一个弹性体,应力–应变的线性关系使得

$$
\bar{D}_{ijkl} = \frac{\partial^{2}\bar{w}}{\partial\bar{\varepsilon}_{ij}\partial\bar{\varepsilon}_{kl}}
\tag{4.2.8}
$$

可以求出有效刚度系数的显式形式

$$
\bar{D}_{ijkl} = \begin{cases}
2\bar{w}(\varepsilon_{ij})\dfrac{1}{\bar{\varepsilon}_{ij}^{2}} & (i=j, k=l, i=k) \\[2mm]
\bar{w}(\varepsilon_{ij})\dfrac{1}{2\bar{\varepsilon}_{ij}^{2}} & (i\neq j, k\neq l, i=k, j=l) \\[2mm]
[\bar{w}(\varepsilon_{ij},\varepsilon_{kl}) - \bar{w}(\varepsilon_{ij}) - \bar{w}(\varepsilon_{kl})]\dfrac{1}{\bar{\varepsilon}_{ij}\bar{\varepsilon}_{kl}} & (i=j, k=l, i\neq k) \\[2mm]
[\bar{w}(\varepsilon_{ij},\varepsilon_{kl}) - \bar{w}(\varepsilon_{ij}) - \bar{w}(\varepsilon_{kl})]\dfrac{1}{4\bar{\varepsilon}_{ij}\bar{\varepsilon}_{kl}} & (i\neq j, k\neq l, i\neq k \text{ 或 } j\neq l) \\[2mm]
[\bar{w}(\varepsilon_{ij},\varepsilon_{kl}) - \bar{w}(\varepsilon_{ij}) - \bar{w}(\varepsilon_{kl})]\dfrac{1}{2\bar{\varepsilon}_{ij}\bar{\varepsilon}_{kl}} & (i=j, k\neq l)
\end{cases}
\tag{4.2.9}
$$

其中 $\bar{w}(\varepsilon_{ij},\varepsilon_{kl})$ 表示一个参考应变状态的应变能密度，即只有 ε_{ij} 和 ε_{kl} 不为 0 的应变状态。括号中的下标不用求和。上述过程表明，在应力、应变和应变能密度三个量中，如果有两个量是已知的，就可以计算得到复合材料的宏观性能。

应该注意到，可用各相组分材料的体分比来表示应力、应变和应变能的体积平均。对一般函数 F，它的体积平均写成

$$
\begin{aligned}
\bar{F} &= \frac{1}{V}\int_{\Omega} F\mathrm{d}\Omega = \frac{1}{V}\left(\int_{\Omega_1} F\mathrm{d}\Omega + \int_{\Omega_2} F\mathrm{d}\Omega + \cdots\right)\\
&= \frac{V_1}{V}\bar{F}^{(1)} + \frac{V_2}{V}\bar{F}^{(2)} + \cdots\\
&= v_1\bar{F}^{(1)} + v_2\bar{F}^{(2)} + \cdots
\end{aligned}
\tag{4.2.10}
$$

其中 $\Omega_1,\Omega_2,\cdots$ 是域 Ω 的子域，$\Omega_1+\Omega_2+\cdots=\Omega$。它们表示复合材料各相组分所占的区域，$V_1,V_2,\cdots$ 是各相的体积。而

$$
v_1 = \frac{V_1}{V}, \quad v_2 = \frac{V_2}{V}, \quad \cdots
\tag{4.2.11}
$$

是各组分相的体分比，且有 $v_1+v_2+\cdots=1$。对一个 n 相复合材料，应力、应变和应变能密度的体积平均分别表示为

$$
\bar{\sigma}_{ij} = \sum_{r=1}^{n} v_r\bar{\sigma}_{ij}^{(r)}
\tag{4.2.12a}
$$

$$
\bar{\varepsilon}_{ij} = \sum_{r=1}^{n} v_r\bar{\varepsilon}_{ij}^{(r)}
\tag{4.2.12b}
$$

$$
\bar{w} = \sum_{r=1}^{n} v_r\bar{w}^{(r)}
\tag{4.2.12c}
$$

式中的上标 (r) 表示第 r 相。

对于统计均匀介质，即任何一个代表体元的统计平均值都相同的材料，可以证明，在均匀边界条件作用下，平均应力等于边界上施加的常应力，平均应变等于边界上施加的常应变，即

$$
\bar{\sigma}_{ij} = \sigma_{ij}^0
$$

或者

$$
\bar{\varepsilon}_{ij} = \varepsilon_{ij}^0
$$

下面来证明上面的式子。用表面平均法和相应的边界值计算出应力、应变和应变能的有效量。对应变 $\varepsilon_{ij} = \frac{1}{2}(u_{i,j}+u_{j,i})$，在方程 (4.2.2) 中应用散度定理，得

$$
\bar{\varepsilon}_{ij} = \frac{1}{V}\int_{\Omega} \varepsilon_{ij}\mathrm{d}\Omega = \frac{1}{V}\int_{\Omega} \frac{1}{2}(u_{i,j}+u_{j,i})\mathrm{d}\Omega
$$

$$= \frac{1}{V} \int_{\Gamma} \frac{1}{2}(u_i n_j + u_i n_i) \mathrm{d}\Gamma$$

$$= \frac{1}{V} \int_{\Gamma} u_i n_j \mathrm{d}\Gamma$$

$$= \frac{1}{V} \int_{\Gamma} \varepsilon_{im}^0 x_m n_j \mathrm{d}\Gamma$$

$$= \frac{1}{V} \varepsilon_{ij}^0 \int_{\Gamma} x_m n_m \mathrm{d}\Gamma$$

$$= \varepsilon_{ij}^0 \tag{4.2.13}$$

式中 Γ 是 RVE 的边界, n_i 是 Γ 上的外法向向量。

应力的表面平均可通过方程 (4.2.1) 的分部积分求得, 即

$$\bar{\sigma}_{ij} = \frac{1}{V} \int_{\Omega} \sigma_{ij} \mathrm{d}\Omega = \frac{1}{V} \int_{\Gamma} \frac{1}{2}(T_i x_j + T_j x_i) \mathrm{d}\Gamma \tag{4.2.14}$$

其中 T_i 是 RVE 表面的面力向量, 这意味着 $T_i = \sigma_{ij} n_j$, 由方程 (4.2.14) 可看出, 用相应的应力体积平均或面力的表面平均可以计算出平均应力。

我们以图 4.1 所示的 2D RVE 为例, 应力表面平均法可表示为

$$\bar{\sigma}_{11} = \frac{1}{b} \int_{BC} \sigma_{11} \mathrm{d}\Gamma, \quad \bar{\sigma}_{22} = \frac{1}{a} \int_{DC} \sigma_{22} \mathrm{d}\Gamma \tag{4.2.15}$$

$$\bar{\sigma}_{12} = \bar{\sigma}_{21} = \frac{1}{b} \int_{BC} \sigma_{12} \mathrm{d}\Gamma = \frac{1}{a} \int_{DC} \sigma_{21} \mathrm{d}\Gamma \tag{4.2.16}$$

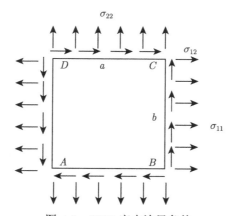

图 4.1 RVE 应力边界条件

根据功能原理, 用边界值表示的平均应变能密度为

$$\bar{w} = \frac{1}{V} \int_{\Omega} \frac{1}{2} \sigma_{ij} \varepsilon_{ij} \mathrm{d}\Omega = \frac{1}{V} \int_{\Gamma} T_i u_i \mathrm{d}\Gamma \tag{4.2.17}$$

可以证明式 (4.2.17) 这种关系。事实上，运用散度定理，可得到

$$
\begin{aligned}
\int_\Omega \sigma_{ij}\varepsilon_{ij}\mathrm{d}\Omega &= \frac{1}{2}\int_\Omega \sigma_{ij}(u_{i,j}+u_{j,i})\mathrm{d}\Omega \\
&= \int_\Omega \sigma_{ij}u_{i,j}\mathrm{d}\Omega \\
&= \int_\Omega (\sigma_{ij}u_{i,j}-\sigma_{ij,j}u_i)\mathrm{d}\Omega \\
&= -\int_\Omega \sigma_{ij,j}u_i\mathrm{d}\Omega + \int_\Gamma \sigma_{ij}u_in_j\mathrm{d}\Gamma
\end{aligned}
\tag{4.2.18}
$$

注意 $\sigma_{ij,j}=-f_i$ (在 Ω 内)，$\sigma_{ij}n_j=T_i$ (在 Γ_t 上)，然后方程 (4.2.18) 变成

$$
\int_\Omega \sigma_{ij}\varepsilon_{ij}\mathrm{d}\Omega = \int_\Omega f_iu_i\mathrm{d}\Omega + \int_{\Gamma_t} T_iu_i\mathrm{d}\Gamma
\tag{4.2.19}
$$

这是功能原理，储存在 RVE 内的应变能等于外力做的功，对于无体力 $f_i=0$，总应变能可用边界上的力做的功表示。

因此，可以看出用体积或表面平均法能计算应力、应变和应变能密度的平均值。一旦求出三个量中的两个量，则可以预测出复合材料的有效性能。

复合材料的有效刚度系数 $\bar{D}_{ijkl}$ 由下式定义

$$
\bar{\sigma}_{ij} = \bar{D}_{ijkl}\bar{\varepsilon}_{kl}
\tag{4.2.20}
$$

或用应变能密度定义为

$$
\frac{1}{2}\bar{\sigma}_{ij}\bar{\varepsilon}_{ij} = \frac{1}{2}\bar{D}_{ijkl}\bar{\varepsilon}_{ij}\bar{\varepsilon}_{kl}
\tag{4.2.21}
$$

同理，有效柔度系数 $\bar{C}_{ijkl}$ 可用下述关系定义

$$
\bar{\varepsilon}_{ij} = \bar{C}_{ijkl}\bar{\sigma}_{kl}
\tag{4.2.22}
$$

或用应变能密度定义为

$$
\frac{1}{2}\bar{\sigma}_{ij}\bar{\varepsilon}_{ij} = \frac{1}{2}\bar{C}_{ijkl}\bar{\sigma}_{ij}\bar{\sigma}_{kl}
\tag{4.2.23}
$$

当给定均匀位移 (应变) 边界条件 (2.1.1) 时，由式 (2.1.3a) 可知，复合材料的有效应变为 $\bar{\varepsilon}_{ij}=\varepsilon_{ij}^0$，这时，为了计算复合材料的有效刚度系数 $\bar{D}_{ijkl}$，必须首先计算出复合材料的有效应力场。

同样，当复合材料受到均匀应力边界条件 (2.1.2) 时，由式 (2.1.3b) 可知，复合材料的有效应力为 $\bar{\sigma}_{ij}=\sigma_{ij}^0$，为了计算复合材料的有效柔度系数 $\bar{C}_{ijkl}$，必须首先计算出复合材料内的有效应变场。

假设在每一相中存在弹性关系：

$$
\sigma_{ij}^{(r)} = D_{ijkl}^{(r)}\varepsilon_{kl}^{(r)} \quad (r=0,1,\cdots,n)
\tag{4.2.24a}
$$

$$\varepsilon_{ij}^{(r)} = C_{ijkl}^{(r)} \sigma_{kl}^{(r)} \quad (r = 0, 1, \cdots, n) \tag{4.2.24b}$$

其中上角标 (0) 表示基体，(1)，(2)，$\cdots$ 表示夹杂。将式 (4.2.24a) 代入式 (4.2.12a)，并利用式 (4.2.20)，得到复合材料的有效刚度系数 (在不引起混乱的情况下，有效刚度和有效柔度上面的一横省略掉。)

$$\boldsymbol{D} = \boldsymbol{D}^{(0)} + \sum_{r=1}^{n} v_r (\boldsymbol{D}^{(r)} - \boldsymbol{D}^{(0)}) \boldsymbol{\varepsilon}^{(r)} \bar{\boldsymbol{\varepsilon}}^{-1} \tag{4.2.25a}$$

将式 (4.2.24b) 代入式 (4.2.12b)，并利用式 (4.2.22)，得到有效柔度系数

$$\boldsymbol{C} = \boldsymbol{C}^{(0)} + \sum_{r=1}^{n} v_r (\boldsymbol{C}^{(r)} - \boldsymbol{C}^{(0)}) \boldsymbol{\sigma}^{(r)} \bar{\boldsymbol{\sigma}}^{-1} \tag{4.2.25b}$$

由于均匀应变 $\bar{\varepsilon}$(应力 $\bar{\sigma}$) 已经知道，只要求出每一相材料中的应变 (应力) 就可以求出有效刚度 (柔度) 系数。假设复合材料的有效应力、有效应变与每一相内的局部平均应力、局部应变之间存在关系

$$\boldsymbol{\varepsilon}^{(r)} = \boldsymbol{A}^{(r)} \bar{\boldsymbol{\varepsilon}} \tag{4.2.26a}$$

$$\boldsymbol{\sigma}^{(r)} = \boldsymbol{B}^{(r)} \bar{\boldsymbol{\sigma}} \tag{4.2.26b}$$

则复合材料的有效刚度 $\boldsymbol{D}$ 和有效柔度 $\boldsymbol{C}$ 可进一步表示为

$$\boldsymbol{D} = \boldsymbol{D}^{(0)} + \sum_{r=1}^{n} v_r (\boldsymbol{D}^{(r)} - \boldsymbol{D}^{(0)}) \boldsymbol{A}^{(r)} \tag{4.2.27a}$$

$$\boldsymbol{C} = \boldsymbol{C}^{(0)} + \sum_{r=1}^{n} v_r (\boldsymbol{C}^{(r)} - \boldsymbol{C}^{(0)}) \boldsymbol{B}^{(r)} \tag{4.2.27b}$$

其中 $\boldsymbol{A}^{(r)}$ 和 $\boldsymbol{B}^{(r)}$ 分别称为**应变集中因子**和**应力集中因子**。由上述过程可知，只要求出了集中因子 $\boldsymbol{A}^{(r)}$ 和 $\boldsymbol{B}^{(r)}$，则复合材料的有效性能就可容易求出。一般地说，应力、应变集中因子与组分材料的性能和增强相的几何形状有关。

如果复合材料的所有增强相为完全随机分布，则复合材料为各向同性。这时，有效性能可用两个独立的工程常数表示为

$$\bar{\sigma}_{kk} = 3\kappa \bar{\varepsilon}_{kk}, \quad \bar{s}_{ij} = 2\mu \bar{e}_{ij} \tag{4.2.28}$$

其中 $\bar{\sigma}_{kk} = \bar{\sigma}_{11} + \bar{\sigma}_{22} + \bar{\sigma}_{33}, \bar{\varepsilon}_{kk} = \bar{\varepsilon}_{11} + \bar{\varepsilon}_{22} + \bar{\varepsilon}_{33}, \bar{e}_{ij}$ 和 $\bar{s}_{ij}$ 分别为 $\bar{\varepsilon}_{ij}$ 和 $\bar{\sigma}_{ij}$ 的偏量部分，κ 为有效体积模量，μ 为有效剪切模量。此时，式 (4.2.25a) 变为

$$\kappa = \kappa_0 + \sum_{r=1}^{n} v_r (\kappa_r - \kappa_0) \varepsilon_{kk}^{(r)} \bar{\varepsilon}_{jj}^{-1} \tag{4.2.29a}$$

$$\mu = \mu_0 + \sum_{r=1}^{n} v_r (\mu_r - \mu_0) e_{ij}^{(r)} \bar{e}_{ij}^{-1} \quad (ij \ \text{不求和}) \tag{4.2.29b}$$

4.3　基于夹杂理论的均匀化方法

这类方法的基础是关于无限大基体材料中嵌入单一夹杂问题的弹性力学解。此类方法不使用场量的体积平均，而是根据组分材料的体分比和夹杂的几何尺寸及组分性能推导复合材料的有效性能。自洽模型、广义自洽模型和 Mori-Tanaka 模型都是利用 Eshelby 的解发展而来，它们广泛应用于求解复合材料的有效性能。

4.3.1　自洽模型与广义自洽模型

根据计算复合材料有效性能的式 (4.2.27)，要计算有效性能，首先要计算出其中的应变或应力集中因子。自洽模型和广义自洽模型提供了计算应变或应力集中因子的近似方法。下面以基体 ($r = 0$) 和增强相 ($r = 1$) 组成的两相复合材料系统为例，介绍这种方法。

自洽模型的原理如图 4.2 所示，在复合材料中，有很多夹杂，但性能相同，选出一个夹杂，其性能用刚度 $\boldsymbol{D}^{(1)}$ 表示，它周围的材料被认为是平均的，其性能既不是基体也不是夹杂的性能，而是待求的均匀化复合材料的性能 $\boldsymbol{D}$。这样，在外力作用下，便构成一个弹性力学问题。对此模型，可以有两个理解角度：一是除某个夹杂外，其他都被均匀化，因此，成为一个复合材料包围一个夹杂的模型；二是先将整个材料中的所有夹杂全部均匀化，然后再加入一个新的夹杂。因为夹杂的数目很多，这样做是合理的。

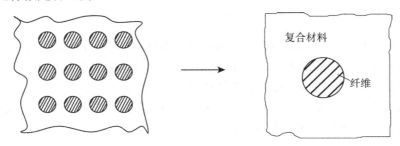

图 4.2　自洽模型

按照自洽模型的思想，假设一个夹杂物 (异质夹杂，如纤维或颗粒等) 埋入承受均匀应变 $\bar{\varepsilon}$ 的无限大的均匀介质 (复合材料) 内，如图 4.2 所示，夹杂物的应变就可以和周围材料的应变有一个关系。取复合材料有效刚度系数为 $\boldsymbol{D}$，但它现在还是待求的未知量。根据式 (4.2.24a)，$\bar{\varepsilon}$ 就是复合材料的有效应变，且等于无限远边界上施加的均匀应变，对应的有效应力为

$$\bar{\sigma} = \boldsymbol{D}\bar{\varepsilon} \tag{4.3.1}$$

夹杂物内的应变由均匀应变 $\bar{\varepsilon}$ 和扰动应变 $\varepsilon^{\mathrm{pt}}$ 两部分组成, 对应的应力为 $\bar{\sigma} + \sigma^{\mathrm{pt}}$, 即

$$\varepsilon^{(1)} = \bar{\varepsilon} + \varepsilon^{\mathrm{pt}} \tag{4.3.2a}$$

$$\sigma^{(1)} = \bar{\sigma} + \sigma^{\mathrm{pt}} \tag{4.3.2b}$$

根据等效夹杂原理, 有如下关系

$$\bar{\sigma} + \sigma^{\mathrm{pt}} = D^{(1)}(\bar{\varepsilon} + \varepsilon^{\mathrm{pt}}) = D(\bar{\varepsilon} + \varepsilon^{\mathrm{pt}} - \bar{\varepsilon}^*) \tag{4.3.3a}$$

$$\varepsilon^{\mathrm{pt}} = S\bar{\varepsilon}^* \tag{4.3.3b}$$

其中 S 是 Eshelby 张量, $\bar{\varepsilon}^*$ 是等效特征应变。对于简单的情况, 比如椭球形夹杂, S 是已知的, 可以算出等效特征应变。

解方程 (4.3.3) 和 (4.3.2) 得到

$$\varepsilon^{(1)} = \left[I + SD^{-1} \left(D^{-1} - D \right) \right]^{-1} \bar{\varepsilon} \tag{4.3.4a}$$

这里 I 为单位张量, 对照式 (4.2.26a), 可知应变集中因子为

$$A = \left[I + SD^{-1}(D^{(1)} - D) \right]^{-1} \tag{4.3.4b}$$

将上式代入 (4.2.27a), 就可得到两相复合材料的有效刚度系数

$$D = D^{(0)} + v_1(D^{(1)} - D^{(0)}) \left[I + SD^{-1}(D^{(1)} - D) \right]^{-1}$$

由上可知, 因无法直接求解 D, 需要对其进行迭代求解。

如果施加均匀应力边界条件 (2.1.2), 可得到应力集中因子和有效柔度系数。

在这个模型中, 无限大有效介质 (复合材料) 内的平均应变 (应力) 场就是有效应变 (应力) 场, 因此这个模型是自洽的。

值得指出的是, 应变集中因子 A 中, 含有未知的有效刚度系数 D, 在实际计算中, 需要采用迭代求解才能得到有效性能。另外, 在这个模型中, 使用了 Eshelby 等效夹杂原理, 这意味着夹杂物的形状被假设为椭球状。

对各向同性复合材料, 等效方程变为

$$\kappa_1(\bar{\varepsilon}_{kk} + \varepsilon^{\mathrm{pt}}_{kk}) = \kappa(\bar{\varepsilon}_{kk} + \varepsilon^{\mathrm{pt}}_{kk} - \varepsilon^*_{kk}) \tag{4.3.5a}$$

$$\mu_1(\bar{e}_{ij} + e^{\mathrm{pt}}_{ij}) = \mu(\bar{e}_{ij} + e^{\mathrm{pt}}_{ij} - e^*_{ij}) \tag{4.3.5b}$$

球形夹杂复合材料的有效模量为

$$\frac{v_0}{\kappa - \kappa_1} + \frac{v_1}{\kappa - \kappa_0} = \frac{3}{3\kappa + 4\mu} \tag{4.3.6a}$$

$$\frac{v_0}{\mu - \mu_1} + \frac{v_1}{\mu - \mu_0} = \frac{6(\kappa + 2\mu)}{5\mu(3\kappa + 4\mu)} \tag{4.3.6b}$$

其中，v_0 表示基体的体分比，v_1 表示夹杂的体分比。

利用自洽模型可以计算单向短纤维复合材料的有效模量，并与实验值和下面的半经验公式进行了比较

$$\frac{E_1^*}{E_0} = \frac{1 + 2\alpha\eta_1 v_1}{1 - \eta_1 v_1} \tag{4.3.7a}$$

$$\frac{E_2^*}{E_0} = \frac{1 + 2\eta_2 v_1}{1 - \eta_2 v_1} \tag{4.3.7b}$$

其中 E_1^*，E_2^* 分别为复合材料的轴向和横向模量，$\alpha = l/d$ 为纤维的长径比，而

$$\eta_1 = \frac{E_1/E_0 - 1}{E_1/E_0 + 2\alpha}, \quad \eta_2 = \frac{E_1/E_0 - 1}{E_1/E_0 + 2} \tag{4.3.7c}$$

数值比较发现，自洽模型的结果与实验值有一定的差距，体分比越大，差距越大。

在自洽模型中，利用了 Eshelby 关于无限大的均匀介质中含有单一夹杂的解，这与含有高体分比夹杂物的复合材料有一定的差距，这时夹杂物之间、夹杂物与基体之间的相互作用非常强烈，而自洽模型仅考虑了一个夹杂物与有效介质之间的相互作用，导致在高体分比情况下，计算结果存在较大的误差。当两相材料的性能相差较大时甚至会导致迭代不收敛。另外，在夹杂的局部应力场与有效应力场之间存在如式 (4.2.12a) 所示的加权平均关系，而在自洽模型中，则要求两者在夹杂与有效介质的界面上保持连续，这是很明显的不合理之处。

广义自洽模型对自洽模型进行了改进，它将一个夹杂及其周围的基体埋入无限大的有效介质内，夹杂与基体所占的比例等于复合材料的体分比，如图 4.3 所示，这相当于将一个简化的代表体元嵌入复合材料中。自洽模型只有夹杂和复合材料，广义自洽模型包含夹杂、基体和复合材料三相材料，因此，从概念上比自洽模型更合理些，但也相应地增加了问题求解的难度，通过计算得知广义自洽模型的解比自洽模型的解精确很多。

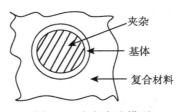

图 4.3　广义自洽模型

广义自洽模型得到的有效体积模量为

$$\kappa = \kappa_0 + \frac{v_1(\kappa_1 - \kappa_0)}{1 + \dfrac{v_0(\kappa_1 - \kappa_0)}{\kappa_0 + \dfrac{4}{3}\mu_0}} \tag{4.3.8a}$$

有效剪切模量的表达式较为复杂, 在理想刚性夹杂物的情况为

$$\frac{\mu}{\mu_0} = \frac{\alpha}{1 - v_1} \tag{4.3.8b}$$

其中

$$\alpha = \frac{3(2 - 3\nu_m) + 3\sqrt{12 - 36\nu_m + 25\nu_m^2}}{8(1 - 2\nu_m)}$$

对不可压基体材料, 式 (4.3.8b) 可进一步简化为

$$\frac{\mu}{\mu_0} = \frac{27}{16(1 - v_1)} \tag{4.3.8c}$$

应用自洽模型和广义自洽模型求解复合材料的有效性能的研究工作很多。当然, 这些解只有在夹杂为椭球形状时才能求出。对于任意形状的夹杂, 第一种方法是直接采用数值积分计算 Eshelby 张量, 第二种方法是将自洽模型与有限元法结合起来, 处理任意形状夹杂的复合材料问题, 详见 4.4 节介绍。

4.3.2 Mori-Tanaka 模型

Mori 和 Tanaka 在 1973 年关于计算基体平均应力的论文, 解决了在有限体分比下使用 Eshelby 等效夹杂原理的基本理论问题。其后, 在 Mori-Tanaka 平均应力概念下的等效夹杂原理被广泛应用于各种复合材料的有效性能预测。因此, 这种方法被称为 Eshelby-Mori-Tanaka 等效夹杂方法, 简称为 Mori-Tanaka 方法。

对于含有特征应变为 ε^* 的多夹杂问题 (不受外力作用), 由于夹杂的相互作用, 基体内的应力是非常复杂的, 但其平均应力可以表示为

$$\langle \boldsymbol{\sigma}_m \rangle = \boldsymbol{D}^{(0)} \langle \boldsymbol{\varepsilon}_m \rangle = -v_1 \boldsymbol{D}^{(0)}(\boldsymbol{S}\boldsymbol{\varepsilon}^* - \boldsymbol{\varepsilon}^*) \tag{4.3.9}$$

其中, $\langle \boldsymbol{\sigma}_m \rangle$ 是基体内的平均应力, $\langle \boldsymbol{\varepsilon}_m \rangle$ 是基体内的平均应变, $\boldsymbol{S}$ 是 Eshelby 张量, $\boldsymbol{D}^{(0)}$ 是材料的刚度系数, v_1 是夹杂的体分比。

Mori-Tanaka 的平均应力概念应用于有限体分比的夹杂物问题时, 存在多种形式, Weng 重新给出了该法的公式并应用于复合材料, 下面介绍这一思想。

设由基体 ($r = 0$) 和作为增强相的夹杂物 ($r = 1$) 组成的二相复合材料, 受到均匀应力边界条件 (2.1.2) 的作用。此时有效应力为 $\boldsymbol{\sigma}^0$。对于形状相同的均匀纯基体材料, 在上述同一边界条件作用下, 其应变场 ε^0 可由关系

$$\boldsymbol{\sigma}^0 = \boldsymbol{D}^{(0)}\boldsymbol{\varepsilon}^0 \tag{4.3.10}$$

确定。$\boldsymbol{D}^{(0)}$ 为基体的刚度系数。这个条件可以应用在复合材料上，也可以应用在没有夹杂的基体上。由于夹杂物的存在，实际复合材料基体内的应变场与均匀纯基体内的应变场相差一个扰动值，假设为 $\tilde{\boldsymbol{\varepsilon}}$，相应的扰动应力为 $\tilde{\boldsymbol{\sigma}}$。它们是在 Mori-Tanaka 平均意义下的所有夹杂在基体内产生的平均扰动应变和应力。这样实际基体内的应变和应力场分别为 $\boldsymbol{\varepsilon}^{(0)} = \boldsymbol{\varepsilon}^0 + \tilde{\boldsymbol{\varepsilon}}$ 和 $\boldsymbol{\sigma}^{(0)} = \boldsymbol{\sigma}^0 + \tilde{\boldsymbol{\sigma}}$，并且具有如下关系

$$\boldsymbol{\sigma}^0 + \tilde{\boldsymbol{\sigma}} = \boldsymbol{D}^{(0)}(\boldsymbol{\varepsilon}^0 + \tilde{\boldsymbol{\varepsilon}}) \tag{4.3.11}$$

夹杂物的应变和应力场又不同于实际基体内的场，假设分别相差一个 $\boldsymbol{\varepsilon}'$ 和 $\boldsymbol{\sigma}'$，这样夹杂物内的应变和应力分别为 $\boldsymbol{\varepsilon}^0 + \tilde{\boldsymbol{\varepsilon}} + \boldsymbol{\varepsilon}'$ 和 $\boldsymbol{\sigma}^0 + \tilde{\boldsymbol{\sigma}} + \boldsymbol{\sigma}'$。利用等效夹杂原理得到

$$\begin{aligned} \boldsymbol{\sigma}^{(1)} = \boldsymbol{\sigma}^0 + \tilde{\boldsymbol{\sigma}} + \boldsymbol{\sigma}' &= \boldsymbol{D}^{(1)}(\boldsymbol{\varepsilon}^0 + \tilde{\boldsymbol{\varepsilon}} + \boldsymbol{\varepsilon}') \\ &= \boldsymbol{D}^{(0)}(\boldsymbol{\varepsilon}^0 + \tilde{\boldsymbol{\varepsilon}} + \boldsymbol{\varepsilon}' - \boldsymbol{\varepsilon}^*) \end{aligned} \tag{4.3.12a}$$

而且对于椭球夹杂有

$$\boldsymbol{\varepsilon}' = \boldsymbol{S}\boldsymbol{\varepsilon}^* \tag{4.3.12b}$$

$$\tilde{\boldsymbol{\varepsilon}} = -v_1(\boldsymbol{S} - \boldsymbol{I})\boldsymbol{\varepsilon}^* \tag{4.3.12c}$$

其中 v_1 为夹杂物的体分比。式 (4.3.12c) 来自 Mori-Tanaka 的平均应力概念，参见式 (4.3.9)。解方程 (4.3.12a), (4.3.12b) 和 (4.3.12c) 得到

$$\boldsymbol{\varepsilon}^* = \boldsymbol{H}\boldsymbol{\varepsilon}^0 \tag{4.3.13}$$

其中 $\boldsymbol{H} = [\boldsymbol{D}^{(0)} + \Delta\boldsymbol{D}(v_1\boldsymbol{I} - v_0\boldsymbol{S})]^{-1}\Delta\boldsymbol{D}$，$\Delta\boldsymbol{D} = \boldsymbol{D}^{(1)} - \boldsymbol{D}^{(0)}$，$v_0 = 1 - v_1$ 为基体的体分比。

另外，对于有效应变 $\bar{\boldsymbol{\varepsilon}}$ 有

$$\begin{aligned} \bar{\boldsymbol{\varepsilon}} &= (1 - v_1)\boldsymbol{\varepsilon}^{(0)} + v_1\boldsymbol{\varepsilon}^{(1)} \\ &= (1 - v_1)(\boldsymbol{\varepsilon}^0 + \tilde{\boldsymbol{\varepsilon}}) + v_1(\boldsymbol{\varepsilon}^0 + \tilde{\boldsymbol{\varepsilon}} + \boldsymbol{\varepsilon}') \\ &= \boldsymbol{\varepsilon}^0 + v_1\boldsymbol{\varepsilon}^* \\ &= (\boldsymbol{I} + v_1\boldsymbol{H})\boldsymbol{\varepsilon}^0 \end{aligned} \tag{4.3.14a}$$

由此得到复合材料的有效刚度：

$$\boldsymbol{D} = \boldsymbol{D}^{(0)}(\boldsymbol{I} + v_1\boldsymbol{H})^{-1} \tag{4.3.14b}$$

Mori-Tanaka 方法和前面讲到的自洽模型都是想法利用 Eshleby 的单一夹杂问题的解，把复杂的问题转化为一个夹杂的问题进行求解。Weng 还证明了指定位移

的均匀边界条件和指定应力的均匀边界条件是可以互换的，并将该方法应用于多相球形颗粒复合材料的有效性能预测。该方法还可应用于横观各向同性复合材料的有效性能预测，并可导出所有 5 个工程常数的表达式。

在 Mori-Tanaka 方法中，使用了基体平均应力的思想和式 (4.3.9)。在均匀应力边界条件下，这个公式等价于下述有效应力的公式

$$\bar{\sigma} = (1 - v_1)\sigma^{(0)} + v_1\sigma^{(1)} \tag{4.3.15}$$

或者扰动应力的体积平均为零的条件

$$(1 - v_1)\tilde{\sigma} + v_1(\tilde{\sigma} + \sigma') = 0 \tag{4.3.16}$$

上述两个方程都得到

$$\tilde{\sigma} = -v_1\sigma' \tag{4.3.17}$$

利用方程 (4.3.11) 和方程 (4.3.12a)，得到

$$\sigma' = D^{(0)}(\varepsilon' - \varepsilon^*) = D^{(0)}(S - H)\varepsilon^* \tag{4.3.18}$$

由式 (4.3.17)、式 (4.3.18) 和式 (4.3.11)，即可得出式 (4.3.9)。

对于各向同性复合材料，得到的结果如下

$$\frac{\kappa}{\kappa_0} = 1 + \frac{v_1(\kappa_1 - \kappa_0)}{\kappa_0 + (1 - v_1)\dfrac{\kappa_1 - \kappa_0}{\kappa_0 + 4\mu_0/3}\kappa_0} \tag{4.3.19a}$$

$$\frac{\mu}{\mu_0} = 1 + \frac{v_1(\mu_1 - \mu_0)}{\mu_0 + (1 - v_1)\dfrac{\mu_1 - \mu_0}{1 + \dfrac{9\kappa_0 + 8\mu_0}{6(\kappa_0 + 2\mu_0)}}} \tag{4.3.19b}$$

对于刚性颗粒复合材料，式 (4.3.19a)、式 (4.3.19b) 简化为

$$\frac{\kappa}{\kappa_0} = 1 + \frac{v_1}{1 - v_1}\left(1 + \frac{4\mu_0}{3\kappa_0}\right) \tag{4.3.20a}$$

$$\frac{\mu}{\mu_0} = 1 + \frac{v_1}{1 - v_1}\left[1 + \frac{9\kappa_0 + 8\mu_0}{6(\kappa_0 + 2\mu_0)}\right] \tag{4.3.20b}$$

对于不可压基体，式 (4.3.20a)、式 (4.3.20b) 可进一步简化为

$$\frac{\kappa}{\kappa_0} = \frac{1}{1 - v_1}, \quad \frac{\mu}{\mu_0} = \frac{1 + 3v_1/2}{1 - v_1} \tag{4.3.21}$$

上述结果对应于 Hashin-Shtrikman 的下界。

Mori-Tanaka 方法曾有许多的不同表述方式，Benveniste 利用应变集中因子的概念从数学上进行了更为直接的推导，使这个方法的意义更明确，应用也更直接。

仍以单类夹杂物的二元复合材料为例。在有限体分比条件下，假设存在关系

$$\boldsymbol{\varepsilon}^{(1)} = \boldsymbol{A}\bar{\boldsymbol{\varepsilon}} \tag{4.3.22}$$

其中 $\boldsymbol{A}$ 应与夹杂物的体分比有关，一旦 $\boldsymbol{A}$ 被确定，则复合材料的有效刚度可由式 (4.2.27a) 确定为

$$\boldsymbol{D} = \boldsymbol{D}^{(0)} + v_1(\boldsymbol{D}^{(1)} - \boldsymbol{D}^{(0)})\boldsymbol{A} \tag{4.3.23}$$

为确定 $\boldsymbol{A}$，假设有下列关系存在

$$\boldsymbol{\varepsilon}^{(1)} = \boldsymbol{G}\boldsymbol{\varepsilon}^{(0)} \tag{4.3.24}$$

利用关系 $\bar{\boldsymbol{\varepsilon}} = v_0\boldsymbol{\varepsilon}^{(0)} + v_1\boldsymbol{\varepsilon}^{(1)}$，可得到

$$\boldsymbol{A} = \boldsymbol{G}[v_0\boldsymbol{I} - v_1\boldsymbol{G}]^{-1} \tag{4.3.25}$$

这就是有限体分比下的应变集中因子。另外，在极限状态下，应满足下列条件

$$\boldsymbol{A}_{v_1 \to 0} = \widetilde{\boldsymbol{A}}, \quad \boldsymbol{A}_{v_1 \to 1} = \boldsymbol{I} \tag{4.3.26}$$

显然，只要令 $\boldsymbol{G} = \tilde{\boldsymbol{A}}$，上述极限条件就可得到满足。而 $\tilde{\boldsymbol{A}}$ 表示单一夹杂埋入基体中的应变集中因子。这意味着 Mori-Tanaka 方法有如下基本假设：一个夹杂埋入承受均匀应变 $\bar{\boldsymbol{\varepsilon}}$ 的无限大基体材料中，只要求出其应变集中因子 (参看式 (4.3.4b)，但要将 $\boldsymbol{D}$ 换成 $\boldsymbol{D}^{(0)}$)

$$\widetilde{\boldsymbol{A}} = \left[\boldsymbol{I} + \boldsymbol{S}(\boldsymbol{D}^{(0)})^{-1}(\boldsymbol{D}^{(1)} - \boldsymbol{D}^{(0)})\right]^{-1} \tag{4.3.27}$$

就可求出有效刚度系数为

$$\boldsymbol{D} = \boldsymbol{D}^{(0)} + v_1(\boldsymbol{D}^{(1)} - \boldsymbol{D}^{(0)})\widetilde{\boldsymbol{A}}\left[v_0\boldsymbol{I} + v_1\widetilde{\boldsymbol{A}}\right] \tag{4.3.28}$$

经检验，这个结果与 Weng 导出的结果 (式 (4.3.14b)) 完全相同。图 4.4 解释了 Mori-Tanaka 方法的基本过程。对于含有随机分布微裂纹的材料，可以计算其有效体积模量和有效剪切模量随裂纹密度的关系。Benveniste 比较了 Mori-Tanaka 方法与自洽模型的结果。自洽模型的结果在裂纹密度达到 0.5 附近时，其有效体积模量和有效剪切模量就变为 0，而 Mori-Tanaka 方法的结果不出现上述现象。

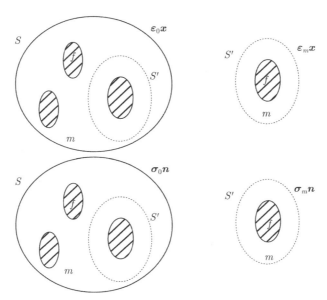

图 4.4 位移和应力边界条件下的 Mori-Tanaka 方法

4.3.3 自洽有限元法与 Mori-Tanaka 有限元法

尽管自洽模型和 Mori-Tanaka 方法得到不同的结果，但它们都具有数学上的完美性，应该说这些模型设计得很巧妙，并且也比较严密，但是它们都假设异质夹杂必须有椭球的形状，这对于工程实际是一个很强的制约。本小节介绍的自洽有限元法和 Mori-Tanaka 有限元法，结合了上述模型，但利用了有限元法进行数值求解。这样就将只能适用于椭球夹杂物的上述模型和方法推广到了任意形状的夹杂和夹杂物问题。首先介绍自洽有限元法。

假如把应变写成向量的形式，应变集中因子 A 可以写成矩阵，它是一个满阵。用一个边值问题算不出 A 中的全部元素，可以先加一个方向的应变，得到 A 的一部分元素，再逐渐加上其他方向的应变，最终求出 A 中的所有元素。设有一个典型夹杂物被具有未知有效模量的无限大介质所包围，无限大介质受到均匀应变场 $\bar{\varepsilon}$。用有限元法可以求解这样一个边值问题，得到夹杂物内的平均应变场，进而求出应变集中因子 A，再通过式 (4.2.27a) 得到有效刚度系数。由于在上述求解过程中要用到未知的有效模量，因而需要一个迭代过程。

自洽有限元法的计算过程如下：

(1) 选择一个典型夹杂物埋入无限大有效介质中，在实际计算中，取周围均匀介质为夹杂物尺寸的 5~10 倍即可，并在边界上作用均匀位移边界条件，建立边值问题。

(2) 给定有效介质一个初始刚度值，以使边值问题可解。该初始刚度值一般可以参照混合律给出。

(3) 用有限元法求解边值问题，并计算应变集中因子。

(4) 利用式 (4.2.27a) 求出复合材料的有效模量，并将这一结果作为新的初值，重复上述步骤。

(5) 给定一个收敛准则，例如，两次连续迭代计算的结果之差小于某一定值，则结束迭代过程，可求得有效模量。

同理，利用均匀应力边界条件可以求出有效柔度系数，在实际计算中可以选择某些特殊的边界条件以方便分别求出某些工程弹性常数。关于刚度系数与工程弹性常数的关系，可以参见第 7 章。

为了求出弹性常数，可以选用不同的变形模型和边界条件，利用自洽有限元法分别计算出各个工程常数。对于横观各向同性复合材料，如果选取轴对称变形模型，则在其刚度矩阵内含有 E_{11}，D_{1111}，ν_{12} 和 μ_{12} 四个常数。如果选用横向平面内的剪切变形模型，则刚度阵内含有 μ_{23}。另外，考虑到一般复合材料的纤维形状是圆柱形的，选用轴对称变形模型是合适的，如图 4.5 所示。通过选择适当的边界条件，可分别求出前四个常数。具体做法如下。

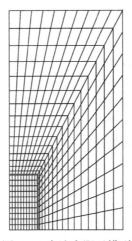

图 4.5　自洽有限元模型

1) 纵向拉伸模量 E_{11} 和主泊松比 ν_{12}

采用轴对称变形模型，假设沿纤维的轴向为 11 方向。在轴向施加应力边界条件：$\sigma_{11} = \sigma_0$，其余应力分量 $\sigma_{ij} = 0$ $(ij \neq 11)$。按照自洽有限元法的步骤和式 (4.2.27b)，计算有效柔度系数：

$$C_{1111} = C_{1111}^{(0)} + v_1(C_{1111}^{(1)} - C_{1111}^0)B \tag{4.3.29a}$$

其中

$$B = \bar{\sigma}_{11}^{(1)}/\sigma_0 \tag{4.3.29b}$$

式中 $\bar{\sigma}_{11}^{(1)}$ 为有限元计算出的夹杂物内的平均应力, 有效弹性模量为

$$E_{11} = 1/C_{1111} \tag{4.3.29c}$$

主泊松比 ν_{12} 可由下式计算

$$\nu_{12} = -\bar{\varepsilon}_{22}/\bar{\varepsilon}_{11} \tag{4.3.29d}$$

其中 $\bar{\varepsilon}_{11}$ 和 $\bar{\varepsilon}_{22}$ 分别是由自洽有限元法计算的有效介质内的轴向和横向应变。在每次迭代中, 有效介质的纵向拉伸模量 E_{11} 和主泊松比 ν_{12} 被更新, 直到收敛为止。

2) 单向应变刚度 D_{1111}

采用轴对称变形模型, 在轴向施加单向应变边界条件: $\varepsilon_{11} = \varepsilon_0$, 其余应变分量 $\varepsilon_{ij} = 0 \ (ij \neq 11)$, 由式 (4.2.27a) 可以计算

$$D_{1111} = D_{1111}^{(0)} + v_1(D_{1111}^{(1)} - D_{1111}^{(0)})A \tag{4.3.30a}$$

$$A = \bar{\varepsilon}_{11}^{(1)}/\varepsilon_0 \tag{4.3.30b}$$

式中 $\bar{\varepsilon}_{11}^{(1)}$ 为有限元计算出的夹杂物内的平均应变。

3) 纵向剪切模量 μ_{12}

采用轴对称变形模型, 在有效介质的周边施加剪切应力边界条件: $\sigma_{12} = \tau_0$, 其余应力分量 $\sigma_{ij} = 0 \ (ij \neq 12)$, 这个边界条件变形后仍然保持原有的轴向对称性。相似地, 可以计算出

$$C_{1212} = C_{1212}^{(0)} + v_1(C_{1212}^{(1)} - C_{1212}^{(0)})\bar{\sigma}_{12}^{(1)}/\tau_0 \tag{4.3.31a}$$

$$\mu_{12} = 1/C_{1212} \tag{4.3.31b}$$

4) 面内剪切模量 μ_{23}

如上所述, 面内剪切模量 μ_{23} 不能用轴对称变形模型, 而是要求有一个面内纯剪状态的变形。对于连续纤维复合材料, 可以近似地认为变形沿着纤维方向是均匀的, 可采用平面应变模型。但对于单向短纤维复合材料, 材料在纵向是不均匀的, 必须采用三维变形模型。利用单向连续纤维复合材料的平面应变模型, 边界条件可取为 $\varepsilon_{23} = \gamma_0$, $\varepsilon_{ij} = 0 \ (ij \neq 23)$, 则有

$$\mu_{23} = D_{2323} = D_{2323}^{(0)} + v_1(D_{2323}^{(1)} - D_{2323}^{(0)})\bar{\varepsilon}_{23}^{(1)}/\gamma_0 \tag{4.3.32}$$

由于自洽有限元法可以较为精确地逼近夹杂物的实际形状, 因而比原来的自洽模型要更接近实验值。

　　计算实践表明,自洽有限元法的收敛性取决于增强相与基体相的弹性性能的差异和体分比的大小。两相的性能相差越大,体分比越大,收敛性越差。为了改善收敛性,可按相同的思路在广义自洽模型的基础上构建广义自洽有限元法。

　　利用自洽有限元法可以比较各种不同夹杂物形状对有效性能的影响,也可以方便地计入界面层的影响和推广到非线性问题。

　　Mori-Tanaka 有限元法与自洽有限元法有相似的思想。Mori-Tanaka 有限元法用无限大 (是夹杂尺寸的 5~10 倍) 的基体材料包围一个典型夹杂。施加均匀的边界条件,建立边值问题,然后用有限元法求解,得到应变集中因子 A,再利用 (4.3.28) 求出有效模量。和自洽有限元法相比,Mori-Tanaka 有限元法省去了迭代过程,只需用一次有限元分析,就可得到以组分性能和体分比为变量的有效性能表达式。

4.4　微分介质法与变分法

　　当夹杂的体分比比较高的时候,如接近于 1,用自洽模型或 Mori-Tanaka 方法算出的平均有效性能的值和实验值相差较大,因此可以使用下面介绍的微分介质法。微分介质法简称为微分法,起初应用于研究悬浮液体的性能,后来应用于复合材料的有效性能计算。在推导复合材料和微裂纹问题的有效性能公式中,为了避开考虑夹杂物相互影响和应用 Eshelby 单一夹杂理论的限制,微分法构造了一个往基体内逐渐添加夹杂物的微分过程,形成一个 “少量添加 — 均匀化” 的循环迭代过程,如图 4.6 所示。

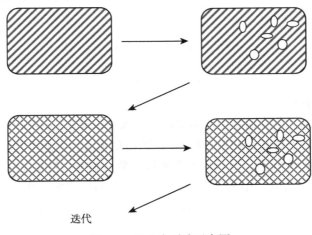

图 4.6　微分介质法示意图

　　设在某一时刻体积为 V_0 的复合材料中的夹杂物 (增强相) 体分比为 v_1,有效刚度为 D。然后加入体积为 δV 的少量夹杂物,使体分比为 $v_1 + \delta v_1$,有效刚度变

为 $D + \delta D$，为了保持复合材料的体积 V_0 不变，在加入新夹杂物前，先把复合材料去掉 δV，这样夹杂物的实际含量为

$$v_1 V_0 + \delta V - v_1 \delta V = (v_1 + \delta v_1) V_0 \tag{4.4.1a}$$

即

$$\frac{\delta V}{V} = \frac{\delta v_1}{1 - v_1} \tag{4.4.1b}$$

复合材料的平均应力和应变关系为

$$\bar{\boldsymbol{\sigma}} = (\boldsymbol{D} + \delta \boldsymbol{D}) \bar{\boldsymbol{\varepsilon}} \tag{4.4.2a}$$

其中

$$\bar{\boldsymbol{\varepsilon}} = \frac{V_0 - \delta V}{V_0} \boldsymbol{\varepsilon} + \frac{\delta V}{V_0} \boldsymbol{\varepsilon}^{(1)} \tag{4.4.2b}$$

$$\bar{\boldsymbol{\sigma}} = \frac{V_0 - \delta V}{V_0} \boldsymbol{\sigma} + \frac{\delta V}{V_0} \boldsymbol{\sigma}^{(1)} \tag{4.4.2c}$$

式中 $\boldsymbol{\varepsilon}$ 和 $\boldsymbol{\sigma}$ 分别表示当前作为基体的均匀介质中的平均应变和平均应力，$\boldsymbol{\varepsilon}^{(1)}$ 与 $\boldsymbol{\sigma}^{(1)}$ 分别表示新加入夹杂物的平均应变和平均应力。由于加入的夹杂很少，因此，可用稀疏夹杂的 Eshelby 解法求出下列平均应变集中系数 (式 (4.2.26a))

$$\boldsymbol{\varepsilon}^{(1)} = \boldsymbol{A} \bar{\boldsymbol{\varepsilon}} \tag{4.4.2d}$$

其中 $\boldsymbol{A} = \left[\boldsymbol{I} + \boldsymbol{S} \boldsymbol{D}^{-1} (\boldsymbol{D}^{(1)} - \boldsymbol{D}) \right]^{-1}$，$\boldsymbol{S}$ 为 Eshelby 张量。

将式 (4.4.2b) 和式 (4.4.2d) 代入式 (4.4.2a)，得到

$$\delta \boldsymbol{D} = (\boldsymbol{D}^{(1)} - \boldsymbol{D}) \boldsymbol{A} \frac{\delta V}{V_0} \tag{4.4.3}$$

将式 (4.4.1b) 代入上式，并令 δv_1 趋向于无限小，得到

$$\frac{\mathrm{d} \boldsymbol{D}}{\mathrm{d} v_1} = \frac{1}{1 - v_1} (\boldsymbol{D}^{(1)} - \boldsymbol{D}) \boldsymbol{A} \tag{4.4.4a}$$

这是关于有效刚度的微分方程，它的初始条件为

$$\boldsymbol{D} \big|_{v_1 = 0} = \boldsymbol{D}^{(0)} \tag{4.4.4b}$$

微分方程 (4.4.4a) 是一个非线性方程。一般要简化后求解或数值求解。

对球形颗粒增强复合材料，微分方程 (4.4.4a) 可以化为

$$\frac{\mathrm{d} \kappa}{\mathrm{d} v_1} = \frac{\kappa_1 - \kappa}{1 - v_1} \frac{\kappa + \kappa^*}{\kappa_1 + \kappa^*} \tag{4.4.5a}$$

$$\frac{\mathrm{d}\mu}{\mathrm{d}v_1} = \frac{\mu_1 - \mu}{1 - v_1}\frac{\mu + \mu^*}{\mu_1 + \mu^*} \tag{4.4.5b}$$

其中 κ 与 μ 分别为复合材料的体积模量与剪切模量，κ_1 与 μ_1 为增强相材料的相应模量，而且

$$\kappa^* = \frac{4}{3}\mu, \quad \mu^* = \frac{\mu}{6}\frac{9\kappa + 8\mu}{\kappa + 2\mu} \tag{4.4.5c}$$

问题的初始条件 (4.4.4b) 变为

$$v_1 = 0, \quad \kappa = \kappa_0, \quad \mu = \mu_0 \tag{4.4.5d}$$

其中 κ_0 与 μ_0 分别为基体材料的体积模量与剪切模量。

方程 (4.4.5a) 和 (4.4.5b) 是高度非线性且耦合的微分方程，难以求得显式解，一般要采用数值方法求解。如果我们近似地取

$$\kappa^* = \frac{4}{3}\mu_0, \quad \mu^* = \frac{\mu_0}{6}\frac{9\kappa_0 + 8\mu_0}{\kappa_0 + 2\mu_0} \tag{4.4.5e}$$

则方程 (4.4.5a) 和 (4.4.5b) 大为简化，可以用分离变量的方法求解，由此可得到的方程近似显式解为

$$\kappa = \kappa_0 + \frac{v_1(\kappa_1 - \kappa)}{1 + (1 - v_1)\dfrac{\kappa_1 - \kappa_0}{\kappa_1 + \kappa^*}} \tag{4.4.5f}$$

$$\mu = \mu_0 + \frac{v_1(\mu_1 - \mu)}{1 + (1 - v_1)\dfrac{\mu_1 - \mu_0}{\mu_1 + \mu^*}} \tag{4.4.5g}$$

变分法是另一种完全不同的方法。它利用极值原理得到复合材料有效性能的上、下限，这对复合材料的有效性能提供了一个合理的变化范围。

设体积为 V 的复合材料受到均匀位移边界条件式 (2.1.1) 的作用。用 ε_{ij} 表示满足所有位移边界条件和几何条件的机动应变场，其应变能可以表示为

$$\tilde{U} = \frac{1}{2}\int_{V_0} D_{ijkl}^{(0)}\varepsilon_{ij}\varepsilon_{kl}\mathrm{d}V + \frac{1}{2}\int_{V_1} D_{ijkl}^{(1)}\varepsilon_{ij}\varepsilon_{kl}\mathrm{d}V \tag{4.4.6}$$

其中 V_0 表示基体所占的区域，V_1 表示增强相所占的区域，且 $V_0 + V_1 = V$。

复合材料的真实应变场对应的应变能可以用有效应变场表示为

$$U = \frac{1}{2}D_{ijkl}\varepsilon_{ij}^0\varepsilon_{kl}^0 V \tag{4.4.7}$$

根据最小势能原理，在所有满足位移边界条件和几何方程的许可应变场中，真实的应变场使系统的势能取最小值，即

$$U \leqslant \tilde{U} \tag{4.4.8}$$

注意在上述表述中, 势能中没有计及外力的势能贡献.

如果复合材料受到均匀的应力边界条件 (2.1.2) 作用, σ_{ij} 为满足应力边界条件和平衡方程的应力场, 对应的余能 (不考虑外力贡献的余能) 为

$$\tilde{\Gamma} = \frac{1}{2}\int_{V_0} C_{ijkl}^{(0)}\sigma_{ij}\sigma_{kl}\mathrm{d}V + \frac{1}{2}\int_{V_1} C_{ijkl}^{(1)}\sigma_{ij}\sigma_{kl}\mathrm{d}V \tag{4.4.9}$$

而复合材料的真实应力场对应的余能用有效应力场表示为

$$\Gamma = \frac{1}{2}C_{ijkl}\sigma_{ij}^0\sigma_{kl}^0 V \tag{4.4.10}$$

根据最小余能原理, 在所有满足应力边界条件和平衡方程的应力场中, 真实的应力场使系统的余能取最小值, 即

$$\Gamma \leqslant \tilde{\Gamma} \tag{4.4.11}$$

利用最小势能原理和最小余能原理可以得到有效刚度系数、有效柔度系数的极值.

现在来看两个特殊情况:

(1) 等应变假设. 如果复合材料在轴向 (1 方向) 受单向均匀位移边界条件的作用, 并假设基体和纤维内的应变场是相同的. 这种情况与连续纤维复合材料的轴向变形相近. 由最小势能原理可得

$$E_{11} \leqslant v_0 E^m + v_1 E^f \tag{4.4.12}$$

式中 E_{11} 为 1 方向上的有效弹性模量, E^i $(i = m, f)$ 为组分材料的弹性模量. 式 (4.4.12) 表明, 混合率为弹性模量的上限. 这一结果也称为 **Voigt 近似公式**.

(2) 等应力假设. 如果复合材料受到单向应力状态的均匀边界条件作用, 并假设复合材料中的纤维和基体具有相同的应力场, 则由最小余能原理得到

$$\frac{1}{E_{22}} \leqslant \frac{v_0}{E^m} + \frac{v_1}{E^f} \tag{4.4.13}$$

这个关系也称作 **Reuss 近似公式**, 当它取等号时, 一般应用于复合材料的横向模量的预测, 但与实验结果有较大误差.

在一般情形下, 计算均匀应变边界条件下的 $\tilde{U}$ 或均匀应力边界条件下的 $\tilde{\Gamma}$ 都需要首先计算每一项内的应变场或应力场, 这个局部场与纤维的排列方式有关. 上、下界的精度取决于局部应变场或应力场的精确性. 对于纤维的正六边形和随机排列两种情况, 求出了横观各向同性刚度阵中 5 个独立常数的上界或下界, Walpole 利用极应力的概念导出了各向同性复合材料的剪切模量和体积模量的上、下限. 一般认为, Walpole 导出的结果是最好的:

$$\kappa_L = \frac{\kappa_0\kappa_1 + \kappa_l^*(v_0\kappa_0 + v_1\kappa_1)}{\kappa_l^* + v_0\kappa_1 + v_1\kappa_0} \tag{4.4.14a}$$

$$\kappa_G = \frac{\kappa_0\kappa_1 + \kappa_g^*(v_0\kappa_0 + v_1\kappa_1)}{\kappa_g^* + v_0\kappa_1 + v_1\kappa_0} \tag{4.4.14b}$$

$$\mu_L = \frac{\mu_0\mu_1 + \mu_l^*(v_0\mu_0 + v_1\mu_1)}{\mu_l^* + v_0\mu_1 + v_1\mu_0} \tag{4.4.14c}$$

$$\mu_G = \frac{\mu_0\mu_1 + \mu_g^*(v_0\mu_0 + v_1\mu_1)}{\mu_g^* + v_0\mu_1 + v_1\mu_0} \tag{4.4.14d}$$

其中下标 L 和 G 分别表示下限和上限；κ_l^*, κ_g^* 分别表示 κ_0^*, κ_1^* 中的最小值和最大值；μ_l^*, μ_g^* 分别表示 μ_0^*, μ_1^* 中的最小值和最大值。而且

$$\kappa_i^* = \frac{4}{3}\mu_i, \quad \mu_i^* = \frac{1}{6}\mu_i\frac{9\kappa_i + 8\mu_i}{\kappa_i + 2\mu_i} \quad (i = 0, 1) \tag{4.4.15}$$

上述 Walpole 的最终结果对两相材料是同等对待的。这一结果通常被称为 Hashin-Strikeman-Walpole 解。

变分法给出了复合材料有效刚度系数的上、下界，这对各种计算结果提供了一个判断其正误的准则。各种预测方法的结果都应被包含在上、下界之间的范围内。

4.5　二尺度展开法

二尺度展开法，也称为渐近展开法，或者称为数学展开法，是一种数学上的均匀展开。

假定一个弹性体是周期细观胞元的集合，宏观尺度坐标 $\boldsymbol{x}$ 与细观尺度坐标 $\boldsymbol{y}$ 的关系为

$$\boldsymbol{y} = \boldsymbol{x}/\varepsilon \tag{4.5.1}$$

其中 ε 是一个非常小的正数，表示一个单胞与整个结构体的大小之比。这样计算的结果就是表示细观尺度的坐标 $\boldsymbol{y}$ 是一个很大的数，而表示宏观尺度的坐标 $\boldsymbol{x}$ 却是一个很小的数。这就好比是拿着放大镜来看一个很小的物体，本来物体是很小的，经过放大后呈现的就是一个很大的物体了。当宏观结构受到载荷和位移时，演化变量 (如变形和应力) 会随着宏观位置 $\boldsymbol{x}$ 的变化而变化。因此，细观结构的高度非均匀性使得这些变量在宏观位置 $\boldsymbol{x}$ 的一个非常小的邻域内快速变化。在目前的均匀化理论中，都假定细观结构具有关于宏观位置 $\boldsymbol{x}$ 的周期重复性，因此，场函数周期性依赖于 $\boldsymbol{y} = \boldsymbol{x}/\varepsilon$，这个特征经常被称为 Y-周期，这里 Y 对应的是一个 RVE。

4.5.1　位移场的展开

位移场可以渐近展开成

$$u_i = u_i^\varepsilon(\boldsymbol{x}) = u_i^0(\boldsymbol{x},\boldsymbol{y}) + \varepsilon u_i^1(\boldsymbol{x},\boldsymbol{y}) + \varepsilon^2 u_i^2(\boldsymbol{x},\boldsymbol{y}) + \cdots \tag{4.5.2}$$

u_i 是一个关于宏观材料点的函数, 通过指数 ε 和细观尺度的坐标 $\boldsymbol{y}$ 联系起来。后面可以证明 u_i^0 是一个只与宏观尺度的坐标 $\boldsymbol{x}$ 有关的值, 它表示宏观位移的平均值。而等式右端其他项与细观尺度的坐标 $\boldsymbol{y}$ 有关, 表示细观不均匀性对平均值的扰动。

指数 ε 表示这个函数与两个长度的联系。注意到

$$\frac{\partial F^\varepsilon(\boldsymbol{x}, \boldsymbol{y})}{\partial x_i} = \frac{\partial F(\boldsymbol{x}, \boldsymbol{y})}{\partial x_i} + \frac{1}{\varepsilon} \frac{\partial F(\boldsymbol{x}, \boldsymbol{y})}{\partial y_i} \tag{4.5.3}$$

式中 F 是一个一般函数, 对于应变张量 ε_{ij}, 有

$$\begin{aligned} \varepsilon_{ij} &= \frac{1}{2}\left(\frac{\partial u_i}{\partial x_j} + \frac{\partial u_j}{\partial x_i}\right) \\ &= \frac{1}{\varepsilon}\varepsilon_{ij}^{-1}(\boldsymbol{x}, \boldsymbol{y}) + \varepsilon_{ij}^0(\boldsymbol{x}, \boldsymbol{y}) + \varepsilon\varepsilon_{ij}^1(\boldsymbol{x}, \boldsymbol{y}) + \cdots \end{aligned} \tag{4.5.4}$$

式中

$$\varepsilon_{ij}^{-1}(\boldsymbol{x}, \boldsymbol{y}) = \frac{1}{2}\left(\frac{\partial u_i^0}{\partial y_j} + \frac{\partial u_j^0}{\partial y_i}\right) \tag{4.5.5a}$$

$$\varepsilon_{ij}^0(\boldsymbol{x}, \boldsymbol{y}) = \frac{1}{2}\left(\frac{\partial u_i^0}{\partial x_j} + \frac{\partial u_j^0}{\partial x_i}\right) + \frac{1}{2}\left(\frac{\partial u_i^1}{\partial y_j} + \frac{\partial u_j^1}{\partial y_i}\right) \tag{4.5.5b}$$

$$\varepsilon_{ij}^1(\boldsymbol{x}, \boldsymbol{y}) = \frac{1}{2}\left(\frac{\partial u_i^1}{\partial x_j} + \frac{\partial u_j^1}{\partial x_i}\right) + \frac{1}{2}\left(\frac{\partial u_i^2}{\partial y_j} + \frac{\partial u_j^2}{\partial y_i}\right) \tag{4.5.5c}$$

上面 $\varepsilon_{ij}^{-1}(\boldsymbol{x}, \boldsymbol{y})$ 是细观坐标的导数, 而式 (4.5.5b)、式 (4.5.5c) 中等式右端第二项表示由细观不均匀性引起的扰动值。

刚度系数 D_{ijkl} 是一个与 ε 有关、以 $\boldsymbol{x}$ 为周期的函数:

$$D_{ijkl}^\varepsilon = D_{ijkl}(\boldsymbol{x}/\varepsilon) = D_{ijkl}(\boldsymbol{y}) \tag{4.5.6}$$

那么应力可表示成

$$\begin{aligned} \sigma_{ij}^\varepsilon &= D_{ijkl}^\varepsilon \varepsilon_{kl} \\ &= \frac{1}{\varepsilon}D_{ijkl}^\varepsilon \varepsilon_{kl}^{-1}(\boldsymbol{x}, \boldsymbol{y}) + D_{ijkl}^\varepsilon \varepsilon_{kl}^0(\boldsymbol{x}, \boldsymbol{y}) + \varepsilon D_{ijkl}^\varepsilon \varepsilon_{kl}^1(\boldsymbol{x}, \boldsymbol{y}) + \cdots \\ &= \frac{1}{\varepsilon}\sigma_{ij}^{-1}(\boldsymbol{x}, \boldsymbol{y}) + \sigma_{ij}^0(\boldsymbol{x}, \boldsymbol{y}) + \varepsilon\sigma_{ij}^1(\boldsymbol{x}, \boldsymbol{y}) + \cdots \end{aligned} \tag{4.5.7}$$

应力–应变关系可表示为

$$\sigma_{ij}^n(\boldsymbol{x}, \boldsymbol{y}) = D_{ijkl}^\varepsilon \varepsilon_{kl}^n(\boldsymbol{x}, \boldsymbol{y}) \quad (n = -1, 0, 1) \tag{4.5.8}$$

由方程 (4.4.5) 和 (4.5.8)，得到应力为

$$\sigma_{ij}^{-1} = D_{ijkl}^{\varepsilon} \frac{\partial u_k^0}{\partial y_l} \tag{4.5.9a}$$

$$\sigma_{ij}^0 = D_{ijkl}^{\varepsilon} \left(\frac{\partial u_k^0}{\partial x_l} + \frac{\partial u_k^1}{\partial y_l} \right) \tag{4.5.9b}$$

$$\sigma_{ij}^1 = D_{ijkl}^{\varepsilon} \left(\frac{\partial u_k^1}{\partial x_l} + \frac{\partial u_k^2}{\partial y_l} \right) \tag{4.5.9c}$$

4.5.2　建立弹性细观结构基本方程

周期细观结构的弹性问题可描述为

$$\sigma_{ij,j}^{\varepsilon} + f_i = 0 \quad (\text{在 } \Omega \text{ 内}) \tag{4.5.10a}$$

$$\sigma_{ij}^{\varepsilon} n_j = T_i \quad (\text{在 } \Gamma_t \text{ 上}) \tag{4.5.10b}$$

$$u_i^{\varepsilon} = \bar{u}_i \quad (\text{在 } \Gamma_u \text{ 上}) \tag{4.5.10c}$$

把方程 (4.5.7) 代入方程 (4.5.10a) 中，并使 ε 的各阶次系数相等，可得

$$\frac{\partial \sigma_{ij}^{-1}}{\partial y_j} = 0 \tag{4.5.11a}$$

$$\frac{\partial \sigma_{ij}^{-1}}{\partial x_j} + \frac{\partial \sigma_{ij}^0}{\partial y_j} = 0 \tag{4.5.11b}$$

$$\frac{\partial \sigma_{ij}^0}{\partial x_j} + \frac{\partial \sigma_{ij}^1}{\partial y_j} + f_i = 0 \tag{4.5.11c}$$

要求解方程 (4.5.11a)~(4.5.11c)，这里必须引入一个重要结果，对一个周期为 Y 的函数 $\Phi = \Phi(\boldsymbol{x}, \boldsymbol{y})$，方程

$$-\frac{\partial}{\partial y_i} \left(a_{ij}(\boldsymbol{y}) \frac{\partial \Phi}{\partial y_j} \right) = F \tag{4.5.12}$$

有唯一解，如果 F 的平均值定义如下

$$\bar{F} = \frac{1}{V} \int_Y F \mathrm{d}Y = 0 \tag{4.5.13}$$

式中 V 是单胞体积，把它应用到方程 (4.5.11a)，得

$$\sigma_{ij}^{-1} = 0 \tag{4.5.14}$$

那么从方程 (4.5.8) 和方程 (4.5.5a)，可得到

$$u_i^0(\boldsymbol{x}, \boldsymbol{y}) = u_i^0(\boldsymbol{x}) \tag{4.5.15}$$

这表明 u_i^0 只是 $\boldsymbol{x}$ 的函数。

于是，位移场的方程可重写成

$$u_i = u_i^\varepsilon(\boldsymbol{x}) = u_i^0(\boldsymbol{x}) + \varepsilon u_i^1(\boldsymbol{x}, \boldsymbol{y}) + \varepsilon^2 u_i^2(\boldsymbol{x}, \boldsymbol{y}) + \cdots \tag{4.5.16}$$

我们可认为 u_i^0 是宏观位移，而 $u_i^1, u_i^2, \cdots$ 是细观位移，方程 (4.5.16) 的物理意义是：由于细观位置的非均匀性，真实位移 u_i 在平均位移周围快速振荡，$u_i^1, u_i^2, \cdots$ 是细观结构的扰动位移。

把方程 (4.5.14) 代入方程 (4.5.11b)，我们可得到平衡方程

$$\frac{\partial \sigma_{ij}^0}{\partial y_j} = 0 \quad (在 \ \Omega \ 内) \tag{4.5.17}$$

把方程 (4.5.11c) 在 Ω 上取平均值，并对其第二项 $\dfrac{\partial \sigma_{ij}^1}{\partial y_j}$ 运用方程 (4.5.13)，得到宏观平衡方程

$$\frac{\partial \bar{\sigma}_{ij}^0}{\partial x_j} + f_i = 0 \quad (在 \ \Omega \ 内) \tag{4.5.18}$$

式中 $\bar{\sigma}_{ij}^0$ 是宏观应力，式 (4.5.18) 即宏观平衡方程。

4.5.3 细观结构的有效性能

假设位移场 u_i^0 和 u_i^1 的关系可表示为

$$u_i^1 = -\psi_i^{kl}(\boldsymbol{x}, \boldsymbol{y}) \frac{\partial u_k^0}{\partial x_l} \tag{4.5.19}$$

把方程 (4.5.19) 代入方程 (4.5.9b) 得

$$\sigma_{ij}^0 = \left(D_{ijkl} - D_{ijmn} \frac{\partial \psi_m^{kl}}{\partial y_n} \right) \frac{\partial u_k^0}{\partial x_l} \tag{4.5.20}$$

然后在 RVE 上积分，得到一个弹性介质等效应力–应变关系

$$\bar{\sigma}_{ij}^0 = \bar{D}_{ijkl} \frac{\partial u_k^0}{\partial x_l} \tag{4.5.21}$$

式中

$$\bar{\sigma}_{ij}^0 = \frac{1}{V} \int_Y \sigma_{ij}^0(\boldsymbol{x}, \boldsymbol{y}) \mathrm{d}Y \tag{4.5.22}$$

$$\bar{D}_{ijkl} = \frac{1}{V} \int_Y \left(D_{ijkl} - D_{ijmn} \frac{\partial \psi_m^{kl}}{\partial y_n} \right) \mathrm{d}Y \tag{4.5.23}$$

$\bar{D}_{ijkl}$ 是均匀化的刚度系数, 由方程 (4.5.23) 可以看出, 函数 $\psi(\boldsymbol{x}, \boldsymbol{y})$ 必须在求解均匀性能之前计算出来, 一般都用有限元方法求 $\psi(\boldsymbol{x}, \boldsymbol{y})$。

　　到这里我们已经得到二尺度展开法的基本思想了, 可以利用上面的式子计算出平均应力、平均应变和平均弹性系数。利用式 (4.5.21) 将三者的关系联系起来。如果没有 u_i^1 (即没有细观不均匀性), 则表示是均匀材料。实际的计算中我们首先要解决的并不是平均应力或平均应变, 而是平均刚度系数 $\bar{D}_{ijkl}$。通过数值方法我们可以找到 $\psi(\boldsymbol{x}, \boldsymbol{y})$ 的表达式, 进而确定 $\bar{D}_{ijkl}$ 的值。

4.5.4　变分形式

　　上面提到的方程的变分形式可结合有限元方法来建立。对于任意虚位移 δu_i^0, 方程 (4.5.11a) 的变分形式是

$$\int_{\Omega^\varepsilon} \frac{\partial \sigma_{ij}^{-1}}{\partial y_j} \delta u_i^0 \mathrm{d}\Omega = \int_{\Omega^\varepsilon} \left(D_{ijkl}^\varepsilon \frac{\partial u_k^0}{\partial y_l} \right)_{,j} \delta u_i^0 \mathrm{d}\Omega = 0 \tag{4.5.24}$$

　　对一个周期为 Y 的函数 $\phi(\boldsymbol{y})$, 我们定义一个平均算子如下

$$\lim_{\varepsilon \to 0} \int_{\Omega^\varepsilon} \phi\left(\frac{\boldsymbol{x}}{\varepsilon}\right) \mathrm{d}\Omega = \frac{1}{V} \int_\Omega \int_Y \phi(\boldsymbol{y}) \mathrm{d}Y \mathrm{d}\Omega \tag{4.5.25}$$

　　因为均匀化方法是在 ε 趋于 0 的条件下, 求方程 (4.5.11a)~方程 (4.5.11c) 的解的极限, 对方程 (4.5.24) 有

$$\lim_{\varepsilon \to 0} \int_{\Omega^\varepsilon} \left(D_{ijkl}^\varepsilon \frac{\partial u_k^0}{\partial y_l} \right)_{,j} \delta u_i^0 \mathrm{d}\Omega = \frac{1}{V} \int_\Omega \int_Y \left(D_{ijkl} \frac{\partial u_k^0}{\partial y_l} \right)_{,j} \delta u_i^0 \mathrm{d}Y \mathrm{d}\Omega = 0 \tag{4.5.26}$$

　　在方程 (4.5.26) 上应用散度定理得

$$\frac{1}{V} \int_\Omega \int_Y \left(D_{ijkl} \frac{\partial u_k^0}{\partial y_l} \right)_{,j} \delta u_i^0 \mathrm{d}Y \mathrm{d}\Omega$$
$$= \frac{1}{V} \int_\Omega \oint_s D_{ijkl} \frac{\partial u_k^0}{\partial y_l} n_j \delta u_i^0 \mathrm{d}s \mathrm{d}\Omega = 0 \tag{4.5.27}$$

那么

$$\frac{\partial u_k^0}{\partial y_j} = 0 \tag{4.5.28}$$

这又表明 u_i^0 只是 $\boldsymbol{x}$ 的函数。

　　对于任意虚位移 δu_i^1, 把方程 (4.5.9b) 代入方程 (4.5.11b) 的变分形式得

$$\int_{\Omega^\varepsilon} \frac{\partial \sigma_{ij}^0}{\partial y_j} \delta u_i^1 \mathrm{d}\Omega = \int_{\Omega^\varepsilon} D_{ijkl}^\varepsilon \left(\frac{\partial u_k^0}{\partial x_l} + \frac{\partial u_k^1}{\partial y_l} \right)_{,j} \delta u_i^1 \mathrm{d}\Omega = 0 \tag{4.5.29}$$

那么

$$\lim_{\varepsilon \to 0} \int_{\Omega^\varepsilon} D_{ijkl}^\varepsilon \left(\frac{\partial u_k^0}{\partial x_l} + \frac{\partial u_k^1}{\partial y_l} \right)_{,j} \delta u_i^1 \mathrm{d}\Omega$$

$$= \frac{1}{V} \int_\Omega \int_Y D_{ijkl} \left(\frac{\partial u_k^0}{\partial x_l} + \frac{\partial u_k^1}{\partial y_l} \right)_{,j} \delta u_i^1 \mathrm{d}Y \mathrm{d}\Omega = 0 \qquad (4.5.30)$$

进行分部积分，注意到，在 RVE 的边界上的虚位移 $\delta u_i^1 = 0$ 以及 u_i^0 只是 x 的函数。于是有

$$\int_\Omega \frac{\partial u_k^0}{\partial x_l} \left(\int_Y D_{ijkl}^\varepsilon \frac{\partial \delta u_i^1}{\partial y_j} \mathrm{d}Y \right) \mathrm{d}\Omega + \int_\Omega \int_Y D_{ijkl} \frac{\partial u_k^1}{\partial y_l} \frac{\partial \delta u_i^1}{\partial y_j} \mathrm{d}Y \mathrm{d}\Omega = 0 \qquad (4.5.31)$$

引入函数 $\psi(\boldsymbol{x}, \boldsymbol{y})$，它满足

$$\int_Y D_{ijpq} \frac{\partial \psi_p^{kl}}{\partial y_q} \frac{\partial \delta u_i^1}{\partial y_j} \mathrm{d}Y = \int_Y D_{ijkl} \frac{\partial \delta u_i^1}{\partial y_j} \mathrm{d}Y \qquad (4.5.32)$$

并把方程 (4.5.32) 代入方程 (4.5.31) 中，得到

$$\int_\Omega \frac{\partial u_k^0}{\partial x_l} \int_Y D_{ijpq} \frac{\partial \psi_p^{kl}}{\partial y_q} \frac{\partial \delta u_i^1}{\partial y_j} \mathrm{d}Y \mathrm{d}\Omega + \int_\Omega \int_Y D_{ijkl} \frac{\partial u_k^1}{\partial y_l} \frac{\partial \delta u_i^1}{\partial y_j} \mathrm{d}Y \mathrm{d}\Omega = 0 \qquad (4.5.33)$$

对方程 (4.5.33) 运用散度定理得

$$\int_\Omega \oint_s D_{ijpq} \psi_p^{kl} n_q \frac{\partial u_k^0}{\partial x_l} \frac{\partial \delta u_i^1}{\partial y_j} \mathrm{d}s \mathrm{d}\Omega + \int_\Omega \oint_s D_{ijkl} u_p^1 n_q \frac{\partial \delta u_i^1}{\partial y_j} \mathrm{d}s \mathrm{d}\Omega = 0 \qquad (4.5.34)$$

从方程 (4.5.34) 我们又能得到方程 (4.5.19)，这也解释了方程 (4.5.19) 的来历。

4.5.5   有限元公式

函数 $\psi(\boldsymbol{x}, \boldsymbol{y})$ 有限元形式的插值可表示为

$$\psi_i^{kl} = (N_\alpha \psi_\alpha)_i^{kl} = (\boldsymbol{N}\psi)_i^{kl} \quad (\alpha = 1, 2, \cdots, M) \qquad (4.5.35)$$

式中 $\boldsymbol{N}$ 是形函数，ψ 是节点的广义坐标，M 表示有限元系统中的自由度总数，那么方程 (4.5.19) 的导数可表示成

$$\frac{\partial \psi_p^{kl}}{\partial y_q} = (\boldsymbol{B}_q \psi)_p^{kl} \qquad (4.5.36)$$

$$\frac{\partial \delta u_i^1}{\partial y_j} = (\boldsymbol{B}_j \psi)_i^{kl} \frac{\partial \delta u_k^0}{\partial x_l} \qquad (4.5.37)$$

式中 $\boldsymbol{B}_i$ 是形函数 $\boldsymbol{N}$ 对 y_i 的导数，注意函数 u_i^0 与 $\boldsymbol{y}$ 无关。

把方程 (4.5.32) 写成有限元的标准形式

$$\left(\int_Y \boldsymbol{B}^{\mathrm{T}} \boldsymbol{D} \boldsymbol{B} \mathrm{d}Y\right) \boldsymbol{\psi}^{kl} = \int_Y \boldsymbol{B}^{\mathrm{T}} \boldsymbol{D}^{kl} \mathrm{d}Y \tag{4.5.38}$$

式中 $\boldsymbol{D}$ 是应力–应变阵，$\boldsymbol{B}$ 是依赖形函数的离散的位移–应变阵，$\boldsymbol{D}^{kl}$ 是应力–应变阵 $\boldsymbol{D}$ 中取 kl (空间问题中取 $kl = 11, 22, 33, 23, 31, 12$) 的向量，$\boldsymbol{\psi}^{kl}$ 是与 kl 有关的特征位移向量，对不同的应变状态需要解六个方程，用一个普通的有限元就可以计算出方程 (4.5.38)。因此，由方程 (4.5.23) 定义的均匀弹性刚度可表示成

$$\bar{\boldsymbol{D}} = \frac{1}{V} \int_Y \boldsymbol{D}(\boldsymbol{I} - \boldsymbol{B}\boldsymbol{\psi}) \mathrm{d}Y \tag{4.5.39}$$

式中

$$\boldsymbol{\psi} = (\boldsymbol{\psi}^{11}, \boldsymbol{\psi}^{22}, \boldsymbol{\psi}^{33}, \boldsymbol{\psi}^{23}, \boldsymbol{\psi}^{31}, \boldsymbol{\psi}^{12}) \tag{4.5.40}$$

总之，在方程 (4.5.38) 用有限元方法计算出 $\boldsymbol{\psi}^{kl}$，然后利用方程 (4.5.39) 计算出有效性能。

4.5.6   二维问题的详细公式

在本小节，将给出二尺度展开法中二维问题详细的有限元公式。对此，有三种变形模式 $\boldsymbol{\psi}^{kl}(kl = 11, 22, 12)$，即 $\boldsymbol{\psi} = (\boldsymbol{\psi}^{11}, \boldsymbol{\psi}^{22}, \boldsymbol{\psi}^{12})$ 要计算。

我们考察一个正交弹性体的平面应力问题，应力–应变关系为

$$\left\{\begin{array}{c} \varepsilon_{11} \\ \varepsilon_{22} \\ 2\varepsilon_{12} \end{array}\right\} = \left[\begin{array}{ccc} C_{1111} & C_{1122} & 0 \\ C_{2211} & C_{2222} & 0 \\ 0 & 0 & C_{1212} \end{array}\right] \left\{\begin{array}{c} \sigma_{11} \\ \sigma_{22} \\ \sigma_{12} \end{array}\right\} \tag{4.5.41}$$

式中柔度系数可由工程常数表示：

$$C_{1111} = \frac{1}{E_{11}}, \quad C_{1122} = C_{2211} = \frac{-\nu_{12}}{E_{11}} \tag{4.5.42a}$$

$$C_{2222} = \frac{1}{E_{22}}, \quad C_{1212} = \frac{1}{G_{12}} \tag{4.5.42b}$$

同样，刚度阵可由如下方程表示

$$\left\{\begin{array}{c} \sigma_{11} \\ \sigma_{22} \\ \sigma_{12} \end{array}\right\} = \left[\begin{array}{ccc} D_{1111} & D_{1122} & 0 \\ D_{2211} & D_{2222} & 0 \\ 0 & 0 & D_{1212} \end{array}\right] \left\{\begin{array}{c} \varepsilon_{11} \\ \varepsilon_{22} \\ 2\varepsilon_{12} \end{array}\right\} \tag{4.5.43}$$

其中

$$D_{1111} = \frac{E_{11}}{1 - \nu_{12}^2 E_{22}/E_{11}}, \quad D_{1122} = D_{2211} = \frac{\nu_{12} E_{22}}{1 - \nu_{12}^2 E_{22}/E_{11}} \tag{4.5.44a}$$

$$D_{2222} = \frac{E_{22}}{1 - \nu_{12}^2 E_{22}/E_{11}}, \quad D_{1212} = G_{12} \tag{4.5.44b}$$

式中 E_{11}、E_{22} 是杨氏模量，ν_{12} 是泊松比，G_{12} 是剪切模量，对于各向同性弹性体，$E_{11} = E_{22} = E$，$\nu_{12} = \nu$，$G_{12} = G = \dfrac{E}{2(1+\nu)}$，并且柔度阵和刚度阵可分别写成如下形式

$$\boldsymbol{C} = \begin{bmatrix} C_{1111} & C_{1122} & 0 \\ C_{2211} & C_{2222} & 0 \\ 0 & 0 & C_{1212} \end{bmatrix} = \frac{1}{E} \begin{bmatrix} 1 & -\nu & 0 \\ -\nu & 1 & 0 \\ 0 & 0 & 2(1+\nu) \end{bmatrix} \tag{4.5.45}$$

$$\boldsymbol{D} = \begin{bmatrix} D_{1111} & D_{1122} & 0 \\ D_{2211} & D_{2222} & 0 \\ 0 & 0 & D_{1212} \end{bmatrix} = \frac{E}{1-\nu^2} \begin{bmatrix} 1 & \nu & 0 \\ \nu & 1 & 0 \\ 0 & 0 & \dfrac{1-\nu}{2} \end{bmatrix} \tag{4.5.46}$$

均匀化方法可以改成如下形式

$$\int_Y D_{ijpq} \frac{\partial \psi_p^{kl}}{\partial y_q} \frac{\partial \delta u_i^1}{\partial y_j} \mathrm{d}Y = \int_Y D_{ijkl} \frac{\partial \delta u_i^1}{\partial y_j} \mathrm{d}Y \tag{4.5.47}$$

$$\bar{D}_{ijkl} = \frac{1}{V} \int_Y \left(D_{ijkl} - D_{ijmn} \frac{\partial \psi_m^{kl}}{\partial y_n} \right) \mathrm{d}Y \tag{4.5.48}$$

分别在下列三种情况下求解方程，$kl = 11$，$kl = 22$ 和 $kl = 12$，并结合有限元方法对这三种情况给出详细的解答过程。

情况 1: $kl = 11$

方程 (4.5.47) 对矩阵中的元素展开使得

$$\begin{aligned} \int_Y &\left[\left(D_{1111} \frac{\partial \psi_1^{11}}{\partial y_1} + D_{1122} \frac{\partial \psi_2^{11}}{\partial y_2} \right) \frac{\partial v_1}{\partial y_1} \right. \\ &+ \left(D_{1122} \frac{\partial \psi_1^{11}}{\partial y_1} + D_{2222} \frac{\partial \psi_2^{11}}{\partial y_2} \right) \frac{\partial v_2}{\partial y_2} \\ &+ \left. D_{1212} \left(\frac{\partial \psi_1^{11}}{\partial y_2} + \frac{\partial \psi_2^{11}}{\partial y_1} \right) \left(\frac{\partial v_1}{\partial y_2} + \frac{\partial v_2}{\partial y_1} \right) \right] \mathrm{d}Y \\ &= \int_Y \left(D_{1111} \frac{\partial v_1}{\partial y_1} + D_{1122} \frac{\partial v_2}{\partial y_2} \right) \mathrm{d}Y \end{aligned} \tag{4.5.49}$$

式中 $v_i = \delta u_i^1$。为了简化，方程 (4.5.48) 中的有效性能变成

$$\bar{D}_{1111} = \frac{1}{V} \int_Y \left(D_{1111} - D_{1111} \frac{\partial \psi_1^{11}}{\partial y_1} - D_{1122} \frac{\partial \psi_2^{11}}{\partial y_2} \right) \mathrm{d}Y \quad (ij = 11) \tag{4.5.50}$$

$$\bar{D}_{2211} = \frac{1}{V} \int_Y \left(D_{2211} - D_{2211} \frac{\partial \psi_1^{11}}{\partial y_1} - D_{2222} \frac{\partial \psi_2^{11}}{\partial y_2} \right) \mathrm{d}Y \quad (ij = 22) \tag{4.5.51}$$

把方程 (4.5.49) 写成矩阵形式, 可得

$$
\int_Y \left\{ \begin{array}{cccc} \dfrac{\partial v_1}{\partial y_1} & \dfrac{\partial v_2}{\partial y_2} & \dfrac{\partial v_1}{\partial y_2}+\dfrac{\partial v_2}{\partial y_1} \end{array} \right\} \left[\begin{array}{ccc} D_{1111} & D_{1122} & 0 \\ D_{2211} & D_{2222} & 0 \\ 0 & 0 & D_{1212} \end{array} \right] \left\{ \begin{array}{c} \dfrac{\partial \psi_1^{11}}{\partial y_1} \\ \dfrac{\partial \psi_2^{11}}{\partial y_2} \\ \dfrac{\partial \psi_1^{11}}{\partial y_2}+\dfrac{\partial \psi_2^{11}}{\partial y_1} \end{array} \right\} \mathrm{d}Y
$$

$$
= \int_Y \left\{ \begin{array}{cccc} \dfrac{\partial v_1}{\partial y_1} & \dfrac{\partial v_2}{\partial y_2} & \dfrac{\partial v_1}{\partial y_2}+\dfrac{\partial v_2}{\partial y_1} \end{array} \right\} \left\{ \begin{array}{c} D_{1111} \\ D_{1122} \\ 0 \end{array} \right\} \mathrm{d}Y \tag{4.5.52}
$$

现在我们引入应变符号

$$
\boldsymbol{\varepsilon}(\boldsymbol{\psi}) = \left\{ \begin{array}{c} \dfrac{\partial \psi_1^{11}}{\partial y_1} \\ \dfrac{\partial \psi_2^{11}}{\partial y_2} \\ \dfrac{\partial \psi_1^{11}}{\partial y_2}+\dfrac{\partial \psi_2^{11}}{\partial y_1} \end{array} \right\} = \left\{ \begin{array}{c} \dfrac{\partial \phi}{\partial y_1} \\ \dfrac{\partial \varphi}{\partial y_2} \\ \dfrac{\partial \phi}{\partial y_2}+\dfrac{\partial \varphi}{\partial y_1} \end{array} \right\}, \quad \boldsymbol{\varepsilon}(\boldsymbol{v}) = \left\{ \begin{array}{c} \dfrac{\partial v_1}{\partial y_1} \\ \dfrac{\partial v_2}{\partial y_2} \\ \dfrac{\partial v_1}{\partial y_2}+\dfrac{\partial v_2}{\partial y_1} \end{array} \right\} \tag{4.5.53}
$$

式中 $\boldsymbol{\psi} = \left\{ \begin{array}{c} \psi_1^{11} \\ \psi_2^{11} \end{array} \right\} \equiv \left\{ \begin{array}{c} \phi \\ \varphi \end{array} \right\}, \boldsymbol{v} = \left\{ \begin{array}{c} v_1 \\ v_2 \end{array} \right\}$, 用一个紧密形式写出刚度阵为

$$
\boldsymbol{D} = \left[\begin{array}{ccc} \boldsymbol{d}_1 & \boldsymbol{d}_2 & \boldsymbol{d}_3 \end{array} \right] \tag{4.5.54}
$$

其中

$$
\boldsymbol{d}_1 = \left\{ \begin{array}{c} D_{1111} \\ D_{2211} \\ 0 \end{array} \right\}, \qquad \boldsymbol{d}_2 = \left\{ \begin{array}{c} D_{1122} \\ D_{2222} \\ 0 \end{array} \right\}, \qquad \boldsymbol{d}_3 = \left\{ \begin{array}{c} 0 \\ 0 \\ D_{1212} \end{array} \right\} \tag{4.5.55}
$$

于是, 方程 (4.5.52) 可写成如下矩阵形式

$$
\int_Y \boldsymbol{\varepsilon}^{\mathrm{T}}(\boldsymbol{v}) \boldsymbol{D} \boldsymbol{\varepsilon}(\boldsymbol{\psi}) \mathrm{d}Y = \int_Y \boldsymbol{\varepsilon}^{\mathrm{T}}(\boldsymbol{v}) \boldsymbol{d}_1 \mathrm{d}Y \tag{4.5.56}
$$

对函数 $\boldsymbol{\psi}$ 进行如下形式插值, 引入有限元离散

$$
\boldsymbol{\psi} = \sum_{i=1}^{n} N_i^e \psi_i^e = \boldsymbol{N}^e \boldsymbol{\psi}^e \tag{4.5.57}
$$

式中 n 是单元节点数, ψ^e 是单元节点自由度。

$$\psi = \{\psi_1 \ \cdots \ \psi_n\}^{\mathrm{T}} = \{\phi_1 \ \varphi_1 \ \cdots \ \phi_n \ \varphi_n\}^{\mathrm{T}} \tag{4.5.58}$$

形函数阵 N^e 可用如下形式表示

$$N^e = \left[\begin{array}{cccc} N_1^e & N_2^e & \cdots & N_n^e \end{array}\right], \quad N_i^e = \left[\begin{array}{cc} 1 & 0 \\ 0 & 1 \end{array}\right] N_i \tag{4.5.59}$$

式中 $N_i(i=1,2,\cdots,n)$ 是单元形函数。

把方程 (4.5.57) 代入方程 (4.5.53) 中的第一项, 可得到应变

$$\varepsilon^e(\psi) = L\psi = LN^e\psi^e = B^e\psi^e \tag{4.5.60}$$

式中 $B^e = LN^e$ 是单元应变矩阵, 还有

$$L = \left[\begin{array}{cc} \dfrac{\partial}{\partial y_1} & 0 \\ 0 & \dfrac{\partial}{\partial y_2} \\ \dfrac{\partial}{\partial y_2} & \dfrac{\partial}{\partial y_1} \end{array}\right] \tag{4.5.61}$$

是线性微分算子阵, 它连接平面问题中应变与位移的关系。

同样, 函数 v 被看作任意虚位移, 也可得到形式完全相同的有限元公式。那么, 从方程 (4.5.56) 可以得到有限元公式

$$K\hat{\psi} = F \tag{4.5.62}$$

式中

$$K = \sum_{e=1}^m K^e, \quad F = \sum_{e=1}^m F^e \tag{4.5.63}$$

$$K^e = \int_{\Omega^e} B^{e\mathrm{T}} DB^e \mathrm{d}\Omega, \quad F^e = \int_{\Omega^e} B^{e\mathrm{T}} d_1 \mathrm{d}\Omega \tag{4.5.64}$$

力向量 F 有一个物理意义, d_1 是由一个具体的初应变 ε^0 引起的应力:

$$d_1 = D\varepsilon^0 = \left[\begin{array}{ccc} D_{1111} & D_{1122} & 0 \\ D_{1122} & D_{2222} & 0 \\ 0 & 0 & D_{1212} \end{array}\right] \left\{\begin{array}{c} \varepsilon_{11}^0 \\ \varepsilon_{22}^0 \\ 2\varepsilon_{12}^0 \end{array}\right\} = \left\{\begin{array}{c} D_{1111} \\ D_{1122} \\ 0 \end{array}\right\} \tag{4.5.65}$$

这意味着 RVE 的任意点都作用着相同的初应变

$$\boldsymbol{\varepsilon}^0 = \left\{ \begin{array}{c} \varepsilon_{11}^0 \\ \varepsilon_{22}^0 \\ 2\varepsilon_{12}^0 \end{array} \right\} = \left\{ \begin{array}{c} 1 \\ 0 \\ 0 \end{array} \right\} \tag{4.5.66}$$

那么，为了求出位移 $\hat{\boldsymbol{\psi}}$ 和应变 $\boldsymbol{\varepsilon}(\hat{\boldsymbol{\psi}})$，应求解方程 (4.5.62)，还有用方程 (4.5.50) 和方程 (4.5.51) 计算有效性能，它们的矩阵形式是

$$\bar{D}_{1111} = \frac{1}{V} \int_Y [D_{1111} - \boldsymbol{d}_1^{\mathrm{T}} \boldsymbol{\varepsilon}(\boldsymbol{\psi})] \mathrm{d}Y \tag{4.5.67a}$$

$$\bar{D}_{2211} = \frac{1}{V} \int_Y [D_{2211} - \boldsymbol{d}_2^{\mathrm{T}} \boldsymbol{\varepsilon}(\boldsymbol{\psi})] \mathrm{d}Y \tag{4.5.67b}$$

对于 m 个有限单元，积分可用单元的求和代替：

$$\bar{D}_{1111} = \frac{1}{V} \sum_{e=1}^m \int_{\Omega^e} [D_{1111} - \boldsymbol{d}_1^{\mathrm{T}} \boldsymbol{B}^e \hat{\boldsymbol{\psi}}^e] \mathrm{d}\Omega \tag{4.5.68a}$$

$$\bar{D}_{2211} = \frac{1}{V} \sum_{e=1}^m \int_{\Omega^e} [D_{2211} - \boldsymbol{d}_2^{\mathrm{T}} \boldsymbol{B}^e \hat{\boldsymbol{\psi}}^e] \mathrm{d}\Omega \tag{4.5.68b}$$

而在一个单元内的积分可用一个数值积分法计算，如 Gauss-Legendre 法，很容易把这些公式加到标准有限元程序中。

利用前面的知识，如果在代表体元中同时加上周期性边界条件和对称性边界条件，可以表示为图 4.7。

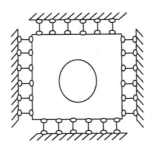

图 4.7　域内施加初应变时的边界条件

由于周围边界固定，无法施加外力，我们可以通过在域内施加一个初应变 (如温度等)，进而在物体内产生初应力，就能够利用有限元求解。例如，在图 4.1 中我们施加初应变 $\left\{ \begin{array}{c} 1 \\ 0 \\ 0 \end{array} \right\}$，就可以计算出等效刚度 $\bar{D}$ 的第一列。

情况 2: $kl = 22$

对于 $kl = 22$，可以用前述完全相同的方法推导出有限元公式，控制方程变成

$$\int_Y \left[\left(D_{1111}\frac{\partial \psi_1^{22}}{\partial y_1} + D_{1122}\frac{\partial \psi_2^{22}}{\partial y_2} \right) \frac{\partial v_1}{\partial y_1} \right.$$
$$+ \left(D_{1122}\frac{\partial \psi_1^{22}}{\partial y_1} + D_{2222}\frac{\partial \psi_2^{22}}{\partial y_2} \right) \frac{\partial v_2}{\partial y_2}$$
$$\left. + D_{1212}\left(\frac{\partial \psi_1^{22}}{\partial y_2} + \frac{\partial \psi_2^{22}}{\partial y_1} \right) \left(\frac{\partial v_1}{\partial y_2} + \frac{\partial v_2}{\partial y_1} \right) \right] \mathrm{d}Y$$
$$= \int_Y \left(D_{2222}\frac{\partial v_2}{\partial y_2} + D_{1122}\frac{\partial v_1}{\partial y_1} \right) \mathrm{d}Y \tag{4.5.69}$$

复合材料的有效性能是

$$\bar{D}_{2222} = \frac{1}{V}\int_Y \left(D_{2222} - D_{2211}\frac{\partial \psi_1^{22}}{\partial y_1} - D_{2222}\frac{\partial \psi_2^{22}}{\partial y_2} \right) \mathrm{d}Y \quad (ij=22) \tag{4.5.70a}$$

$$\bar{D}_{1122} = \frac{1}{V}\int_Y \left(D_{1122} - D_{1111}\frac{\partial \psi_1^{22}}{\partial y_1} - D_{1122}\frac{\partial \psi_2^{22}}{\partial y_2} \right) \mathrm{d}Y \quad (ij=11) \tag{4.5.70b}$$

方程 (4.5.69) 的矩阵形式是

$$\int_Y \boldsymbol{\varepsilon}^{\mathrm{T}}(\boldsymbol{v})\boldsymbol{D}\boldsymbol{\varepsilon}(\boldsymbol{\psi})\mathrm{d}Y = \int_Y \boldsymbol{\varepsilon}^{\mathrm{T}}(\boldsymbol{v})\boldsymbol{d}_2\mathrm{d}Y \tag{4.5.71a}$$

有效性能方程的矩阵形式是

$$\bar{D}_{2222} = \frac{1}{V}\int_Y [D_{2222} - \boldsymbol{d}_2^{\mathrm{T}}\boldsymbol{\varepsilon}(\boldsymbol{\psi})]\mathrm{d}Y \tag{4.5.71b}$$

式中

$$\boldsymbol{\psi} = \left\{ \begin{array}{c} \psi_1^{22} \\ \psi_2^{22} \end{array} \right\} \equiv \left\{ \begin{array}{c} \phi \\ \varphi \end{array} \right\}, \quad \boldsymbol{v} = \left\{ \begin{array}{c} v_1 \\ v_2 \end{array} \right\}$$
$$\bar{D}_{1122} = \frac{1}{V}\int_Y [D_{1122} - \boldsymbol{d}_1^{\mathrm{T}}\boldsymbol{\varepsilon}(\boldsymbol{\psi})]\mathrm{d}Y \tag{4.5.71c}$$

有限元方程是

$$\boldsymbol{K}\hat{\boldsymbol{\psi}} = \boldsymbol{F} \tag{4.5.72}$$

式中

$$\boldsymbol{K} = \sum_{e=1}^m \boldsymbol{K}^e, \quad \boldsymbol{F} = \sum_{e=1}^m \boldsymbol{F}^e \tag{4.5.73}$$

$$\boldsymbol{K}^e = \int_{\Omega^e} \boldsymbol{B}^{e\mathrm{T}}\boldsymbol{D}\boldsymbol{B}\mathrm{d}\Omega, \quad \boldsymbol{F}^e = \int_{\Omega^e} \boldsymbol{B}^{e\mathrm{T}}\boldsymbol{d}_2\mathrm{d}\Omega \tag{4.5.74}$$

在这种情况中，力向量 $\boldsymbol{F}$ 的物理意义是相同的初应变引起的节点力。

$$\boldsymbol{\varepsilon}^0 = \left\{ \begin{array}{c} \varepsilon_{11}^0 \\ \varepsilon_{22}^0 \\ 2\varepsilon_{12}^0 \end{array} \right\} = \left\{ \begin{array}{c} 0 \\ 1 \\ 0 \end{array} \right\} \tag{4.5.75}$$

有效性能的计算公式是

$$\bar{D}_{2222} = \frac{1}{V} \sum_{e=1}^{m} \int_{\Omega^e} [D_{2222} - \boldsymbol{d}_2^{\mathrm{T}} \boldsymbol{B}^e \hat{\boldsymbol{\psi}}^e] \mathrm{d}\Omega \tag{4.5.76a}$$

$$\bar{D}_{1122} = \frac{1}{V} \sum_{e=1}^{m} \int_{\Omega^e} [D_{1122} - \boldsymbol{d}_1^{\mathrm{T}} \boldsymbol{B}^e \hat{\boldsymbol{\psi}}^e] \mathrm{d}\Omega \tag{4.5.76b}$$

情况 3: $kl = 12$

对于这种情况，我们有一系列相应的方程：

$$\int_Y \left[\left(D_{1111} \frac{\partial \psi_1^{12}}{\partial y_1} + D_{1122} \frac{\partial \psi_2^{12}}{\partial y_2} \right) \frac{\partial v_1}{\partial y_1} \right.$$
$$+ \left(D_{1122} \frac{\partial \psi_1^{12}}{\partial y_1} + D_{2222} \frac{\partial \psi_2^{12}}{\partial y_2} \right) \frac{\partial v_2}{\partial y_2}$$
$$\left. + D_{1212} \left(\frac{\partial \psi_1^{12}}{\partial y_2} + \frac{\partial \psi_2^{12}}{\partial y_1} \right) \left(\frac{\partial v_1}{\partial y_2} + \frac{\partial v_2}{\partial y_1} \right) \right] \mathrm{d}Y$$
$$= \int_Y D_{1212} \left(\frac{\partial v_1}{\partial y_2} + \frac{\partial v_2}{\partial y_1} \right) \mathrm{d}Y \tag{4.5.77}$$

$$\bar{D}_{1212} = \frac{1}{V} \int_Y D_{1212} \left(1 - \frac{\partial \psi_1^{12}}{\partial y_2} - D_{1122} \frac{\partial \psi_2^{12}}{\partial y_1} \right) \mathrm{d}Y \quad (ij = 12) \tag{4.5.78}$$

$$\int_Y \boldsymbol{\varepsilon}^{\mathrm{T}}(\boldsymbol{v}) \boldsymbol{D} \boldsymbol{\varepsilon}(\boldsymbol{\psi}) \mathrm{d}Y = \int_Y \boldsymbol{\varepsilon}^{\mathrm{T}}(\boldsymbol{v}) \boldsymbol{d}_3 \mathrm{d}Y \tag{4.5.79}$$

$$\bar{D}_{1212} = \frac{1}{V} \int_Y [D_{1212} - \boldsymbol{d}_3^{\mathrm{T}} \boldsymbol{\varepsilon}(\boldsymbol{\psi})] \mathrm{d}Y \tag{4.5.80}$$

其中

$$\boldsymbol{\psi} = \left\{ \begin{array}{c} \psi_1^{12} \\ \psi_2^{12} \end{array} \right\}$$

有限元方程是

$$\boldsymbol{K} \hat{\boldsymbol{\psi}} = \boldsymbol{F} \tag{4.5.81}$$

其中

$$\boldsymbol{K} = \sum_{e=1}^{m} \boldsymbol{K}^e, \quad \boldsymbol{F} = \sum_{e=1}^{m} \boldsymbol{F}^e \tag{4.5.82}$$

$$K^e = \int_{\Omega^e} B^{eT} D B \mathrm{d}\Omega, \quad F^e = \int_{\Omega^e} B^{eT} d_3 \mathrm{d}\Omega \qquad (4.5.83)$$

RVE 中的均匀初应变引起的节点力向量 F 被确定为

$$\varepsilon^0 = \left\{ \begin{array}{c} \varepsilon_{11}^0 \\ \varepsilon_{22}^0 \\ 2\varepsilon_{12}^0 \end{array} \right\} = \left\{ \begin{array}{c} 0 \\ 0 \\ 1 \end{array} \right\} \qquad (4.5.84)$$

有效性能可由下式计算

$$\bar{D}_{1212} = \frac{1}{V} \sum_{e=1}^{m} \int_{\Omega^e} [D_{1212} - d_3^T B^e \hat{\psi}^e] \mathrm{d}\Omega \qquad (4.5.85)$$

注意, 各向异性材料中存在剪切耦合系数, 它们也可由相同的公式计算出来.

4.6 多夹杂混合问题

前几节介绍的方法适用于只有单类夹杂物的问题, 这一问题的直接工程背景是各种类型的二元 (基体和增强相) 复合材料. 本节介绍另外两类夹杂物问题: 涂层夹杂物和混合夹杂物. 这两类问题的工程背景是前者对应于增强相表面进行过涂层处理的复合材料, 一般表现形式是涂层均匀地覆盖于增强相表面, 可看作同心椭球 (球、圆柱) 形状的两相夹杂物. 具有界面相的二元复合材料也可按涂层夹杂物问题处理. 另外, 前面讲到的由夹杂、基体和无限大复合材料组成的广义自洽模型, 也是一个理想的三相同心夹杂物模型. 而混合夹杂物问题是混杂复合材料的模型. 这个模型中可以有任意多类夹杂物, 每一类夹杂物间没有空间重叠和包容关系. 下面分别介绍这两类问题有效性能的计算方法.

4.6.1 涂层夹杂物——三相同心夹杂模型

三相模型应用于复合材料的合理性 (如广义自洽模型) 和重要性 (含有界面相或涂层纤维的复合材料), 吸引了许多学者求解其应力场和有效模量, 其中 Benveniste, Luo 和 Weng 用不同的方法进行了深入的研究.

在 Benveniste 等的方法中, 利用了 Mori-Tanaka 方法中的概念, 即一个受到均匀应变 (或应力) 边界条件的复合材料, 等价于一个边界上受到平均基体应变 (或应力)、基体材料包含一个涂层夹杂物的问题, 如图 4.8 所示. 如果能够求出作用于这个模型边界上的基体应变 (或应力), 则只要再求解一个三相材料的局部场问题就可得到解答.

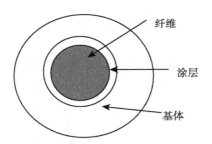

图 4.8　三相同心圆夹杂物模型示意图

在均匀应变边界条件下，Mori-Tanaka 的单一涂层夹杂物模型的边界条件为

$$u(S') = \varepsilon_m x \tag{4.6.1}$$

其中 ε_m 是未知的平均基体应变，S' 是基体材料的边界。任一点的应变场可以写成

$$\varepsilon_r(x) = T^r(x)\varepsilon_m \tag{4.6.2a}$$

式中 $T^r(x)$ $(r = f, g, m)$ 是夹杂物相对于基体的应变集中因子，f 表示纤维，g 表示涂层，m 表示基体，并注意 $T^m(x) = I$。如果应变场 $\varepsilon_r(x)$ 都进行 (或看作) 体积平均，则夹杂物和涂层内的应变场都是常数，且 $T^r(x)$ 也是常数。对于球形和圆柱形夹杂物，都可求解一个三相介质问题而得到应变集中因子 T^r，注意，为了使周围基体材料中的平均应变场与均匀应变边界条件相协调，将周围基体看作无限大。

式 (4.6.2a) 的体积平均可表示为

$$\varepsilon_r = T^r \varepsilon_m \quad (r = f, g, m) \tag{4.6.2b}$$

其中 $T^m = I$。复合材料的平均应变为

$$\bar{\varepsilon} = \sum_r v_r \varepsilon_r = \varepsilon_0 \quad (r = f, g, m) \tag{4.6.3}$$

其中 v_r 表示各相的体分比。将式 (4.6.2b) 代入式 (4.6.3)，并解出

$$\varepsilon_m = \left[\sum_r v_r T^{(r)} \right]^{-1} \varepsilon_0 \quad (r = f, g, m) \tag{4.6.4}$$

此时的复合材料平均应力为

$$\begin{aligned} \bar{\sigma} &= D\bar{\varepsilon} = D\varepsilon_0 \\ &= \sum_r v_r s_r = \sum_r v_r D^{(r)} \varepsilon_r \end{aligned}$$

$$= \sum_r v_r \boldsymbol{D}^{(r)} \boldsymbol{T}^{(r)} \boldsymbol{\varepsilon}_m \quad (r = f, g, m) \tag{4.6.5}$$

将式 (4.6.4) 代入式 (4.6.5)，得到有效刚度为

$$\bar{\boldsymbol{D}} = \left[\sum_r v_r \boldsymbol{D}^r \boldsymbol{T}^r \right] \left[\sum_r v_r \boldsymbol{T}^r \right]^{-1} \quad (r = f, g, m) \tag{4.6.6}$$

同理，在均匀应力边界条件下，对应于上述各式为

$$\boldsymbol{\sigma}_r = \boldsymbol{W}^r \boldsymbol{\sigma}_m \quad (r = f, g, m) \tag{4.6.7}$$

其中 $\boldsymbol{W}^r$ 称为平均应力集中因子。有效应力和有效应变为

$$\bar{\boldsymbol{\sigma}} = \sum_r v_r \boldsymbol{\sigma}_r = \boldsymbol{\sigma}_0 \quad (r = f, g, m) \tag{4.6.8a}$$

$$\bar{\boldsymbol{\varepsilon}} = \sum_r v_r \boldsymbol{\varepsilon}_r = \sum_r v_r \boldsymbol{C}^r \boldsymbol{\sigma}_r = \sum_r v_r \boldsymbol{C}^r \boldsymbol{W}^r \boldsymbol{\sigma}_m \quad (r = f, g, m) \tag{4.6.8b}$$

复合材料的有效柔度 $\boldsymbol{C}$ 定义为

$$\bar{\boldsymbol{\varepsilon}} = \boldsymbol{C} \bar{\boldsymbol{\sigma}} \tag{4.6.9}$$

将式 (4.6.8a) 和式 (4.6.8b) 代入式 (4.6.9)，得到

$$\boldsymbol{C} = \left[\sum_r v_r \boldsymbol{C}^r \boldsymbol{W}^r \right] \left[\sum_r v_r \boldsymbol{C}^r \right]^{-1} \quad (r = f, g, m) \tag{4.6.10}$$

其中 $\boldsymbol{W}^m = \boldsymbol{I}$。对复合材料的有效热膨胀系数，可用完全相同的思想导出。

Luo 和 Weng 等的方法不直接去解各相中的应力、应变集中因子，而是从三相模型出发，求三相模型下的 Eshelby 张量。当夹杂物发生特征应变 $\boldsymbol{\varepsilon}^*$ 时，求出中间层和最外层内的平均扰动应变之间的关系，即三相模型下的 Eshelby 张量。如果每一相内的扰动应变被求出，则复合材料的有效刚度可用等效夹杂原理或 Mori-Tanaka 的等效夹杂原理计算。对两相复合材料，采用 Christensen-Lo 的广义自洽模型构造三相模型，但利用三相 Eshelby 张量求解。这一方法被作者称为修正的 Mori-Tanaka 方法。

上述两种方法都需要求解三相介质中的应力场，这一般是比较困难的，但对球形和圆柱形夹杂物，可以求出它们的应力场。

4.6.2 混合夹杂物问题

当不同类型的夹杂物混合在一起时，就构成了混合夹杂物问题，混杂纤维复合材料和含有裂纹的复合材料是混合夹杂物问题的典型例子，如图 4.9 所示。前面介绍的大部分方法适合于混合夹杂物问题，显然，当夹杂物的种类较多时，其代表体元的选取和细观应力场的计算将非常困难。但是，Mori-Tanaka 方法仍然是合适的。只不过将 Eshelby 等效夹杂原理应用于每一类夹杂物，即有

$$\boldsymbol{\sigma}^{(i)} = \boldsymbol{\sigma}^0 + \tilde{\boldsymbol{\sigma}} + \boldsymbol{\sigma}'_i = \boldsymbol{D}^i(\boldsymbol{\varepsilon}^0 + \tilde{\boldsymbol{\varepsilon}} + \boldsymbol{\varepsilon}'_i)$$
$$= \boldsymbol{D}^0(\boldsymbol{\varepsilon}^0 + \tilde{\boldsymbol{\varepsilon}} + \boldsymbol{\varepsilon}'_i - \boldsymbol{\varepsilon}^*_i) \tag{4.6.11a}$$

$$\boldsymbol{\varepsilon}'_i = \boldsymbol{S}_i \boldsymbol{\varepsilon}^*_i \quad (i = 1, 2, \cdots, n) \tag{4.6.11b}$$

其中 n 为夹杂物的类型数，$\tilde{\boldsymbol{\varepsilon}}$ 为所有夹杂物引起的基体扰动应变。采用相同的分析过程，可得到有效刚度为

$$\boldsymbol{D}^{-1} = \boldsymbol{D}^{(0)} + \sum_{i=1}^{n} v_i \boldsymbol{S}_i \boldsymbol{T}_i \boldsymbol{D}^{(0)}$$
$$- \sum_{i=1}^{n} v_i(\boldsymbol{S}_i - \boldsymbol{I})\boldsymbol{T}_i \boldsymbol{D}^{(0)} \boldsymbol{G}^{-1} \sum_{i=1}^{n} v_i(\boldsymbol{T}_i - \boldsymbol{I}) \tag{4.6.12}$$

其中

$$\boldsymbol{T}_i = -(\boldsymbol{D}^{(0)} - \Delta \boldsymbol{D}_i \boldsymbol{S}_i)^{-1} \Delta \boldsymbol{D}_i$$

$$\boldsymbol{G} = \boldsymbol{I} + \sum_{i=1}^{n} v_i(-\boldsymbol{I} + \boldsymbol{S}_i)\boldsymbol{T}_i$$

$$\Delta \boldsymbol{D}_i = \boldsymbol{D}^{(i)} - \boldsymbol{D}^{(0)}$$

这里 v_i 为第 i 类夹杂物的体分比，$\boldsymbol{S}_i$ 为第 i 类夹杂物的 Eshelby 张量。

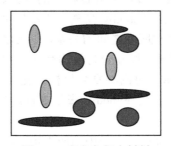

图 4.9   多夹杂复合材料

4.6.3　多夹杂分步法

本小节提出一种计算多夹杂问题有效性能的分步格式。对于单一夹杂问题，这个方法可以有效地应用于高夹杂体分比的宏观性能计算，等价于经典的微分法；对于多夹杂问题，可以处理不同形状和不同性能的多夹杂复合材料。

多夹杂问题分步格式的主要思想可以概括如下。假设有 n 类夹杂，首先向基体材料中投入其中的一类夹杂，然后进行均匀化。用均匀化后的复合材料作为新的基体，再投入另一类夹杂，再次进行均匀化。此过程一直进行下去，直到将所有的夹杂类型投放完毕。最后得到的有效性能就是多夹杂复合材料的宏观性能。

我们首先在基体材料中加入第一种夹杂，可得到相应的有效弹性性能 $\bar{D}_1$ 为

$$\bar{D}_1 = D^{(0)} + v_1(D^{(1)} - D^{(0)})A_1 \tag{4.6.13}$$

利用自洽模型得到的应变集中因子为

$$A_1 = \left[I + S_1 \bar{D}_1^{-1}(D^{(1)} - \bar{D}_1)\right]^{-1} \tag{4.6.14}$$

利用 Mori-Tanaka 方法得到的应变集中因子为

$$A_1 = \tilde{A}_1 \left[v_0 I + v_1 \tilde{A}_1\right]^{-1}, \quad \tilde{A}_1 = \left[I + S_1(D^{(0)})^{-1}(D^{(1)} - D^{(0)})\right]^{-1} \tag{4.6.15}$$

其中 v_1 是第一类夹杂的体分比，也是真实的体分比；$v_0 = 1 - v_1$；S_1 是与基体的性能和第一类夹杂形状有关的 Eshelby 张量。

假设分步格式的过程已经进行了 $i-1$ 次，得到的有效性能为 $\bar{C}_{i-1}$。现在把 $i-1$ 次得到的复合材料作为新的基体，加入第 i 类夹杂。再次利用式 (4.6.13) 可以得到相应的有效弹性性能 $\bar{D}_i$，注意需要将公式中的 $D^{(0)}$ 替换为 $\bar{D}_{i-1}$，$D^{(1)}$ 替换为 $D^{(i)}$，v_1 替换为 v_i'。

$$\bar{D}_i = \bar{D}_{i-1} + v_i'(D^{(i)} - \bar{D}_{i-1})A_i \tag{4.6.16}$$

利用自洽模型得到的应变集中因子为

$$A_i = \left[I + S_i \bar{D}_i^{-1}(D^{(i)} - \bar{D}_i)\right]^{-1} \tag{4.6.17}$$

利用 Mori-Tanaka 方法得到的应变集中因子为

$$A_i = \tilde{A}_i \left[(1 - v_i')I + v_i'\tilde{A}_i\right]^{-1}, \quad \tilde{A}_i = \left[I + S_i \bar{D}_{i-1}^{-1}(D^{(i)} - \bar{D}_{i-1})\right]^{-1} \tag{4.6.18}$$

S_i 是与 $i-1$ 步复合材料性能 $\bar{D}_{i-1}$ 和第 i 类夹杂形状有关的 Eshelby 张量。值得注意的是 $i-1$ 步的复合材料有可能是各向异性的，此时应该应用各向异性介质的 Eshelby 张量。这个过程一直进行下去，直到所有的夹杂投放完毕，就可得到多夹杂复合材料的有效性能。这个过程可以由图 4.10 表示。

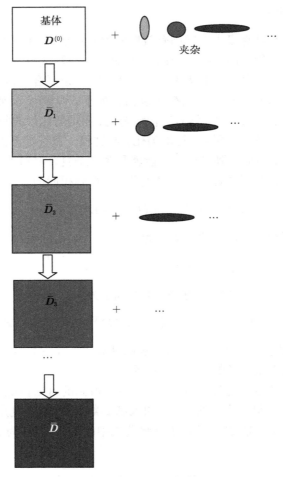

图 4.10　多步格式

　　数值例题：首先考虑纤维增强复合材料，E 玻璃纤维的杨氏模量为 73.1GPa，泊松比为 0.22。环氧树脂的杨氏模量为 3.45GPa，泊松比为 0.35。复合材料的横向模量已利用二尺度展开法计算过。现在利用分步格式进行计算，数值结果表示在图 4.11 中。图中同时给出了二尺度展开法的结果和实验结果。可以看出，现在分步格式与二尺度展开法得到的结果符合很好，它们都符合实验数据，并在 Hanshin-Strikeman(H-S) 下限以内。但是现在的分步格式可以适用于整个纤维体分比范围，而二尺度展开法因使用代表体元的概念，只能针对体分比在 0.6 以下的情况，这是因为只有在稀疏的夹杂情况下才可以取出完整的基体包含夹杂的代表体元。

　　图 4.12 表示含有球形孔洞固体的有效体积模量，这里体积模量已经与无孔洞固体的体积模量进行了归一化。结果表明，对于这个单一夹杂问题，分步格式与微

分法得到基本相同的结果,它们都可以适用于整个体分比范围。自洽模型则只能适合很小的体分比情况,而且,当体分比达到 0.5 左右时,自洽模型得到的有效模量为零,这显然是不成立的。但是值得注意的是,微分法只能应用于单一夹杂问题而不能应用于多夹杂问题。

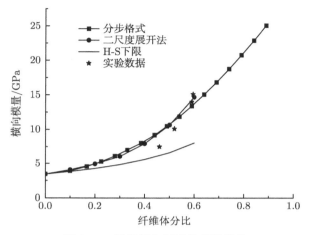

图 4.11 纤维复合材料的有效模量

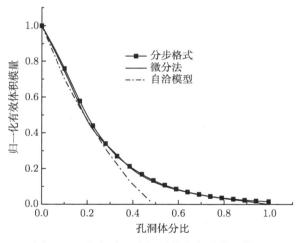

图 4.12 含有球形孔洞固体的有效体积模量

对于单类刚性颗粒夹杂的复合材料,数值结果表明现在的分步格式与微分法得到几乎完全相同的结果,如图 4.13 所示。在计算中,每次加入体分比为 10% 的夹杂,直到真实体分比达到 1 为止。这个计算过程可以非常容易地一次完成,而不必像微分法那样求解微分方程。

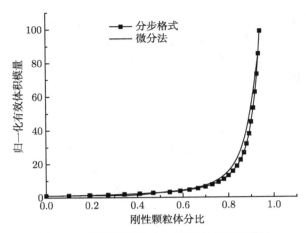

图 4.13   刚性颗粒复合材料的有效体积模量

对于多夹杂混合的复合材料, 应用现在的分步格式可以容易地计算有效性能。图 4.14 表示了孔洞与刚性颗粒复合材料的有效体积模量。这里考虑了两种情况, 一是 10%孔洞, 二是 20%孔洞。而刚性颗粒的体分比从 0 变化到 1。从计算结果可以看出, 在刚性颗粒体分比为 0 时, 由于基体中含有一定的孔洞, 其有效体积模量要小于基体的模量, 随着刚性颗粒的逐渐加入, 复合材料的有效体积模量迅速增加。在颗粒接近饱和 (体分比接近 1) 时, 计算的有效体积模量实际上是含有一定孔洞的刚性材料的有效性能。对于任意体分比的孔洞和颗粒, 都可以计算复合材料的有效性能。

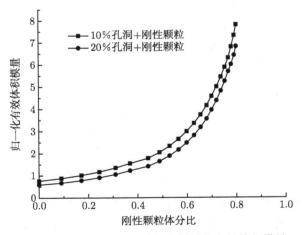

图 4.14   孔洞与刚性颗粒复合材料的有效体积模量

为了展示方法的普适性, 本小节考虑了夹杂的不同添加顺序的影响。图 4.15

中的结果表示在一定刚性颗粒夹杂的复合材料中,使孔洞的体分比从 0 变到 1 时,计算出的有效体积模量。这相当于在基体中先加入一定的刚性颗粒夹杂,然后逐渐加入孔洞。比较图 4.14 和图 4.15 的结果,可以发现,对于一定的孔洞和刚性颗粒夹杂体分比,夹杂的添加顺序对最后结果没有影响。

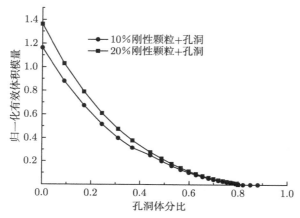

图 4.15　孔洞与刚性颗粒复合材料的有效体积模量

　　分步格式可以有效地处理高体分比夹杂和多夹杂问题。该方法操作简单,计算结果与实验数据符合很好。对于二元复合材料,应用分步格式可以精确地计算高体分比复合材料的有效性能,克服了以 Eshelby 夹杂理论为基础的间接法的缺陷,其计算结果与微分法的结果基本一致。但是,分步格式能够处理多夹杂问题,这是微分法无能为力的。

习　　题

　　4.1　对于均匀应力边界条件,推导复合材料中的有效应力。

　　4.2　对于均匀位移边界条件,推导复合材料中的有效应变。

　　4.3　利用 Mori-Tanaka 方法,推导计算含有圆形孔洞和单向连续纤维复合材料的有效性能。

　　4.4　综合习题:对于不同形状夹杂的复合材料,利用自洽模型、广义自洽模型、Mori-Tanaka 方法、微分法和二尺度展开法计算有效性能,并进行比较。

　　4.5　综合习题:在习题 4.4 的基础上,计算含有界面层的复合材料的有效性能,并进行各种方法的比较。

第 5 章　复合材料界面力学

任何两种材料接触在一起,就存在一个界面,即使在同一种材料内部的原子之间、分子之间或晶粒之间也存在界面。界面可以理解为数学界面和物理界面两种,数学界面只是一个理想化的概念,这种界面没有厚度,没有材料与性能的过渡;而物理界面却是有一定厚度的界面层,可以看作一相材料。界面随着两种材料的接触而存在,随着两种材料的分离而消失。在复合材料中,界面有不可缺少的作用。

复合材料中的纤维与基体通过界面黏接在一起,界面的性能可通过黏接方式得到控制。进一步的研究发现,界面的性能对复合材料的各种性能有显著的影响,但程度是不同的,有正面的,也有负面的。例如,为了提高复合材料的强度和抗蠕变性能,需要一个较强的界面;但为了提高复合材料的韧度,则希望存在一个较弱的界面,以有利于更多地耗散断裂过程中的能量。因此,可以设计复合材料的界面,以调控复合材料的宏观力学性能,寻求一种综合性能的平衡或最优化的复合材料。

本章主要介绍复合材料界面性能表征、应力传递理论以及界面性能的分析方法。

5.1　界面与界面层的形成机理

在复合材料中,纤维与基体之间的界面是两种材料物理化学作用或固化反应的产物。界面从宏观上可以简单地看作两相材料的分界面,没有厚度,但它有一定的力学性能,界面的强度甚至有可能超过基体材料。在细观尺度上,界面是具有一定厚度的界面层或界面相,其尺度范围在 nm~ μm,利用电镜可以观察到界面层的结构,但一般难以精确确定界面层的厚度。复合材料界面 (层) 的几何与力学特性的表征一直是复合材料领域中的研究热点。

界面的形成机理是很复杂的,包含了许多复杂的物理和化学因素。界面层的几何和力学特性不仅与两相组分材料有关,而且与复合工艺条件有密切的关系。在纤维复合材料中,通过对纤维表面进行预处理可以部分控制界面的特性。目前,对界面的形成机理主要有如下基本理论。

(1) 化学键合作用。这一理论认为,基体表面上的官能团与增强物表面上的官能团发生化学反应,形成由共价键结合而成的界面区。这一理论导致增强物表面的涂层处理和偶联剂的广泛应用。

(2) 浸润–吸附理论。这一理论认为,如果基体材料具有良好的浸润特性,则增强材料能够被基体良好浸润,在它们的界面处因物理吸附而产生较大的界面黏接强度，其大小甚至会超过基体本身的内聚强度。

(3) 扩散作用。两相材料在界面上互相扩散，导致原有界面平衡被破坏，并形成界面模糊区。

(4) 弱界面层理论。在两相材料之间形成一过渡层或塑性层，起到松弛界面局部应力的作用。

(5) 静电作用理论。当复合材料中的两相材料对电子的亲和力相差较大时 (如金属与聚合物)，在界面区容易产生接触电势并形成双电层，静电吸引力是产生界面结合力的直接原因之一。

(6) 机械作用。当两相材料的表面比较粗糙时，两相材料互相啮合在一起。

上述界面形成机理的理论各适合于不同的情况，有的界面可能同时有几种机理起作用。

5.2 界面的应力传递、剪滞模型

在多相材料中，各相材料之间的应力是通过界面传递的，应力传递的效率取决于界面的黏接状况。在本节中，假设界面是理想的完善界面，也就是界面没有任何缺陷，跨越界面的物理量都是连续的。

界面上的应力传递是用**剪滞模型** (shear lag model) 来分析的。剪滞法最早由 Cox 应用于复合材料的界面应力分析。剪滞模型的基本原理是纤维受到的轴向应力由其界面上的切应力来平衡，如图 5.1 所示。剪滞法采用下列假设：纤维只承受轴向载荷，而基体和界面只承受剪切载荷。

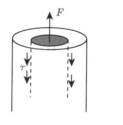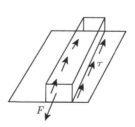

图 5.1　复合材料中纤维拔出和加筋结构的界面应力

对于受单向拉力的纤维复合材料，取出长为 $\mathrm{d}z$ 的圆柱形微元体，如图 5.2 所示。纤维受到轴向力 $F = \pi r^2 \sigma_f$ 和界面切应力 τ 的作用，考虑纤维的平衡可得到

$$\pi r^2 \sigma_f + 2\pi r_f \tau \mathrm{d}z = \pi r^2 (\sigma_f + \mathrm{d}\sigma_f) \tag{5.2.1}$$

或

$$\frac{\mathrm{d}\sigma_f}{\mathrm{d}z} = \frac{2\tau}{r_f} \tag{5.2.2}$$

其中 σ_f 为纤维的轴向应力，τ 为界面上的切应力，r_f 为纤维半径。如果已知界面切应力 τ 的变化规律，上式可进行积分，求解出纤维上的应力沿着长度的分布。

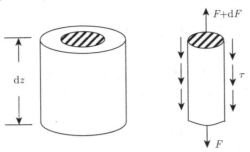

图 5.2　剪滞模型

实际上，界面切应力的分布是未知的，为了求解式 (5.2.2)，需要做出界面切应力的分布假设。

5.2.1　界面常切应力假设

对于短纤维复合材料，剪滞法进一步做如下假设。

(1) 基体或界面层是理想刚塑性的，切应力沿着轴向为均匀分布，其最大值为基体的屈服应力 τ_0。对式 (5.2.2) 积分后得

$$\sigma_f = \sigma_{f0} + 2\tau_0 z/r_f \tag{5.2.3}$$

这是纤维承担的最大拉应力，式中 σ_{f0} 是纤维末端的应力。

(2) 纤维的横断面积很小，且往往由于应力集中使纤维末端与基体之间的界面脱黏，故可忽略纤维末端的轴向应力 σ_{f0}。这样式 (5.2.3) 变为

$$\sigma_f = 2\tau_0 z/r_f \tag{5.2.4}$$

对于短纤维，纤维的两个端点处的轴向应力为 0，纤维的最大应力 $(\sigma_f)_{\max}$ 发生在纤维长度的中点 $\delta = l/2$ 处，其大小为

$$(\sigma_f)_{\max} = \tau_0 l/r_f \tag{5.2.5}$$

其中 l 为纤维的长度。但纤维应力 σ_f 不能超过一个极限值，即在同样的外力作用下连续纤维复合材料中的纤维所受的应力值。采用等应变假设，纤维的最大应力由下式确定

$$(\sigma_f)_{\max}/E_f = \sigma_c/E_c \tag{5.2.6a}$$

或者

$$(\sigma_f)_{\max} = \sigma_c E_f/E_c \tag{5.2.6b}$$

其中 E_f，E_c 分别是纤维和复合材料的弹性模量，σ_c 是作用在复合材料上的应力。

由方程 (5.2.5) 可知，长度越长，纤维的最大轴向应力越大。但是，纤维承受的最大应力不可能无限增加。将能达到最大纤维应力的最小纤维长度定义为**载荷传递长度** l_t，由式 (5.2.5)，它可以按下列公式计算

$$\frac{l_t}{d} = \frac{(\sigma_f)_{\max}}{2\tau_0} \tag{5.2.7a}$$

式中 $d = 2r_f$，由于 $(\sigma_f)_{\max}$ 是 σ_c 的函数，所以载荷传递长度 l_t 也是 σ_c 的函数。而能够达到最大的可能的纤维应力 (纤维的极限强度 σ_{fu}) 的最小长度称为**临界长度** l_{cr}

$$l_{cr} = d\frac{\sigma_{fu}}{2\tau_0} \tag{5.2.7b}$$

亦即在式 (5.2.7a) 中使 $(\sigma_f)_{\max}$ 取 σ_{fu} 的长度。临界长度是载荷传递长度的最大值，与外载荷无关。它是材料系统的一个重要性能，它将影响到复合材料的极限性能。有时把载荷传递长度和临界长度称为**失效长度**，因为在该长度上纤维承受的应力小于最大的纤维应力。界面切应力和不同纤维长度的纤维应力的分布表示在图 5.3 中。从图中可以看出，在靠近纤维末端的一小段长度上，其应力小于最大纤维应力。当纤维长度比载荷传递长度 l_t 大得多时，其应力分布就接近于连续纤维复合材料的情况。

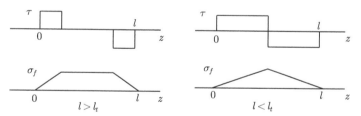

图 5.3　界面切应力和纤维应力分布

值得指出的是，图 5.3 中所表示的应力分布是近似的，因为在剪滞模型中假设了基体不承受轴向载荷和界面切应力为常数。

5.2.2　界面剪切变形的线弹性假设

假设界面切应力与界面上的切应变遵守弹性关系，为了求出界面切应力和切应变，首先求出基体内的切应力和切应变。设 $w(r,z)$ 为基体内任一点的轴向位移，由胡克定律，切应力可表示为

$$\tau = \mu_m \frac{\mathrm{d}w}{\mathrm{d}r} \tag{5.2.8}$$

其中 μ_m 为基体的剪切模量。

其次，考虑任一基体环层的平衡，如图 5.4 所示，可得到

$$2\pi r_f \tau_i = 2\pi r \tau \tag{5.2.9}$$

其中 τ_i 表示界面上的切应力。将式 (5.2.8) 代入式 (5.2.9) 中, 得到

$$\frac{\mathrm{d}w}{\mathrm{d}r} = \frac{r_f \tau_i}{\mu_m r} \tag{5.2.10}$$

对上式积分

$$\int_{w_f}^{w_R} \mathrm{d}w = \frac{r_f \tau_i}{\mu_m} \int_{r_f}^{R} \frac{\mathrm{d}r}{r} \tag{5.2.11a}$$

得到

$$\tau_i = \frac{\mu_m (w_R - w_f)}{r_f \ln(R/r_f)} \tag{5.2.11b}$$

其中 w_f 是 $r = r_f$ 处的轴向位移, 即纤维的轴向位移, w_R 是基体在 $r = R$ 处的轴向位移。由胡克定律, 存在如下关系

$$\sigma_f = E_f \frac{\mathrm{d}w_f}{\mathrm{d}z} \tag{5.2.12a}$$

$$\frac{\mathrm{d}w_R}{\mathrm{d}z} = \varepsilon_0 \tag{5.2.12b}$$

其中 ε_0 是 $r = R$ 处的轴向应变, 设其为已知的复合材料平均应变。

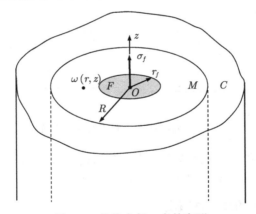

图 5.4　基体内任一点的变形

将式 (5.2.11b) 代入式 (5.2.2) 中, 得到

$$\frac{\mathrm{d}\sigma_f}{\mathrm{d}z} = -\frac{2\mu_m (w_R - w_f)}{r_f^2 \ln(R/r_f)} \tag{5.2.13}$$

对上式取 z 的微分, 并注意式 (5.2.12b), 有

$$\frac{\mathrm{d}^2 \sigma_f}{\mathrm{d}z^2} = -\frac{2\mu_m}{r_f^2 \ln(R/r_f)}(\varepsilon_0 - \sigma_f / E_f) \tag{5.2.14a}$$

令 $n^2 = \dfrac{2\mu_m}{\ln(R/r_f)E_f}$，式 (5.2.14a) 变为

$$\frac{\mathrm{d}^2\sigma_f}{\mathrm{d}z^2} = -\frac{n^2}{r_f^2}(\sigma_f - E_f\varepsilon_0) \tag{5.2.14b}$$

它的解可表示为

$$\sigma_f = E_f\varepsilon_0 + B\sinh(nz/r_f) + D\cosh(nz/r_f) \tag{5.2.15}$$

其中的积分常数利用下列边界条件确定，当 $z = -l$ 和 $z = l$ 时，$\sigma_f = 0$，由此可得到

$$B = 0, \quad D = -E_f\varepsilon_0/\cosh(nl/r_f)$$

注意，为了使表达式更简洁，这里取纤维的长度为 $2l$。这时，纤维的正应力为

$$\sigma_f = E_f\varepsilon_0[1 - \cosh(nz/r_f)]/\cosh(nl/r_f) \tag{5.2.16a}$$

将式 (5.2.16a) 代入式 (5.2.2)，得到界面的切应力为

$$\tau_i = \frac{1}{2}nE_f\varepsilon_0\sinh(nz/r_f)/\cosh(nl/r_f) \tag{5.2.16b}$$

由上式可知，最大的界面切应力发生在纤维的两端，为

$$\tau_{i\,\mathrm{max}} = \frac{1}{2}nE_f\varepsilon_0\tanh(nl/r_f) \tag{5.2.17a}$$

由式 (5.2.16a)，最大的纤维拉伸应力发生在纤维的中点，为

$$\sigma_{f\,\mathrm{max}} = E_f\varepsilon_0[1 - \mathrm{sech}(nl/r_f)] \tag{5.2.17b}$$

图 5.5 给出了由式 (5.2.16a) 和式 (5.2.16b) 确定的界面切应力和纤维应力的分布示意图。

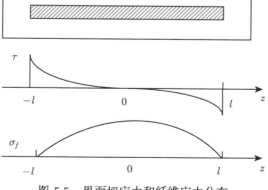

图 5.5 界面切应力和纤维应力分布

有学者改进了剪滞模型,用于单丝拔出和单丝碎断实验的数据标定。认为界面有弹性黏接区和界面滑移区两部分。在界面黏接区用剪滞模型计算传递应力,在脱黏区用摩擦力表示界面切应力。动摩擦力一般小于界面的剪切强度,如图 5.6所示。

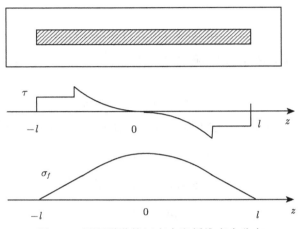

图 5.6　界面脱黏的切应力和纤维应力分布

Tripathi 和 Jones 考虑了更详细的界面应力分布,将界面分为弹性黏接区、塑性屈服区和脱黏滑移区。在界面的弹性黏接区采用剪滞模型计算界面应力;在塑性屈服区,界面切应力等于屈服应力;在脱黏滑移区,界面切应力为滑动摩擦力,如图 5.7 所示。

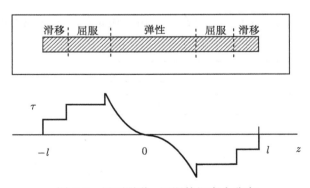

图 5.7　界面脱黏、屈服的切应力分布

剪滞法虽然是一种近似方法,但由于它简单方便,被广泛用于界面应力传递的分析中,精确的方法是采用有限元法对局部应力场进行详细的计算。

5.3　界面性能的表征与测试方法

从剪滞模型的分析过程中可以看出，把界面看作一个没有厚度的几何界面时，须知道界面的剪切强度，而把界面看作具有一定厚度的界面层时，实际上将界面层看作了一种新材料，因此必须了解它的几何和力学性能。在复合材料中，需要表征的界面参数主要有三类。其一为界面的几何参数和弹性特性，例如，界面层的厚度、分布、弹性模量等。界面层尺寸很小，这些参数的定量确定是不容易的。其二为界面的剪切强度和界面层的屈服强度等，这些量可以利用细观实验确定。其三为界面或界面层的断裂能及摩擦系数等，这些参数是进行界面破坏分析所必需的。本节介绍几种有关界面剪切强度的细观实验方法，即单丝拔出实验、单丝压出实验、单丝碎断实验等。但这些实验都不能直接测量界面的剪切强度，而是根据作用在单丝上的外力，用理论模型和公式计算得出。

5.3.1　单丝拔出实验

为连续纤维所设计的单丝拔出实验 (single fiber pull out test) 广泛应用于研究树脂基复合材料的界面剪切强度。它通过施加于纤维上的拉力，将埋入基体中的纤维拔出，如图 5.8 所示。

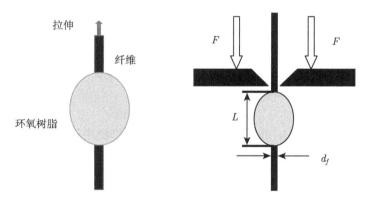

图 5.8　纤维拔出测试示意图

单丝拔出实验的结果与纤维埋入基体的长度有密切的关系，在试件的制备中往往难以控制纤维的埋入长度。后来发展的微脱黏实验克服了这一困难，它是在纤维上黏接一滴基体，然后将纤维从微滴中拔出。其实验原理与埋入基体的单丝拔出原理相同。微滴包埋拔出实验能方便地测定脱黏瞬间力的大小，而且能用于几乎任何纤维/聚合物基体组合。由于试样制备困难，这种实验方法难以应用于高熔点的陶瓷和金属基体。

图 5.9 表示了单丝拔出过程的应力变化。拔出过程由三部分组成，即界面脱黏之前的弹性变形、脱黏部分的扩展和摩擦滑移。这个实验基本符合剪滞模型中关于纤维不承受剪切变形，纤维端点不传递正应力的假设，因此，一般利用剪滞模型和有限元法从实验数据推算界面剪切强度。

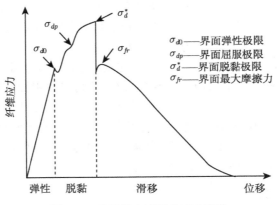

图 5.9　单丝拔出过程的应力变化

当施加于纤维的拉力达到脱黏应力 (或界面切应力达到极限应力) 时，可以从试件上观察到界面开始脱黏。这时，可以利用剪滞模型和有限元法确定界面的剪切强度。从开始脱黏到整个纤维完全脱黏，需要施加更大的拉力。脱黏后，界面开始滑动，界面滑动的距离与界面上的摩擦力有关。界面摩擦力可以假设为常数，也可假设为库伦摩擦力。后一种情况需要确定界面上的法向压力，垂直于界面的压力由两部分组成，即热收缩和泊松比效应，由此可以测定脱黏后界面的摩擦系数。

5.3.2　单丝压出实验

单丝压出实验 (single fiber push out test) 已经广泛用于金属基和陶瓷基复合材料的界面性能测试中，与单丝拔出实验相比，它可适用于更广泛的纤维长径比的范围，特别适用于长径比比较小的纤维。单丝压出实验的原理和数据标定方法与单丝拔出实验基本相同。

在单丝拔出实验中，为了满足实验条件，测试试样都需要进行专门的加工制作，均不采用实际的复合材料结构，因此得到的结果同实际复合材料的力学性能还有所差别。而单丝压出实验作为复合材料界面力学性能的原位实验方法，是从复合材料中直接取样，不需要进行额外的特殊制备，因此能够直接获得被测材料的界面力学性能，可以对复合材料产品进行检测、评价及指导。除此之外，单纤维压出实验更适用于金属基和陶瓷基复合材料。

纤维压出实验已被广泛用于研究界面相关的力学性能，单丝压出实验的示意图如图 5.10 所示。在单丝压出实验中,由于纤维和基体顶部表面处的应力最大,因此界面的脱黏也从此开始。在界面脱黏开始的过程中,作用在纤维上的力要克服两种力:一是未脱黏部分界面的黏接力;二是纤维径向残留应力引起的在脱黏部分产生的摩擦力。因此,脱黏过程所需要的力载荷是与界面上脱黏进度相关的。在界面完全脱黏后,施加的载荷需要克服的就只剩沿纤维长度分布的界面摩擦力了。

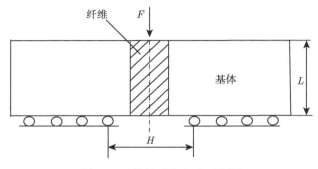

图 5.10 单丝压出实验示意图

图 5.11 所示为典型的单丝压出实验中的载荷–位移曲线,相应的界面脱黏过程主要包含以下四个阶段。

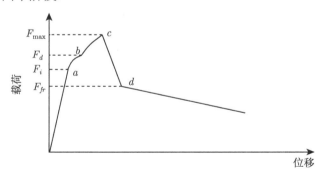

图 5.11 典型的单丝压出实验载荷–位移曲线

(1) 线弹性增加阶段。纤维在压头作用下首先发生线弹变形,此时的界面保持完好。对应图中 a 点之前的斜线阶段。

(2) 非线性增加阶段。当压头的载荷达到 F_i 时,界面上的最大切应力也达到其相应的剪切强度,界面上的裂纹开始萌生和扩展,进而导致界面开始发生脱黏,压头的载荷也随着位移的增加呈现出非线性增加。在这个阶段,纤维与基体之间的界面可以分为三个部分:靠近试样顶部的区域是界面发生脱黏的区域,在此区域内,纤维与基体之间主要发生界面间的摩擦滑动;试样中部的区域为界面裂纹的尖端处,界面切应力在此达到最大;其他区域为界面上未发生脱黏的区域。

(3) 完全脱黏阶段。当压头载荷达到最大值 $F_{\max}$ 时，即对应载荷–位移曲线上的 c 点，脱黏区域已经贯穿整个界面，界面的完全脱黏会导致发生相对滑动，从而造成加载载荷的突然下降。

(4) 摩擦滑移阶段。在这个阶段，纤维和基体之间的界面已经完全脱黏，在载荷的作用下主要发生界面的相对摩擦滑动，并且随着纤维的压出，接触面积逐渐减小，摩擦力也相应减小，所需要的加载载荷也逐渐下降。

5.3.3　单丝碎断实验

单丝碎断实验 (single fiber fragmentation test) 与单丝拔出实验的目的相同，都是用于测量界面的剪切强度，当作用于纤维的拉力增加时，纤维内的拉伸应变将最终超过纤维的断裂应变，纤维被拉断。当外载继续增加时，纤维将被拉断至更短的长度，直到碎断长度变得短得不能再拉断，如图 5.12 所示。实验所测得的数据只是载荷–位移关系和脱黏应力。界面的剪切强度还需要根据剪滞模型或有限元法的计算推算出来。其关键点是如何假设界面上的切应力分布。现在，许多研究人员正在致力于利用激光 Raman 光谱和有限元法研究界面切应力的分布。

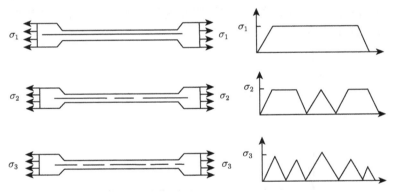

图 5.12　单丝碎断实验的纤维拉断过程与纤维应力变化

界面剪切强度是表征界面黏接强度的一个重要参数。另外，可以用能量相关的参数表示界面的黏接强度，例如，界面断裂能。有些工作已经发展了测量界面断裂能的实验。

5.4　界面 (层) 的力学模型

界面的力学性能很难准确测量，特别是界面上的切应力分布非常复杂，用剪切强度表征界面的性能是不全面的。在理论分析中，一般对界面 (层) 进行简化处理。如果假设界面黏接是理想的，则意味着在界面上位移和应力都是连续的；如果界面破坏后互相分离，则分离面变为自由表面。这种假设是一种非常简单的简化方法，与工程实际情况相差较远。如果考虑界面 (层) 的破坏过程，必须在分析中引入界面 (层) 的性能。下面介绍界面的弹簧模型、弹性界面层模型、弹塑性模型、黏弹性模型和界面层过渡模型。

5.4.1 弹簧模型

该模型假设界面没有几何厚度，但有一定的弹性刚度和强度，就像存在两个弹簧一样，它们分别表示界面的切向刚度 K_t 和法向刚度 K_n，如图 5.13 所示。只要知道界面的相对位移就可以计算界面的应力。当界面正应力达到极限强度时，界面开始分离；当界面切应力达到切向极限强度时，界面开始滑移。

当界面具有一定的厚度时，也可将界面层的材料性能折算为弹性刚度，简化为弹簧模型处理。

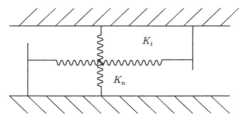

图 5.13 界面的弹簧模型

5.4.2 弹性界面层模型

假设界面层具有一定的厚度 t 和弹性模量 E_i 及剪切强度 τ_0，并假设界面层的厚度与力学性质是均匀的。这实际上在纤维与基体之间增加了一层新材料，这时由原来的纤维/基体界面变成了纤维/界面层和界面层/基体两个界面。界面层的厚度和力学特性很难准确地确定，所以一般假设界面层的参数是变化的，以考虑界面层性能变化的影响。

例如，文献中用轴对称有限元法计算了含有界面层玻璃纤维复合材料 (GFRP) 的界面应力分布。采用的组分材料的数据如下：

基体：$E_m = 0.4 \times 10^6 \mathrm{psi}(1\,\mathrm{psi} = 6.89476 \times 10^3\,\mathrm{Pa})$, $\nu_m = 0.35$

纤维：$E_f = 11.8 \times 10^6 \mathrm{psi}$, $\nu_f = 0.197$

纤维体分比为 42.2%，纤维长细比为 10.375

界面层的弹性模量是由 $8 \times 10^6 \mathrm{psi}$ 变化到 100psi，界面层的泊松比为 0.2，保持不变，界面层所占的体分比为 7.76%。使界面层的性能在这样大的范围内变化，其目的是包含所有可能的界面黏接状态，以考虑界面性能对复合材料性能的影响。

5.4.3 弹塑性界面层模型

假设界面层是弹塑性材料，最简单的弹塑性界面层模型当然是理想弹塑性模型，当界面切应力超过屈服应力后，界面切应力保持常数，而屈服部分的界面变形是塑性流动，可近似地用来模拟界面的常摩擦力滑动。

有些研究工作，利用界面单元技术模拟界面或界面层的破坏过程。界面元是具有极薄厚度的单元，所以界面元既可以模拟一个界面层，也可以模拟一个无厚度界面。如果假设界面的剪切屈服为理想弹塑性，如图 5.14(a) 所示，这样，用屈服应力模拟界面的常摩擦力；如果假设界面为弹性–损伤模型，如图 5.14(b) 所示，当界面应力达到剪切强度时，就赋予界面层的剪切模量为零，模拟界面的无摩擦滑移。

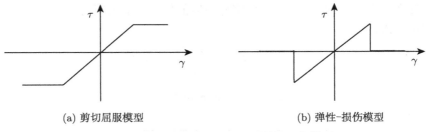

(a) 剪切屈服模型   (b) 弹性–损伤模型

图 5.14 界面层的剪切屈服和弹性–损伤模型

5.4.4 黏弹性界面层模型

黏弹性界面层来自于对纤维表面涂层处理技术的应用，认为涂层界面具有黏弹性效应。黏弹性界面层的优点是可以部分地松弛由工艺过程带来的界面残余应力。Hashin 利用 Laplance 变换讨论了黏弹性界面对材料宏观性能的影响，Gosz、Moran 和 Achenbach 利用界面单元模拟了复合材料的横向性能和局部应力松弛。原则上，只要知道了弹性系统的响应，则利用相关原理就可以求出黏弹性系统的响应。

5.4.5 界面层过渡模型

界面层过渡模型假设界面层的特性是由一种材料逐渐过渡到另一种材料中，这类模型较多，界面性能的过渡函数也不尽相同。

Yang 和 Shih 提出了一种界面层过渡模型，其弹性模量的变化公式为

$$E(y) = f(y)E^- + [1 - f(y)]E^+ \tag{5.4.1}$$

其中 $f(y)$ 满足在界面层的上表面 $f(h) = 0$，在下表面 $f(-h) = 1$。如图 5.15 所示。

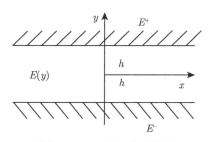

图 5.15 界面层过渡模型

假设 $f(y)$ 具有如下形式

$$f(y) = [1 - \mathrm{sgn}(y)\,|y|^m]\,/2 \tag{5.4.2}$$

其中当 $m = 1$ 时，界面层性能呈线性变化。这实际上将弹性性能变化较大的界面层用许多的性能接近的界面层代替，这一模型的优点是在界面裂纹尖端不产生应力振荡和裂纹面的互相嵌入。

5.5　界面的内聚力模型

随着复合材料结构种类的多样性发展，断裂力学已经用于复合材料界面的破坏分析，但是传统断裂力学方法不能满足韧性开裂以及复合材料界面开裂等研究需求。基于弹塑性断裂力学的**内聚力模型**(cohesive zone model, CZM) 已成为一个完善的断裂力学计算模型。针对不同的材料性质或结构形式，发展出各种不同形式的内聚力模型。内聚力模型已经被应用于计算复合材料界面损伤和断裂过程。

在裂纹扩展过程中，物体内部能量的释放所产生的裂纹驱动力导致了裂纹的扩展。对于塑性材料，断裂过程中所释放的能量主要耗散在裂纹尖端附近材料的塑性流动中，满足这些能量耗散的应变能释放率被称为**临界应变能释放率**(critical strain energy release rate)。每当裂纹向前扩展一个小的增量，在裂纹附近的卸载区，材料将释放部分应变能，而裂尖前部的材料仍可继续承载。内聚力模型主要基于裂纹扩展的能量观点。

5.5.1　内聚力模型

内聚力模型可以用于复合材料结构内部界面开裂过程的模拟。内聚力模型提供了处理材料或界面损伤失效的新方法，是一种唯象的简化模型，可以反映出界面层物质的模量、强度、韧度等力学性质。内聚力实际上是物质原子或分子之间的相互作用力。在内聚力区域内，应力是开裂位移的函数，即**张力-位移** (traction-separation) **关系**。

内聚力区域代表了待扩展的裂尖前沿的区域, 如图 5.16 所示, 其中内聚力区域中裂尖的概念是一种数值定义, 而非实际材料中的裂尖范畴。

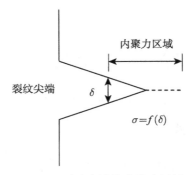

图 5.16　裂纹尖端的内聚力区域

内聚力区域中定义的 "虚拟裂纹" 描述了一对虚拟面之间的动态应力场。断裂过程被认为是相邻虚拟面之间材料强度的逐渐衰退。由原子间作用力形成的裂纹面之间的内聚力, 在裂纹扩展中起到阻抗的作用。内聚力随着虚拟裂纹面的分离增大而持续上升, 直到分离量达到一定值, 内聚力随着虚拟裂纹面的分离而减小。当内聚力减弱为零时, 虚拟裂纹面, 即内聚力表面彼此断开, 在这个位置上宏观裂纹形成。原子间的吸引力是原子间被拉开距离的函数, 在这个微小的区域内, 裂纹面上可以存在一定的小于某一临界值的裂纹张开位移 δ, 裂纹面上的应力 σ 是该张开位移的函数

$$\sigma = f(\delta) \tag{5.5.1}$$

这一关系称为开裂界面上的 **张力–位移关系**, 也称为 **内聚力准则**。张力–位移关系一般表现为, 在内聚力区域开始承载时, 应力 σ 值随着开裂界面上位移值 δ 的增加而增加, 达到一个应力最大值 $\sigma_{\max}$, 称为内聚力强度。此时即意味着该材料点的应力承载达到了其最大值, 材料点开始出现初始损伤。应力达到最大值后开始下降, 该阶段为材料点的损伤扩展阶段。直至应力减小为零, 材料点完全破坏失效, 内聚力区域在该处发生完全开裂并向前扩展, 此时该处的断裂能 Γ 达到其最大的临界断裂能 Γ^c, 即张力–位移曲线下包含的面积。

形成新裂纹面过程中释放的能量, 定义为断裂能

$$\Gamma = \int \sigma \mathrm{d}\delta = \int f(\delta)\mathrm{d}\delta \tag{5.5.2}$$

断裂能代表了断裂过程中的能量耗散。

内聚力准则控制了裂纹的张开以及裂尖周围材料的力学行为。内聚力模型不仅能够代表裂尖周围的塑性区域, 还能描述裂纹的起始和扩展过程。内聚力模型的

重要特征是用张力–位移曲线的形状和内聚力参数 (内聚力强度、临界或临界断裂能) 表示。目前，应用较为广泛的内聚力准则，有双线性内聚力准则、多项式内聚力准则、梯形内聚力准则和指数内聚力准则等，如图 5.17 所示。

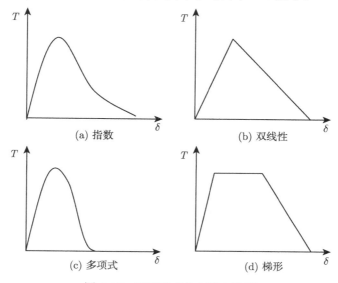

图 5.17　不同形式的内聚力准则

　　(1) **双线性张力–位移法则**(bilinear traction-separate law) 是一种简单有效的内聚力法则，在有限元软件中已实现内聚力模型计算。

　　如图 5.18 所示为双线性张力–位移关系。裂纹尖端内聚力区域内应力在外载荷的作用下，最初随着位移的增加呈线性增长，张力达到最大值后，该处材料点损伤开始萌发并扩展。此后随着位移的增加张力值下降，该处承受载荷能力减小，裂纹逐步成型扩展。当应力完全减小成零时，该处裂纹完全扩展，开裂界面在该处开裂失效。

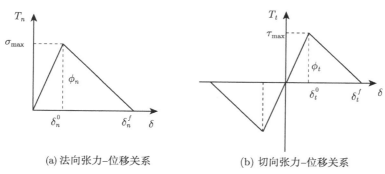

图 5.18　双线性内聚力准则

典型双线性张力–位移关系的控制方程为

$$T_n = \begin{cases} \dfrac{\sigma_{\max}}{\delta_n^0}\delta & (\delta \leqslant \delta_n^0) \\[2mm] \sigma_{\max}\dfrac{\delta_n^f - \delta}{\delta_n^f - \delta_n^0} & (\delta > \delta_n^0) \end{cases} \tag{5.5.3}$$

$$T_t = \begin{cases} \dfrac{\tau_{\max}}{\delta_t^0}\delta & (\delta \leqslant \delta_t^0) \\[2mm] \tau_{\max}\dfrac{\delta_t^f - \delta}{\delta_t^f - \delta_t^0} & (\delta > \delta_t^0) \end{cases} \tag{5.5.4}$$

其中 T_n 为法向的应力值, T_t 为切向的应力值, $\sigma_{\max}$、$\tau_{\max}$ 分别为法向及切向的最大应力值, 此时对应的裂纹界面张开位移值分别为 δ_n^0 和 δ_t^0, 为开裂过程的特征位移值。在达到其最大值后应力开始减小, 达到零时裂纹开裂完成, 其对应的位移值为最终开裂位移值 δ_n^f 和 δ_t^f。各向的断裂能临界值为 ϕ_n^c 和 ϕ_t^c。

$$\phi_n^c = \frac{1}{2}\sigma_{\max}\delta_n^f, \quad \phi_t^c = \frac{1}{2}\tau_{\max}\delta_t^f \tag{5.5.5}$$

在双线性张力–位移关系中, 除了最大应力值与临界断裂能值必须作为参数给出外, 还需给出 δ_n^0 和 δ_t^0, 作为模型参数或是应力上升阶段的斜率 K。双线性内聚力准则简单有效, 能较好地在有限元法等方法中应用。

(2) **梯形张力–位移法则**(trapezoidal traction separate law) 也称为逐段线性内象力准则 (piecewise linear cohesive zone law), Tvergaard 与 Hutchinson 于 1992 年在研究弹塑性固体的开裂中提出, 梯形张力–位移关系曲线如图 5.19 所示。

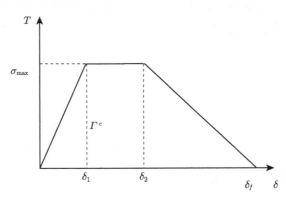

图 5.19 梯形内聚力准则

其控制方程为

$$T = \begin{cases} \dfrac{\sigma_{\max}}{\delta_1}\delta & (\delta < \delta_1) \\[2mm] \sigma_{\max} & (\delta_1 \leqslant \delta \leqslant \delta_2) \\[2mm] \dfrac{\sigma_{\max}}{\delta^f - \delta_2}(\delta^f - \delta) & (\delta_2 < \delta < \delta^f) \\[2mm] 0 & (\delta \geqslant \delta^f) \end{cases} \tag{5.5.6}$$

临界的断裂能值 (即张力–位移曲线下包含的面积) 为

$$\varphi^c = \frac{1}{2}\sigma_{\max}(\delta^f + 2\delta_2 - \delta_1) \tag{5.5.7}$$

梯形张力–位移关系中，其模型的参数除了最大应力值以及临界断裂能之外，还必须给出 δ_1 和 δ_2 的值。

(3) **多项式张力–位移法则**的内聚力模型由 Needleman 于 1992 年提出，采用了高次多项式的函数，并利用此模型在统一的计算模式下，首次数值模拟脱黏萌生、发展直至完全剥离并引起开裂裂纹的全过程，揭示出界面层的最大允许相对位移与脱黏的韧性和脆性的关系。

多项式张力–位移法则通过断裂能的控制方程来描述

$$\varphi = \frac{27}{4}T_0\delta_0\left\{\frac{1}{2}\left(\frac{\delta_n}{\delta_0}\right)^2\left[1 - \frac{4}{3}\frac{\delta_n}{\delta_0} + \frac{1}{2}\left(\frac{\delta_n}{\delta_0}\right)^2\right]\right.$$
$$\left. + \frac{1}{2}\alpha\left(\frac{\delta_t}{\delta_0}\right)^2\left[1 - 2\frac{\delta_t}{\delta_0} + \left(\frac{\delta_n}{\delta_0}\right)^2\right]\right\} \tag{5.5.8}$$

α 为法向与切向刚度之间的一个比例系数，T_0 为纯法向时的最大内聚力，δ_0 为最大张开量。由

$$T_n = \frac{\partial\varphi}{\partial\delta_n}, \quad T_t = \frac{\partial\varphi}{\partial\delta_t} \tag{5.5.9}$$

可得

$$T_n = -\frac{27}{4}T_0\left\{\frac{\delta_n}{\delta_0}\left[1 - 2\frac{\delta_n}{\delta_0} + \left(\frac{\delta_n}{\delta_0}\right)^2\right] + \alpha\left(\frac{\delta_t}{\delta_0}\right)^2\left(\frac{\delta_n}{\delta_0} - 1\right)\right\} \tag{5.5.10}$$

$$T_t = -\frac{27}{4}T_0\left\{\alpha\frac{\delta_t}{\delta_0}\left[1 - 2\frac{\delta_n}{\delta_0} + \left(\frac{\delta_n}{\delta_0}\right)^2\right]\right\} \tag{5.5.11}$$

与双线性及梯形张力–位移关系不同，多项式张力–位移关系为连续性的方程，首先提出断裂能的控制方程，对其进行偏导求得张力–位移关系的控制方程。

(4) **指数内聚力模型**是 Needleman 最早提出的，用以模拟计算金属材料中粒子剥落。在进一步的研究中，采用上述模型来研究粒子与基体之间的裂纹成形，动态

载荷下脆性材料的裂纹快速开裂扩展, 以及在两相材料界面上的动态裂纹扩展。指数内聚力模型被广泛地应用于计算复合材料界面开裂、脆性材料中的动态裂纹扩展、韧性基体上薄膜涂层之间的开裂裂纹萌生等过程。指数内聚力模型具有连续性的张力–位移关系, 同时其断裂能的值也为连续变化。

在二维平面状态下的指数内聚力模型, 开裂过程中的断裂能控制方程为

$$\varphi\left(\Delta\right)=\phi_n+\phi_n\exp\left(-\frac{\Delta_n}{\delta_n}\right)\left[\left(1-r+\frac{\Delta_n}{\delta_n}\right)\frac{1-q}{r-1}\right.$$
$$\left.-\left(q+\frac{r-q}{r-1}\frac{\Delta_n}{\delta_n}\right)\exp\left(-\frac{\Delta_n^2}{\delta_n^2}\right)\right] \tag{5.5.12}$$

式中 Δ_n、Δ_t 分别为界面上的法向与切向位移值, ϕ_n 为纯法向开裂状态下界面完全开裂时的界面断裂能, 而由上式计算的断裂能值为断裂过程中的总断裂能值。δ_n, δ_t 分别为法向与切向界面开裂特征位移, 即应力最大值点对应的位移值。参数 q, r 分别为

$$q=\frac{\phi_t}{\phi_n},\quad r=\frac{\Delta_n^*}{\delta_n} \tag{5.5.13}$$

ϕ_t 为纯切向开裂状态下界面完全开裂时的界面断裂能。Δ_n^* 为在法向应力为零时, 切向完全开裂时的法向位移值。

界面上的切向应力和法向应力为

$$T=\frac{\partial\varphi}{\partial\Delta} \tag{5.5.14}$$

则将断裂能控制方程对切向位移和法向位移值进行偏导得到法向应力与位移的关系式为

$$T_n=-\frac{\phi_n}{\delta_n}\exp\left(-\frac{\Delta_n}{\delta_n}\right)\left\{\frac{\Delta_n}{\delta_n}\exp\left(-\frac{\Delta_t^2}{\delta_t^2}\right)+\frac{1-q}{r-1}\left[1-\exp\left(-\frac{\Delta_t^2}{\delta_t^2}\right)\right]\left(r-\frac{\Delta_n}{\delta_n}\right)^2\right\} \tag{5.5.15}$$

和切向应力与位移的关系为

$$T_t=-\frac{\phi_n}{\delta_n}\left(2\frac{\delta_n}{\delta_t}\right)\frac{\Delta_t}{\delta_t}\left(q+\frac{r-q}{r-1}\frac{\Delta_n}{\delta_n}\right)\exp\left(-\frac{\Delta_n}{\delta_n}\right)\exp\left(-\frac{\Delta_t^2}{\delta_t^2}\right) \tag{5.5.16}$$

用 $\sigma_{\max}$, $\tau_{\max}$ 表示内聚力界面上法向与切向强度, 即应力最大值, 则指数内聚力模型中的参数之间的关系为

$$\phi_n=e\sigma_{\max}\delta_n,\quad \phi_t=\sqrt{\frac{e}{2}}\tau_{\max}\delta_t \tag{5.5.17}$$

通过以上对指数内聚力模型的研究可以发现, 相比较双线性以及梯形内聚力准则, 指数内聚力准则的张力–位移关系是非线性连续变化的, 更符合实际界面开

裂的状态。此外, 对于指数内聚力模型的法向与切向的张力–位移关系研究发现, T_n 在变化过程中不仅由法向位移决定, 同时切向位移值的变化也会作用于 T_n, 对于 T_t 亦然, 即指数内聚力模型为耦合的张力–位移关系。指数内聚力模型中, 除了计算开裂过程中的应力外, 连续增长的断裂能也是考察界面开裂状态的变量。

当指数张力–位移关系应用于 q 值不为 1 的复合开裂计算时, 其各向应力不能完全耦合。为达到使其完全耦合计算效果, 可以对指数张力–位移关系方程以及断裂能的控制方程进行修正。修正的方法为, 基于对 $q = 1$ 时的完全耦合关系, 将断裂能控制方程中的 q 取为 1, 并在切向的张力–位移关系式中引入切向断裂能临界值作为参数。这种修正可使在复合开裂条件下, 两向的张力能同时减小为零。

$$\varphi\left(\Delta\right) = \phi_n - \phi_n \exp\left(-\frac{\Delta_n}{\delta_n}\right)\left[\left(1 + \frac{\Delta_n}{\delta_n}\right)\exp\left(-\frac{\Delta_t^2}{\delta_t^2}\right)\right]$$
$$T_n = -\frac{\phi_n}{\delta_n}\frac{\Delta_n}{\delta_n}\exp\left(-\frac{\Delta_n}{\delta_n}\right)\exp\left(-\frac{\Delta_t^2}{\delta_t^2}\right) \qquad (5.5.18)$$
$$T_t = 2\frac{\phi_t}{\delta_n}\frac{\Delta_t}{\delta_t}\left(1 + \frac{\Delta_n}{\delta_n}\right)\exp\left(-\frac{\Delta_t^2}{\delta_t^2}\right)\exp\left(-\frac{\Delta_n}{\delta_n}\right)$$

内聚力模型应用于有限元计算时, 其涉及材料的开裂与破坏, 必须考虑在有限元计算迭代过程中的收敛问题。内聚力模型通常用于模拟计算实体中一个较脆弱界面的力学行为, 界面是在一个足够大的外力作用下发生开裂。这些计算中, 当材料或者结构中存在一个预制的裂纹时, 内聚力模型能够较好地完成计算。但当采用内聚力模型来模拟裂纹成形的过程时, 容易在裂纹初始萌生的材料点出现收敛困难, 通常出现在界面的该材料点达到应力峰值后。研究发现内聚力模型在材料初始裂纹萌生的点收敛困难。

不同形式的内聚力模型都有一个共同特征, 即裂纹尖端内聚力区域内, 应力在外载荷的作用下, 最初阶段随着位移的增加而增加, 在应力达到最大值后, 该处材料点损伤开始萌生, 刚度出现软化。此后应力值随着位移的增加而下降, 该处承受载荷的能力减小, 损伤逐渐累积, 当应力完全减小至零时, 该处裂纹完全扩展, 界面在该处开裂失效, 失去承载能力。当张力–位移曲线的形状确定后, 内聚力模型的关键是确定两个重要的参数: 内聚力强度和内聚能。内聚力强度就是张力–位移曲线的峰值。内聚能是张力–位移曲线和横坐标所围的面积, 代表了材料裂纹面张开过程中的能量耗散的临界能量释放率。内聚力强度和内聚能是内聚力模型的重要控制参数, 可通过拟合实验曲线或理论推导的方法来确定。

5.5.2 内聚力有限元法

在通用有限元软件 ABAQUS 6.5 之后的版本中, 加入了基于内聚力模型为计算方法的内聚力单元 (cohesive element), 其目的在于用来处理黏接结构、复合材料界面问题以及其他的有关界面强度的问题。ABAQUS 中的内聚区采用一层厚度接近零的内聚力单元表示，内聚力单元可以灵活地嵌入传统单元之间，单元的上、下表面与相邻单元连接，外力引起的材料损伤限制在内聚力单元中，其他单元不受影响，如图 5.20 所示。

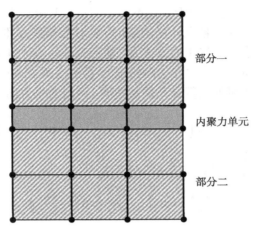

部分一

内聚力单元

部分二

图 5.20   内聚力单元在模型中的插入方法

ABAQUS 中的内聚力单元有平面单元 (COH2D4)、轴对称单元 (COHAX4) 和三维单元 (COH3D6，COH3D8)，如图 5.21 所示。

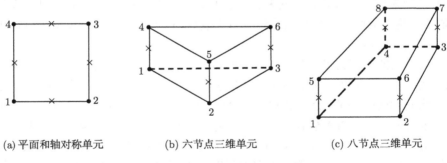

(a) 平面和轴对称单元   (b) 六节点三维单元   (c) 八节点三维单元

图 5.21   内聚力单元

内聚力单元和普通实体单元在建模上的区别表现为，内聚力单元需要在划分网格的时候设定一个厚度方向，厚度方向指向的表面为内聚力模型的上表面，与厚度方向反向的表面为内聚力模型的下表面，内聚力表面被看成被内聚力单元厚度所隔开的两个面，是潜在的裂纹面，位于内聚力表面中间的面是中面，如图 5.22 所示。

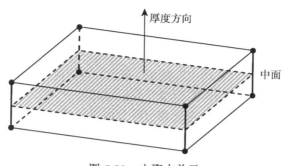

图 5.22　内聚力单元

内聚力单元两表面在厚度方向上的相对位移代表了界面的张开或闭合，决定了法向应力的大小，内聚力两表面在垂直厚度方向的平面内的相对滑动决定了内聚力单元的剪切响应。二维内聚力单元的应力输出有且仅有沿厚度方向的法向应力 σ_{22}，切向应力 σ_{12}，三维内聚力单元的应力输出有且仅有沿厚度方向的法向应力 σ_{33}，切向应力 σ_{23} 和 σ_{13}。

ABAQUS 中自带的内聚力本构模型为双线性模型，如图 5.23 所示。内聚力模型应用于有限元计算中被证实可有效地模拟开裂过程。

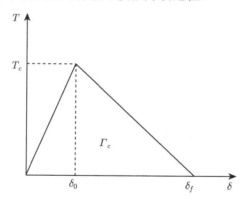

图 5.23　ABAQUS 中自带的双线性内聚力单元本构关系

5.5.3　界面内聚力单元的使用

为描述在界面法向和切向联合分离作用下界面损伤的形成与演化，引入一个无量纲的界面分离因子

$$\lambda = \sqrt{\left(\frac{\delta_n}{\bar{\delta}_n}\right)^2 + \left(\frac{\delta_t}{\bar{\delta}_t}\right)^2} \tag{5.5.19}$$

式中当 $\lambda = 0$ 时，表示界面黏接完整；当 $0 < \lambda < 1$ 时，表示界面开始分离；当 $\lambda \geqslant 1$ 时，表示界面完全分离。δ_n 和 δ_t 分别表示界面分离的法向位移与相对切向

位移，$\bar{\delta}_n$ 和 $\bar{\delta}_t$ 分别表示界面分离的最大法向位移与最大切向位移。

双线性内聚力准则的曲线分为两个阶段：在第一个阶段，载荷随位移的增大而增大；当载荷达到内聚力临界强度 T_c 之后，曲线进入第二个阶段，界面的裂纹开始萌生，于是界面载荷随位移增大而降低。最后，当位移 δ 达到最大值的时候，断裂能达到了临界断裂能，界面内聚力单元发生破坏。

从能量角度，界面接触应力在分离位移方向上所做的功为

$$\sigma\left(\lambda\right) = \begin{cases} f_b \lambda / \lambda_{cr} & (0 < \lambda < \lambda_{cr}) \\ f_b \left(1 - \lambda\right) / \left(1 - \lambda_{cr}\right) & (\lambda_{cr} < \lambda < 1) \end{cases} \tag{5.5.20}$$

式中 f_b 表示界面内聚强度，σ 表示界面接触应力所做的功，表示最大界面强度，λ_{cr} 表示最大界面载荷对应的分离因子。

损伤演化过程中，界面的刚度也会发生改变。为描述界面损伤对刚度的影响，引入一个损伤变量 D：

$$D = \frac{\lambda - \lambda_{cr}}{\lambda\left(1 - \lambda_{cr}\right)} \quad (\lambda > \lambda_{cr}) \tag{5.5.21}$$

用 K_0 表示线性增加段的斜率，称为界面初始刚度。对于法向和切向联合作用的混合型界面脱黏，界面初始刚度 K_0 表示为

$$\begin{bmatrix} K_{0n} & \\ & K_{0t} \end{bmatrix} \tag{5.5.22}$$

其中 K_{0n}、K_{0t} 分别表示界面初始法向刚度和切向刚度。界面初始刚度的选择对计算模型的收敛性具有显著影响。

对于混合型界面脱黏，界面法向和切向应力同时形成。基于应力判断准则和能量判断准则，裂纹萌生和失效准则分别为

$$\left(\frac{\sigma_n}{f_n}\right)^2 + \left(\frac{\sigma_t}{f_t}\right)^2 = 1 \tag{5.5.23}$$

$$\left(\frac{G_n}{G_n^m}\right)^2 + \left(\frac{G_t}{G_t^m}\right)^2 = 1 \tag{5.5.24}$$

式中 f_n 和 f_t 分别表示界面拉伸和剪切强度，G_n, G_t 和 G_n^m, G_t^m 分别表示界面断裂能和临界断裂能。

5.6   连续纤维复合材料的内聚力模型

建立纤维复合材料界面的内聚力模型的关键是确定两个重要的参数：内聚力强度 T_c 和临界能量释放率 Γ_c。为了简化模型，采用双线性的内聚力模型，用峰值

应力 $\sigma = 470\text{MPa}$ 作为内聚力强度 T_c, 最大位移 0.8nm 作为失效张开位移 δ_f, 临界能量释放率 Γ_c 和损伤因子 D 可由方程计算

$$\Gamma_c = \frac{1}{2}T_c\delta_f \tag{5.6.1}$$

$$D = \frac{\delta_f\left(\delta_{\max} - \delta_0\right)}{\delta_{\max}\left(\delta_f - \delta_0\right)} \tag{5.6.2}$$

式中 $\delta_{\max}$ 是加载过程中的最大位移, D 表示材料的损伤程度 $(0 \leqslant D \leqslant 1)$。当 $D = 0$ 时, 表示材料没有损伤; 当 $D = 1$ 时, 表示材料破坏, 失去承载能力。计算得到的临界能量释放率 $\Gamma_c = 0.107\text{N/m}$。

定向排列的纤维增强复合材料及其单胞模型如图 5.24(a) 所示, 其中正方形单胞边长 a 为 10nm, 纤维被简化为半径 r 为 3.5nm 的圆柱体, 环氧树脂基体弹性模量为 4GPa, 纤维采用碳纳米管 (CNT) 的弹性模量 1TPa。对单胞模型施加单向拉伸位移, 并根据模型和边界条件的对称性, 将单胞模型简化为 1/4 模型, 单胞模型和边界条件如图 5.24(b) 所示。

建立复合材料单胞模型的平面应变有限元模型, 复合材料模型由三相组成: 纤维相、环氧树脂基体相和内聚力界面相。内聚力单元的计算容易遇到收敛困难的问题, 为了保证有限元计算过程的收敛性和稳定性, 需要在裂尖附近, 即内聚力界面单元附近布置大量细化的单元, 来提高运算稳定性和计算精度, 有限元网格如图 5.24(c) 所示。内聚力模型用 ABAQUS 中的单元 COH2D4 表示, 界面的内聚力参数如表 5.1 所示。

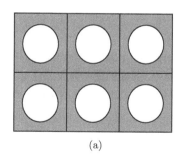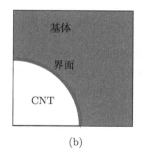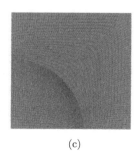

| (a) | (b) | (c) |

图 5.24　复合材料单胞与有限元网格

表 5.1　复合材料界面内聚力参数表

参数	T_c	δ_0	δ_f	Γ_c	E
值	470 MPa	0.2 nm	0.8 nm	0.107 N/m	75 GPa

用有限元模拟界面损伤破坏的优点是可以清楚地观察到整个断裂过程以及断裂过程中的应力分布, 如图 5.25 所示。

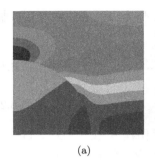 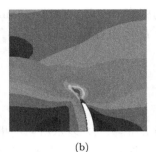 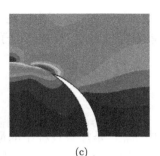

(a)   (b)   (c)

图 5.25　界面的损伤破坏过程

在界面的线弹性阶段 $D=0$，表示界面完全没有损伤，纤维和环氧树脂基体通过界面连接，实现有效的应力传递。通过界面的应力传递，应力更多地分布在纤维中，较强的界面结合使增强相充分地发挥了作用，提高了复合材料的有效力学性能。界面应力达到了内聚力强度后，界面随着位移的增加逐渐软化，纤维复合材料进入损伤逐步积累阶段，此时界面的损伤和微裂纹的出现引起了复合材料内的应力重分布，界面损伤区域及其附近所连接的纤维和基体承受的应力显著减小，出现卸载现象。应力在微裂纹的裂尖周围集中，并随着裂尖的移动而移动。应力的重分布使纤维复合材料的强度和承载能力得到了提高。裂尖部位由于应力集中出现了最大应力，最大应力又促使微裂纹继续扩展。在微裂纹扩展之后，材料由于界面的脱黏，承载力降低，但由于是局部失效，材料保留了一定的强度和刚度。

习　　题

5.1　综合习题：利用不同的界面模型 (理想界面、弹簧、弹塑性、黏弹性界面层等) 和有限元法，数值模拟纤维的单丝拔出、单丝压出和单丝碎断实验中，界面的变形和应力分布。

5.2　综合习题：利用界面的内聚力模型，数值模拟纤维的单丝拔出、单丝压出和单丝碎断实验的界面变形和破坏过程。

第6章 复合材料细观损伤力学

从细观的角度看，复合材料中存在着形形色色的微小缺陷，有些缺陷是在制造工艺中产生的，例如，材料中的微孔洞等；有些缺陷是在材料变形过程中产生的，例如，材料中的微裂纹、金属材料中的位错，这些因素造成材料成为非均匀和非连续的。传统的弹塑性力学建立在材料连续均匀性假设的基础上，忽略了微小缺陷的影响。细观损伤力学研究材料微缺陷的演化及其对复合材料性能的影响。

本章讨论复合材料细观损伤的基本模式、细观损伤的分析方法和细观损伤的检测技术等。

6.1 宏观均匀材料的损伤模式

在研究材料的力学问题时，材料模型可分为三类：① 理想的连续介质，即假设材料是均匀、连续的。经典的连续介质力学就是建立在这个基础上的。② 宏观缺陷介质，如宏观断裂力学，即在材料中引入一条宏观裂纹，这个裂纹的性能控制了整个材料的性能，这是断裂力学的任务。③ 具有细观结构的材料，即假设材料是非均匀、非连续的，研究材料的各种微小缺陷和细观结构的力学行为。这些模型不仅与所研究的具体材料有关，也与所观察的尺度层次有关。

很多材料，如金属，其断裂过程要经历明显的塑性变形，这种断裂称为韧性断裂或塑性断裂。韧性金属材料的损伤破坏过程大致分为以下三个阶段：

(1) 微孔洞的形核。微孔洞的形成主要是由于材料细观结构的不均匀性，大多数微孔洞形核于二相粒子附近，或产生于二相粒子的自身开裂，或产生于二相粒子与基体的界面脱黏。

(2) 微孔洞的长大。随着不断的加载，微孔洞周围材料的塑性变形越来越大，微孔洞也随之扩展和长大。

(3) 微孔洞的汇合。微孔洞附近的塑性变形达到一定程度后，微孔洞之间发生塑性失稳，导致微孔洞间的局部剪切带，剪切带中的二级孔洞片状汇合形成宏观裂纹。

经典塑性理论中通常不考虑塑性体积变形，认为静水压力对材料的屈服无明显影响。这种简化假设对损伤很小的塑性变形初期阶段是有较高精度的，但是随着塑性变形的增加，微孔洞不断形核和长大，使得体积不可压缩的假设不成立。

在宏观连续介质力学理论中，不考虑材料损伤和破坏的微观机理，而是根据实验数据建立材料的唯象破坏理论, 例如, 各向同性金属材料的塑性屈服, 通常采用最大切应力准则或米塞斯 (Mises) 屈服准则判断材料是否发生了屈服失效。

脆性连续介质的破坏一般不经过明显的塑性屈服, 材料破坏具有一定的突然性, 在宏观性能上经常简化为弹性–突然损伤模型, 亦即材料在经过一段弹性变形以后, 突然失去承载能力。这时可以采用最大应力破坏准则判断材料是否失效。

对于纤维增强复合材料, 宏观的破坏准则是在大量实验的基础上建立起来的。这些准则以单向纤维增强的单层板 (lamina) 的力学实验为基础, 将复合材料简化为宏观均匀的各向异性连续介质, 建立了多种判断复合材料破坏的宏观唯象准则。

综上所述, 研究复合材料损伤的方法可以分为宏观方法和细观方法。

宏观方法是以连续介质损伤力学的观点来研究材料的损伤破坏。它通过引入表征材料内部微细缺陷的损伤内变量, 建立唯象的损伤演变方程, 对材料的损伤进行描述和分析。这一方法虽然需要微细观结构和微细观机理的启发, 但并不需要直接从微细观机理导出宏观量的表达式, 而只要求所建立的模型以及由模型导出的推论与实际或实验相符。这种方法由于以材料的宏观力学性能测试为基础, 因此更便于工程实际的应用。

细观方法是根据材料的微细观成分 (如基体、颗粒、空洞等) 单独的力学行为以及它们的相互作用来建立宏观的损伤本构关系, 进而给出完整的损伤力学问题描述。这种方法的主要困难是需要经过许多简化假设才能从非均质的微细观材料过渡到宏观的均质材料。由于损伤机理非常复杂, 例如, 多重尺度、多种机理并存及交互作用等, 人们对于微细观成分及其作用的了解还不够充分, 细观方法的完备性和实用性还有待于进一步的研究和发展。

6.2　纤维复合材料的细观损伤模式

对于复合材料, 在纤维、基体和界面中都有可能存在初始缺陷或初始损伤, 例如, 微孔洞、微裂纹或者局部材料的性能劣化等。在外力作用下, 这些初始缺陷将发展成可见的细观损伤形态, 即纤维断裂、基体开裂和界面脱黏滑移。随着外载荷的增加, 这些损伤模式逐渐发展扩大, 甚至互相影响和转化。复合材料的破坏模式非常复杂, 其过程受到各组分材料的性能和体积含量、界面性能等因素的影响。

纤维复合材料从损伤起始到最终破坏要经历一个较长的损伤演化、发展过程。复合材料的损伤可分为准静态损伤、疲劳损伤和冲击损伤以及化学腐蚀、环境老化损伤等。

复合材料的初始缺陷或损伤是不可避免的, 这是由于组分材料本身的性能就具有一定的统计分散性, 再加上工艺过程的不完善性和不可避免的各种损伤等因素。但哪个缺陷首先开始发展、以怎样的方式发展却与多种因素有关, 具有随机性。

　　单向纤维复合材料是复合材料工程结构的基本单元，其细观损伤和缺陷对复合材料的整体性能具有决定性影响。在外力作用下，单向纤维复合材料的细观损伤模式主要有基体开裂、界面脱黏滑移和纤维断裂。

　　图 6.1 表示的是基体中的微裂纹。由于基体的性能远小于纤维的性能，当复合材料受到纤维方向的拉力时，基体将会开裂，形成微小的横向裂纹，如图 6.1(a) 所示。随着载荷的不断增加，这些横向裂纹将会逐渐扩展、汇合，并伴随界面的脱黏而形成宏观裂纹。如果纤维具有足够的强度而不断裂，将会形成纤维对裂纹桥联，如图 6.1(b) 所示。纤维对裂纹的桥联作用使复合材料的抗断裂能力显著提高，这也是纤维复合材料的优良力学特性之一。

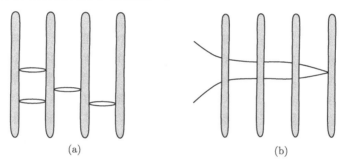

(a)　　　　　　　　　　　　　　　　(b)

图 6.1   基体中的微裂纹与基体的开裂

　　界面脱黏是复合材料中非常独特和重要的损伤模式。界面脱黏的原因非常复杂，取决于材料的受力状态和界面的黏接强度，如图 6.2 所示。例如，一个基体中的横向微裂纹，在遇到弱界面后，会发生偏折而沿着界面扩展。有时界面自身的微缺陷可能使界面在很小的载荷下脱黏。

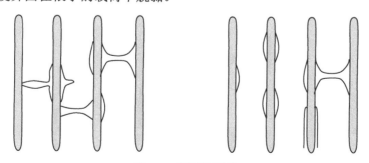

图 6.2   界面的脱黏

　　在复合材料中，纤维是主要的承载单元。纤维断裂对复合材料宏观强度有显著的影响。当一根纤维被拉断后，在纤维断头处的应力集中，将有可能引起基体材料的龟裂或屈服，也有可能引起邻近纤维的断裂或界面脱黏，这取决于界面的结合强度，如图 6.3 所示。

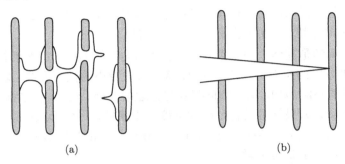

(a)   (b)

图 6.3　弱界面 (a) 与强界面 (b) 的纤维断裂

　　在单向拉伸作用下，对具有延性或黏接强度适中界面的复合材料，无论初始裂纹来自于基体或纤维，都会造成界面的部分脱黏，并逐渐形成纤维对裂纹的部分桥联。随着外载的加大，纤维将被拉断，直到某一临界值后使材料最终破坏。从断口上可看到纤维的拔出现象。这种复合材料表现出较好的延性，具有较好的断裂韧性。对于具有脆性或黏接强度较高界面的复合材料，基体中的初始裂纹将穿过基体和纤维，直到某个截面失去承载能力而导致最终破坏，破坏后的断口比较平整，这种复合材料表现出明显的脆性特征。当然，当界面的黏接非常弱时，基体就不能在纤维之间传递应力了。

　　对于复合材料的细观损伤和细观缺陷，我们主要关注两个方面。一是这些细观损伤和缺陷在外作用下的演化与相互作用。例如，对于一个基体中的微裂纹，它是否进一步扩展，周围的纤维、缺陷等如何影响它，都是需要关注的问题。二是这些细观损伤和缺陷对复合材料宏观性能的影响。复合材料是多相材料，每一相材料的性能和缺陷，以及纤维/基体 (F/M) 界面性能都会影响复合材料的整体力学性能。图 6.4

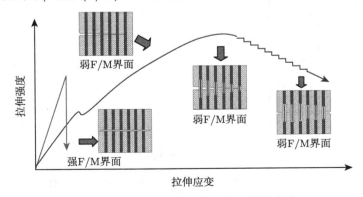

图 6.4　复合材料细观损伤对宏观性的影响

表示了不同界面结合状态的复合材料的整体力学性能，以及微损伤随着变形的演化过程。

6.3 复合材料细观损伤问题的分析方法

复合材料中的细观损伤和细观缺陷种类很多，例如，微孔洞、微裂纹以及材料局部的性能劣化等。这些损伤和缺陷可能位于复合材料的基体、纤维或者界面上，因而导致复合材料的细观损伤形态多种多样，给理论和实验分析都带来一定的困难。复合材料的损伤、断裂和破坏分析，一直是本领域内的研究热点。

早期的方法，主要基于夹杂理论建立分析模型，研究微孔洞、微裂纹与增强体(纤维、颗粒等)的相互作用。例如，建立的微裂纹与颗粒相互作用的多夹杂模型，以及纤维桥联的夹杂模型，都是在 Eshelby 夹杂理论的基础上，分析了含有缺陷的复合材料的应力分布和复合材料宏观力学行为。

随着数值方法的不断发展，近年来多采用数值方法模拟细观损伤和细观缺陷的演化过程，例如，模拟界面破坏的内聚力有限元、模拟裂纹扩展的扩展有限元法等。分子动力学也广泛应用于复合材料的微观变形与损伤的模拟。更有很多学者正在致力于将多尺度的数值模拟方法应用于各种复合材料，试图建立材料性能的多尺度关联。

上述这些研究方法虽然很有效，但都是针对特定的细观损伤模式和损伤特征。由于复合材料细观损伤的复杂性，这一课题的研究仍然是复合材料细观力学中最为活跃的部分。

6.4 复合材料细观损伤的检测技术

纤维复合材料中的缺陷主要有两种来源：一是来自于复合材料的制造工艺，对制造工艺的变量控制存在微小的偏差，导致复合材料产生与生俱来的细观缺陷；二是来自于复合材料的装配和服役过程中，载荷、冲击、疲劳等因素造成的复合材料损伤和缺陷。

复合材料中的缺陷可以分为以下类型。

面积型缺陷：层合板的分层、界面脱黏、基体裂纹等。

体积型缺陷：异质夹杂、气泡、纤维堆积、基体堆积等。

弥散型缺陷：微气孔群、侵蚀、局部材料性能劣化等。

另外还有纤维波浪弯曲或屈曲、纤维断裂、表面磨损、划伤、材料老化等。

复合材料的细观缺陷与损伤，往往隐藏在复合材料的内部，而且尺寸非常微小，难以用肉眼目视检测，所以利用先进的检测仪器准确定量地检测这些缺陷具有重要的意义。其中，无损检测是重要的检测手段和发展方向。

复合材料无损检测技术主要包括以下五类。

(1) 声学检测技术。

声学检测技术包括声振检测、超声波检测与声发射检测技术等。声学检测技术的基本原理是应力波传播原理，缺陷可以对应力波的传播产生影响，通过测量波的振幅、频率、相位以及传播速度和传播方向，可以定性或定量地检测缺陷的位置、尺寸和形状等。

(2) 光学检测技术。

光学检测技术包括激光错位散斑干涉与激光全息照相检测技术等。利用光学原理，形成激光干涉或全息图像，对复合材料中的缺陷进行检测。

(3) 电磁检测技术。

电磁检测技术包括涡流检测、电介质介电性质检测、微波检测等。电磁检测技术主要以材料电磁性能的变化作为材料检测的依据。其中电介质介电性质检测和微波检测技术可适合于非导体，而涡流检测技术只适用于导体。

(4) 射线检测技术。

射线检测技术包括 X 射线照相、X 射线层析扫描成像、Y 射线照相技术等。射线检测技术的基本原理是材料对射线的吸收。不同材料的吸收差异可以形成图像的对比度，从而检测材料的缺陷，特别适合于检测先进复合材料中的孔隙和夹杂等体积型缺陷。

(5) 热学检测技术。

热学检测技术包括脉冲红外热成像、振动热图检测技术等。热学检测技术是通过测试材料热学特性的变化，如材料的温度分布，确定材料的微结构信息，从而检测材料内部的缺陷。

值得注意的是，复合材料的无损检测技术是一个迅速发展的领域。每一种检测方法都有其优缺点。一种缺陷可以用多种方法检测，但不能被所有的检测技术检测到；一种检测方法也可以检测多种缺陷，但不能检测所有的缺陷。每种检测方法都在进一步完善和改进中。在实际应用中，要结合复合材料及其缺陷的类别，选择合适的无损检测技术。

习　题

综合习题：利用有限元法，分析裂纹面上具有纤维搭桥的复合材料基体断裂的问题，并比较纤维桥联对裂尖应力的影响。

第 7 章 各向异性材料的本构关系

复合材料宏观力学以复合材料单层板为起点, 将复合材料看作均匀、连续的各向异性材料。因此, 复合材料宏观力学实际上就是各向异性弹性力学。

经典的弹性力学的基本方程由平衡方程、几何方程和本构方程组成。在各向异性弹性力学中, 平衡方程是不变的。如果讨论的是小变形问题, 其小变形的几何方程仍然适用。这里不同的只有本构方程, 需要将各向同性的广义胡克定律替换为各向异性的本构关系。本章主要讨论各向异性、正交各向异性、横观各向同性材料的应力–应变关系, 以及工程常数的特性。

7.1 一般各向异性材料的应力–应变关系

按照表 7.1 列出的三维应力、应变张量表示与 Voigt 表示的符号对照表, 用 Voigt 简写符号表示的应变定义为

$$\varepsilon_1 = \frac{\partial u}{\partial x}, \quad \varepsilon_2 = \frac{\partial v}{\partial y}, \quad \varepsilon_3 = \frac{\partial w}{\partial z}$$

$$\varepsilon_4 = \frac{\partial v}{\partial z} + \frac{\partial w}{\partial y}, \quad \varepsilon_5 = \frac{\partial w}{\partial x} + \frac{\partial u}{\partial z}, \quad \varepsilon_6 = \frac{\partial u}{\partial y} + \frac{\partial v}{\partial x} \tag{7.1.1}$$

其中 u, v, w 是在 x, y, z 方向的位移。

表 7.1 三维应力、应变的张量表示与 Voigt 表示的符号对照表

应力		应变	
张量表示	Voigt 表示	张量表示	Voigt 表示
σ_{11}	σ_1	ε_{11}	ε_1
σ_{22}	σ_2	ε_{22}	ε_2
σ_{33}	σ_3	ε_{33}	ε_3
$\tau_{23} = \sigma_{23}$	σ_4	$\gamma_{23} = 2\varepsilon_{23}$	ε_4
$\tau_{31} = \sigma_{31}$	σ_5	$\gamma_{31} = 2\varepsilon_{31}$	ε_5
$\tau_{12} = \sigma_{12}$	σ_6	$\gamma_{12} = 2\varepsilon_{12}$	ε_6

注: $\gamma_{ij}(i \neq j)$ 代表工程切应变, 而 $\varepsilon_{ij}(i \neq j)$ 代表张量切应变

应力–应变的广义胡克定律可以用简写符号写成

$$\sigma_i = D_{ij}\varepsilon_j \quad (i, j = 1, 2, \cdots, 6) \tag{7.1.2}$$

其中 σ_i 为应力分量，D_{ij} 为刚度矩阵，ε_j 为应变分量。

在方程 (7.1.2) 中，刚度矩阵 D_{ij} 有 36 个常数。但是，当考虑应变能时，可以证明弹性材料的实际独立常数是少于 36 个的。存在弹性势能或应变能量密度函数的弹性材料，当应力 σ_i 作用于应变 $\mathrm{d}\varepsilon_i$ 时，单位体积的功的增量为

$$\mathrm{d}W = \sigma_i \mathrm{d}\varepsilon_i \tag{7.1.3}$$

由应力-应变关系式 (7.1.2)，功的增量可写为

$$\mathrm{d}W = D_{ij}\varepsilon_j \mathrm{d}\varepsilon_i \tag{7.1.4}$$

对整个应变积分，单位体积的功为

$$W = \frac{1}{2}D_{ij}\varepsilon_i\varepsilon_j \tag{7.1.5}$$

胡克定律关系式 (7.1.2) 可由方程 (7.1.5) 导出

$$\frac{\partial W}{\partial \varepsilon_i} = D_{ij}\varepsilon_j \tag{7.1.6}$$

于是

$$\frac{\partial^2 W}{\partial \varepsilon_i \partial \varepsilon_j} = D_{ij} \tag{7.1.7}$$

同样

$$\frac{\partial^2 W}{\partial \varepsilon_j \partial \varepsilon_i} = D_{ji} \tag{7.1.8}$$

比较式 (7.1.7) 和式 (7.1.8)，因 W 的微分与次序无关，所以

$$D_{ij} = D_{ji} \tag{7.1.9}$$

这样，刚度矩阵是对称的，只有 21 个常数是独立的。

用同样的方法，我们可以证明

$$W = \frac{1}{2}C_{ij}\sigma_i\sigma_j \tag{7.1.10}$$

其中 C_{ij} 是柔度矩阵，应力-应变关系式为

$$\varepsilon_i = C_{ij}\sigma_j \quad (i,j=1,2,\cdots,6) \tag{7.1.11}$$

同理

$$C_{ij} = C_{ji} \tag{7.1.12}$$

即柔度矩阵是对称的，也只有 21 个独立常数。刚度和柔度矩阵的分量可认为是弹性常数。这样，一般**各向异性材料**的应力–应变关系为

$$
\begin{Bmatrix} \sigma_1 \\ \sigma_2 \\ \sigma_3 \\ \sigma_4 \\ \sigma_5 \\ \sigma_6 \end{Bmatrix} = \begin{bmatrix} D_{11} & D_{12} & D_{13} & D_{14} & D_{15} & D_{16} \\ D_{12} & D_{22} & D_{23} & D_{24} & D_{25} & D_{26} \\ D_{13} & D_{23} & D_{33} & D_{34} & D_{35} & D_{36} \\ D_{14} & D_{24} & D_{34} & D_{44} & D_{45} & D_{46} \\ D_{15} & D_{25} & D_{35} & D_{45} & D_{55} & D_{56} \\ D_{16} & D_{26} & D_{36} & D_{46} & D_{56} & D_{66} \end{bmatrix} \begin{Bmatrix} \varepsilon_1 \\ \varepsilon_2 \\ \varepsilon_3 \\ \varepsilon_4 \\ \varepsilon_5 \\ \varepsilon_6 \end{Bmatrix}
\tag{7.1.13}
$$

由于多数工程材料具有对称的内部结构，因此材料具有弹性对称性。材料的对称性可以减少刚度系数的个数。

如果材料内每点都有一个材料对称面，则在这个对称面的对称点上弹性性能是相同的。例如，假设 xOy 是对称面 $(z = 0)$，则 z 坐标分别为 z 和 $-z$ 的对称点的材料性能相同，而 z 轴称为材料的**主方向**或**材料主轴**。

如果材料有一个性能对称平面，称为**单对称材料**。假设对称平面是 $z = 0$，则与坐标 z 有关的应力、应变和位移都应该关于坐标 z 是对称的。为了分析材料的对称性，在点 $A(x, y, z)$ 和其对称点 $A'(x, y, -z)$ 分别取出单元体，画出各对称面上的应力，如图 7.1 所示 (注意：图中只画出了部分截面上的应力分布)。

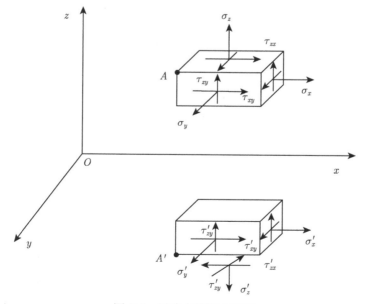

图 7.1 对称点的应力表示

根据弹性力学的符号规定，正应力本来就是对称的。在切应力和切应变中，$\sigma_6(\varepsilon_6)$

与 z 坐标无关, 是对称的, 只有 σ_4, $\sigma_5(\varepsilon_4, \varepsilon_5)$ 在对称点取反号才能是对称的。这样, 应力和应变的对称性条件可以分别写为

$$\sigma_1 = \sigma_1', \quad \sigma_2 = \sigma_2', \quad \sigma_3 = \sigma_3', \quad \sigma_4 = -\sigma_4', \quad \sigma_5 = -\sigma_5', \quad \sigma_6 = \sigma_6'$$

$$\varepsilon_1 = \varepsilon_1', \quad \varepsilon_2 = \varepsilon_2', \quad \varepsilon_3 = \varepsilon_3', \quad \varepsilon_4 = -\varepsilon_4', \quad \varepsilon_5 = -\varepsilon_5', \quad \varepsilon_6 = \varepsilon_6'$$

其中上角标一撇表示对称点的应力或应变。将方程 (7.1.13) 按行展开, 例如

$$\sigma_1 = D_{11}\varepsilon_1 + D_{12}\varepsilon_2 + D_{13}\varepsilon_3 + D_{14}\varepsilon_4 + D_{15}\varepsilon_5 + D_{16}\varepsilon_6$$
$$\sigma_1' = D_{11}\varepsilon_1' + D_{12}\varepsilon_2' + D_{13}\varepsilon_3' + D_{14}\varepsilon_4' + D_{15}\varepsilon_5' + D_{16}\varepsilon_6'$$
$$= D_{11}\varepsilon_1 + D_{12}\varepsilon_2 + D_{13}\varepsilon_3 + D_{14}(-\varepsilon_4) + D_{15}(-\varepsilon_5) + D_{16}\varepsilon_6$$

由于 $\sigma_1 = \sigma_1'$, 则必有 D_{14} 和 D_{15} 等于零。同理, 可证明 $D_{24}, D_{25}, D_{34}, D_{35}$ 也等于零。

单对称材料的要求使得应力–应变关系式简化为

$$\begin{Bmatrix} \sigma_1 \\ \sigma_2 \\ \sigma_3 \\ \sigma_4 \\ \sigma_5 \\ \sigma_6 \end{Bmatrix} = \begin{bmatrix} D_{11} & D_{12} & D_{13} & 0 & 0 & D_{16} \\ D_{12} & D_{22} & D_{23} & 0 & 0 & D_{26} \\ D_{13} & D_{23} & D_{33} & 0 & 0 & D_{36} \\ 0 & 0 & 0 & D_{44} & D_{45} & 0 \\ 0 & 0 & 0 & D_{45} & D_{55} & 0 \\ D_{16} & D_{26} & D_{36} & 0 & 0 & C_{66} \end{bmatrix} \begin{Bmatrix} \varepsilon_1 \\ \varepsilon_2 \\ \varepsilon_3 \\ \varepsilon_4 \\ \varepsilon_5 \\ \varepsilon_6 \end{Bmatrix} \quad (7.1.14)$$

因此, 单对称材料有 13 个独立的弹性常数。

如果材料有两个正交的材料性能对称平面, 则和这两个平面相垂直的第三个平面亦有对称性。这时, 材料有三个互相正交的主方向或材料主轴。在沿材料主方向的坐标系中的应力–应变关系是

$$\begin{Bmatrix} \sigma_1 \\ \sigma_2 \\ \sigma_3 \\ \sigma_4 \\ \sigma_5 \\ \sigma_6 \end{Bmatrix} = \begin{bmatrix} D_{11} & D_{12} & D_{13} & 0 & 0 & 0 \\ D_{12} & D_{22} & D_{23} & 0 & 0 & 0 \\ D_{13} & D_{23} & D_{33} & 0 & 0 & 0 \\ 0 & 0 & 0 & D_{44} & 0 & 0 \\ 0 & 0 & 0 & 0 & D_{55} & 0 \\ 0 & 0 & 0 & 0 & 0 & D_{66} \end{bmatrix} \begin{Bmatrix} \varepsilon_1 \\ \varepsilon_2 \\ \varepsilon_3 \\ \varepsilon_4 \\ \varepsilon_5 \\ \varepsilon_6 \end{Bmatrix} \quad (7.1.15)$$

该材料称为**正交各向异性材料**。注意到正应力 $\sigma_1, \sigma_2, \sigma_3$ 和切应变 $\gamma_{23}, \gamma_{31}, \gamma_{12}$ 之间没有像各向异性材料中存在的相互作用 (如 $D_{14} = 0$)。同样, 切应力和正应变之间

没有相互作用, 不同平面内的切应力和切应变之间也没有相互作用。在正交各向异性材料的刚度矩阵中只剩下 9 个独立常数。

如果材料的每一点有一个各个方向的力学性能都相同的平面, 那么该材料称为**横观各向同性材料**。例如, 假定 1-2 平面是该特殊的各向同性平面, 那么刚度中的下标 1 和 2 是可以互换的。这样, 应力–应变关系中只有 5 个独立常数, 且可写成

$$
\left\{\begin{array}{c} \sigma_1 \\ \sigma_2 \\ \sigma_3 \\ \sigma_4 \\ \sigma_5 \\ \sigma_6 \end{array}\right\} = \left[\begin{array}{cccccc} D_{11} & D_{12} & D_{13} & 0 & 0 & 0 \\ D_{12} & D_{11} & D_{13} & 0 & 0 & 0 \\ D_{13} & D_{13} & D_{33} & 0 & 0 & 0 \\ 0 & 0 & 0 & D_{44} & 0 & 0 \\ 0 & 0 & 0 & 0 & D_{44} & 0 \\ 0 & 0 & 0 & 0 & 0 & \dfrac{D_{11}-D_{12}}{2} \end{array}\right] \left\{\begin{array}{c} \varepsilon_1 \\ \varepsilon_2 \\ \varepsilon_3 \\ \varepsilon_4 \\ \varepsilon_5 \\ \varepsilon_6 \end{array}\right\} \tag{7.1.16}
$$

如果材料有无穷多个性能对称平面, 那么上述关系式就简化为**各向同性材料**的情形, 此时刚度矩阵中只有 2 个独立常数。

$$
\left\{\begin{array}{c} \sigma_1 \\ \sigma_2 \\ \sigma_3 \\ \sigma_4 \\ \sigma_5 \\ \sigma_6 \end{array}\right\} = \left[\begin{array}{cccccc} D_{11} & D_{12} & D_{12} & 0 & 0 & 0 \\ D_{12} & D_{11} & D_{12} & 0 & 0 & 0 \\ D_{12} & D_{12} & D_{11} & 0 & 0 & 0 \\ 0 & 0 & 0 & \dfrac{D_{11}-D_{12}}{2} & 0 & 0 \\ 0 & 0 & 0 & 0 & \dfrac{D_{11}-D_{12}}{2} & 0 \\ 0 & 0 & 0 & 0 & 0 & \dfrac{D_{11}-D_{12}}{2} \end{array}\right] \left\{\begin{array}{c} \varepsilon_1 \\ \varepsilon_2 \\ \varepsilon_3 \\ \varepsilon_4 \\ \varepsilon_5 \\ \varepsilon_6 \end{array}\right\} \tag{7.1.17}
$$

同样, 用柔度矩阵表示的应变–应力关系, 也有相似的方程。对于各向异性材料 (21 个独立常数)

$$
\left\{\begin{array}{c} \varepsilon_1 \\ \varepsilon_2 \\ \varepsilon_3 \\ \varepsilon_4 \\ \varepsilon_5 \\ \varepsilon_6 \end{array}\right\} = \left[\begin{array}{cccccc} C_{11} & C_{12} & C_{13} & C_{14} & C_{15} & C_{16} \\ C_{12} & C_{22} & C_{23} & C_{24} & C_{25} & C_{26} \\ C_{13} & C_{23} & C_{33} & C_{34} & C_{35} & C_{36} \\ C_{14} & C_{24} & C_{34} & C_{44} & C_{45} & C_{46} \\ C_{15} & C_{25} & C_{35} & C_{45} & C_{55} & C_{56} \\ C_{16} & C_{26} & C_{36} & C_{46} & C_{56} & C_{66} \end{array}\right] \left\{\begin{array}{c} \sigma_1 \\ \sigma_2 \\ \sigma_3 \\ \sigma_4 \\ \sigma_5 \\ \sigma_6 \end{array}\right\} \tag{7.1.18}
$$

对于具有一个对称面的单对称材料 (13 个独立常数)(对于 $z = 0$ 的平面对称)

$$
\left\{
\begin{array}{c}
\varepsilon_1 \\
\varepsilon_2 \\
\varepsilon_3 \\
\varepsilon_4 \\
\varepsilon_5 \\
\varepsilon_6
\end{array}
\right\}
=
\left[
\begin{array}{cccccc}
C_{11} & C_{12} & C_{13} & 0 & 0 & C_{16} \\
C_{12} & C_{22} & C_{23} & 0 & 0 & C_{26} \\
C_{13} & C_{23} & C_{33} & 0 & 0 & C_{36} \\
0 & 0 & 0 & C_{44} & C_{45} & 0 \\
0 & 0 & 0 & C_{45} & C_{55} & 0 \\
C_{16} & C_{26} & C_{36} & 0 & 0 & C_{66}
\end{array}
\right]
\left\{
\begin{array}{c}
\sigma_1 \\
\sigma_2 \\
\sigma_3 \\
\sigma_4 \\
\sigma_5 \\
\sigma_6
\end{array}
\right\}
\tag{7.1.19}
$$

对于正交各向异性材料 (9 个独立常数)

$$
\left\{
\begin{array}{c}
\varepsilon_1 \\
\varepsilon_2 \\
\varepsilon_3 \\
\varepsilon_4 \\
\varepsilon_5 \\
\varepsilon_6
\end{array}
\right\}
=
\left[
\begin{array}{cccccc}
C_{11} & C_{12} & C_{13} & 0 & 0 & 0 \\
C_{12} & C_{22} & C_{23} & 0 & 0 & 0 \\
C_{13} & C_{23} & C_{33} & 0 & 0 & 0 \\
0 & 0 & 0 & C_{44} & 0 & 0 \\
0 & 0 & 0 & 0 & C_{55} & 0 \\
0 & 0 & 0 & 0 & 0 & C_{66}
\end{array}
\right]
\left\{
\begin{array}{c}
\sigma_1 \\
\sigma_2 \\
\sigma_3 \\
\sigma_4 \\
\sigma_5 \\
\sigma_6
\end{array}
\right\}
\tag{7.1.20}
$$

对于横观各向同性材料 (5 个独立常数) (1-2 平面是各向同性平面)

$$
\left\{
\begin{array}{c}
\varepsilon_1 \\
\varepsilon_2 \\
\varepsilon_3 \\
\varepsilon_4 \\
\varepsilon_5 \\
\varepsilon_6
\end{array}
\right\}
=
\left[
\begin{array}{cccccc}
C_{11} & C_{12} & C_{13} & 0 & 0 & 0 \\
C_{12} & C_{11} & C_{13} & 0 & 0 & 0 \\
C_{13} & C_{13} & C_{33} & 0 & 0 & 0 \\
0 & 0 & 0 & C_{44} & 0 & 0 \\
0 & 0 & 0 & 0 & C_{44} & 0 \\
0 & 0 & 0 & 0 & 0 & 2\,(C_{11} - C_{12})
\end{array}
\right]
\left\{
\begin{array}{c}
\sigma_1 \\
\sigma_2 \\
\sigma_3 \\
\sigma_4 \\
\sigma_5 \\
\sigma_6
\end{array}
\right\}
\tag{7.1.21}
$$

对于各向同性材料 (2 个独立常数)

$$
\left\{
\begin{array}{c}
\varepsilon_1 \\
\varepsilon_2 \\
\varepsilon_3 \\
\varepsilon_4 \\
\varepsilon_5 \\
\varepsilon_6
\end{array}
\right\}
=
\left[
\begin{array}{cccccc}
C_{11} & C_{12} & C_{12} & 0 & 0 & 0 \\
C_{12} & C_{11} & C_{12} & 0 & 0 & 0 \\
C_{12} & C_{12} & C_{11} & 0 & 0 & 0 \\
0 & 0 & 0 & 2\,(C_{11} - C_{12}) & 0 & 0 \\
0 & 0 & 0 & 0 & 2\,(C_{11} - C_{12}) & 0 \\
0 & 0 & 0 & 0 & 0 & 2\,(C_{11} - C_{12})
\end{array}
\right]
\left\{
\begin{array}{c}
\sigma_1 \\
\sigma_2 \\
\sigma_3 \\
\sigma_4 \\
\sigma_5 \\
\sigma_6
\end{array}
\right\}
\tag{7.1.22}
$$

7.2　正交各向异性材料的工程常数

　　工程常数 (也称技术常数) 是广义的弹性模量、泊松比和剪切模量等性能常数。这些常数可用简单实验如轴向拉伸和纯剪实验来确定, 因而具有明确的物理意义, 这些常数比抽象的柔度和刚度矩阵更为直观。

最简单的实验是在已知载荷或应力下测量相应的位移或应变。这样柔度矩阵 (C_{ij}) 比刚度矩阵 (D_{ij}) 能更直接确定，对正交各向异性材料，用工程常数表示的柔度矩阵为

$$
C_{ij} = \begin{bmatrix}
\dfrac{1}{E_1} & \dfrac{-\nu_{21}}{E_2} & \dfrac{-\nu_{31}}{E_3} & 0 & 0 & 0 \\[2mm]
\dfrac{-\nu_{12}}{E_1} & \dfrac{1}{E_2} & \dfrac{-\nu_{32}}{E_3} & 0 & 0 & 0 \\[2mm]
\dfrac{-\nu_{13}}{E_1} & \dfrac{-\nu_{23}}{E_2} & \dfrac{1}{E_3} & 0 & 0 & 0 \\[2mm]
0 & 0 & 0 & \dfrac{1}{G_{23}} & 0 & 0 \\[2mm]
0 & 0 & 0 & 0 & \dfrac{1}{G_{31}} & 0 \\[2mm]
0 & 0 & 0 & 0 & 0 & \dfrac{1}{G_{12}}
\end{bmatrix} \tag{7.2.1}
$$

其中 E_1, E_2, E_3 分别为 1，2，3 方向上的弹性模量；G_{23}, G_{31}, G_{12} 依次为 2-3，3-1 和 1-2 平面的剪切模量；ν_{ij} 为应力在 i 方向作用时 j 方向横向应变的泊松比，即当 $\sigma_i = \sigma$，其他应力全为零时

$$
\nu_{ij} = -\frac{\varepsilon_j}{\varepsilon_i} \tag{7.2.2}
$$

正交各向异性材料，只有 9 个独立常数。因为柔度矩阵是对称的，即

$$
C_{ij} = C_{ji} \tag{7.2.3}
$$

当将工程常数代入方程 (7.2.3) 时，可得

$$
\frac{\nu_{ij}}{E_i} = \frac{\nu_{ji}}{E_j} \quad (i, j = 1, 2, 3) \tag{7.2.4}
$$

这样，正交各向异性材料必须满足这三个互等关系。只有 ν_{12}, ν_{13} 和 ν_{23} 需要进一步研究，因为 ν_{21}, ν_{31} 和 ν_{32} 能用前三个泊松比和弹性模量来表达，后三个泊松比亦不应忽视，因为在某些实验中它们可以测到。

在正交各向异性材料中，ν_{12} 和 ν_{21} 的区别可用图 7.2 来说明，该图表示了两种在单向应力作用下的正方形单元。第一种情况，应力作用在图 7.2(a) 所示的 1 方向。由方程 (7.1.20) 和方程 (7.2.1) 得到应变为

$$
{}^1\varepsilon_1 = \frac{\sigma}{E_1}, \quad {}^1\varepsilon_2 = \left(-\frac{\nu_{12}}{E_1}\right)\sigma \tag{7.2.5}
$$

所以变形为

$$^1\Delta_1 = \frac{\sigma L}{E_1}, \quad ^1\Delta_2 = \frac{\nu_{12}}{E_1}\sigma L \tag{7.2.6}$$

其中载荷方向由上标表示。第二种情况是，同样的应力值作用在图 7.2(b) 所示的 2 方向，可得应变为

$$^2\varepsilon_1 = \left(-\frac{\nu_{21}}{E_2}\right)\sigma, \quad ^2\varepsilon_2 = \frac{\sigma}{E_2} \tag{7.2.7}$$

而变形为

$$^2\Delta_1 = \left(\frac{\nu_{21}}{E_2}\right)\sigma L, \quad ^2\Delta_2 = \frac{\sigma L}{E_2} \tag{7.2.8}$$

显然，如果 $E_1 > E_2$，则 $^1\Delta_1 < {}^2\Delta_2$。但是，由功的互等关系，不管 E_1 和 E_2 值如何，都有

$$^1\Delta_2 = {}^2\Delta_1 \tag{7.2.9}$$

这是用贝蒂定理在各向异性材料中的一个推广，即应力作用在 2 方向引起的横向变形 (或横向应变) 和应力作用在 1 方向引起的相同。应用方程 (7.2.9) 可以得到方程 (7.2.4)。

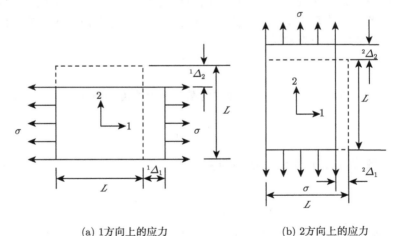

(a) 1方向上的应力　　　　　　　(b) 2方向上的应力

图 7.2　泊松比的解释

刚度矩阵和柔度矩阵是互为逆阵的，由矩阵代数可得正交各向异性材料矩阵之间的关系为

$$D_{11} = \frac{C_{22}C_{33} - C_{23}^2}{C}, \quad D_{12} = \frac{C_{13}C_{23} - C_{12}C_{33}}{C}$$

$$D_{22} = \frac{C_{33}C_{11} - C_{13}^2}{C}, \quad D_{13} = \frac{C_{12}C_{23} - C_{13}C_{22}}{C}$$

$$D_{33} = \frac{C_{11}C_{22} - C_{12}^2}{C}, \quad D_{23} = \frac{C_{12}C_{13} - C_{23}C_{11}}{C}$$

$$D_{44} = \frac{1}{C_{44}}, \quad D_{55} = \frac{1}{C_{55}}, \quad D_{66} = \frac{1}{C_{66}} \tag{7.2.10}$$

其中

$$C = C_{11}C_{22}C_{33} - C_{11}C_{23}^2 - C_{22}C_{13}^2 - C_{33}C_{12}^2 + 2C_{12}C_{23}C_{13} \tag{7.2.11}$$

在方程 (7.2.10) 中，符号 C 和 D 在每一处都可互换，以得到逆转关系式。

用工程常数表示正交各向异性材料的刚度矩阵 D_{ij}，可由方程 (7.2.1) 表示的柔度矩阵 C_{ij} 的求逆得到，或者把 C_{ij} 代入方程 (7.2.10) 和方程 (7.2.11) 得到，方程 (7.1.15) 中的非零刚度是

$$D_{11} = \frac{1 - \nu_{23}\nu_{32}}{E_2 E_3 \Delta}$$

$$D_{12} = \frac{\nu_{21} + \nu_{31}\nu_{23}}{E_2 E_3 \Delta} = \frac{\nu_{12} + \nu_{32}\nu_{13}}{E_1 E_3 \Delta}$$

$$D_{13} = \frac{\nu_{13} + \nu_{21}\nu_{32}}{E_2 E_3 \Delta} = \frac{\nu_{31} + \nu_{12}\nu_{23}}{E_1 E_2 \Delta}$$

$$D_{22} = \frac{1 - \nu_{13}\nu_{31}}{E_1 E_3 \Delta}$$

$$D_{23} = \frac{\nu_{32} + \nu_{12}\nu_{31}}{E_1 E_3 \Delta} = \frac{\nu_{23} + \nu_{21}\nu_{13}}{E_1 E_2 \Delta}$$

$$D_{33} = \frac{1 - \nu_{12}\nu_{21}}{E_1 E_2 \Delta}$$

$$D_{44} = G_{23}, \quad D_{55} = G_{31} \tag{7.2.12}$$

其中

$$\Delta = \frac{1 - \nu_{12}\nu_{21} - \nu_{23}\nu_{32} - \nu_{31}\nu_{13} - 2\nu_{21}\nu_{32}\nu_{13}}{E_1 E_2 E_3} \tag{7.2.13}$$

特别指出，假如要明确一种材料是否是正交各向异性的，可以从各种角度进行力学性能实验，看它是否存在剪力互相耦合影响的方向，由此确定材料是否是正交各向异性的、各向同性的或是其他情况。确定材料主方向的最简单方法是直观法。但是，应用直观法，材料的特性必须能很容易地用肉眼看出。例如，在连续单向纤维增强简单层板中，容易看出纵向就是 1 方向，同样，2 方向在平面中垂直于纵向的方向，而 3 方向则是垂直于平面的方向。

工程常数必须满足一定的条件，或者在一个合理区间内取值。对于各向同性材料，剪切模量为

$$G = \frac{E}{2(1+\nu)} \tag{7.2.14}$$

为了使 E 和 G 总是正值, 即正的正应力或切应力乘上对应的正应变或切应变产生正功, 于是

$$\nu > -1 \tag{7.2.15}$$

同样, 如果各向同性体受静压力 P 的作用, 体积应变 (即三个正应变或拉伸应变之和) 定义为

$$\vartheta = \varepsilon_x + \varepsilon_y + \varepsilon_z = \frac{P}{E/3(1-2\nu)} = \frac{P}{\kappa} \tag{7.2.16}$$

于是体积模量

$$\kappa = \frac{E}{3(1-2\nu)} \tag{7.2.17}$$

是正值。只要 E 是正值, 则

$$\nu < \frac{1}{2} \tag{7.2.18}$$

因为如果体积模量是负值, 则静压力将引起各向同性材料体积膨胀。因此, 对各向同性材料, 泊松比的范围是

$$-1 < \nu < \frac{1}{2} \tag{7.2.19}$$

以便剪切或静压力不产生负的应变能。

7.3　正交各向异性材料的弹性常数限制

正交各向异性材料弹性常数间的关系较为复杂。首先, 应力分量和对应的应变分量的乘积表示应力所做的功, 所有应力分量所做功的和必须是正值, 以免产生负能量。该条件提供了弹性常数数值上的热力学限制, 该限制可推广到正交各向异性材料。这要求联系应力–应变的矩阵在形式上是正定的, 即有正的主值或不变量。于是, 刚度和柔度矩阵两者都是正定的。

这个数学条件可由下述物理论证来代替, 如每次只有一个正应力作用, 对应的应变由柔度矩阵对角线元素决定。于是, 这些元素必须是正的, 即

$$C_{11}, C_{22}, C_{33}, C_{44}, C_{55}, C_{66} > 0 \tag{7.3.1}$$

或用工程常数表示

$$E_1, E_2, E_3, G_{23}, G_{31}, G_{12} > 0 \tag{7.3.2}$$

同样, 在适当的限制下, 可能只有一个拉伸应变的变形。再则, 功只是由相应应力产生的。

这样,由于所做的功是由刚度矩阵的对角线元素决定的,这些元素必须是正的,即

$$D_{11}, D_{22}, D_{33}, D_{44}, D_{55}, D_{66} > 0 \tag{7.3.3}$$

由方程 (7.2.12)

$$(1 - \nu_{23}\nu_{32}), \quad (1 - \nu_{13}\nu_{31}), \quad (1 - \nu_{12}\nu_{21}) > 0 \tag{7.3.4}$$

同时,因为正定矩阵的行列式必须是正的,得

$$\overline{\Delta} = 1 - \nu_{12}\nu_{21} - \nu_{23}\nu_{32} - \nu_{31}\nu_{13} - 2\nu_{21}\nu_{32}\nu_{13} > 0 \tag{7.3.5}$$

由方程 (7.2.10),根据刚度矩阵式正值导出

$$|C_{23}| < (C_{22}C_{33})^{1/2}$$
$$|C_{13}| < (C_{11}C_{33})^{1/2} \tag{7.3.6}$$
$$|C_{12}| < (C_{11}C_{12})^{1/2}$$

利用柔度矩阵的对称性,得

$$\frac{\nu_{ij}}{E_i} = \frac{\nu_{ji}}{E_j} \quad (i, j = 1, 2, 3) \tag{7.3.7}$$

于是方程 (7.3.4) 可以写为

$$|\nu_{21}| < \left(\frac{E_2}{E_1}\right)^{1/2}, \quad |\nu_{12}| < \left(\frac{E_1}{E_2}\right)^{1/2}$$
$$|\nu_{32}| < \left(\frac{E_3}{E_2}\right)^{1/2}, \quad |\nu_{23}| < \left(\frac{E_2}{E_3}\right)^{1/2} \tag{7.3.8}$$
$$|\nu_{13}| < \left(\frac{E_1}{E_3}\right)^{1/2}, \quad |\nu_{31}| < \left(\frac{E_3}{E_1}\right)^{1/2}$$

如果 C_{ij} 用工程常数表示,方程 (7.3.8) 也可以从方程 (7.3.6) 得到。同样,方程 (7.3.5) 可以表示为

$$\nu_{21}\nu_{32}\nu_{13} < \frac{1 - \nu_{21}^2\dfrac{E_1}{E_2} - \nu_{32}^2\dfrac{E_2}{E_3} - \nu_{13}^2\dfrac{E_3}{E_1}}{2} < \frac{1}{2} \tag{7.3.9}$$

亦可改写为

$$\left(1 - \nu_{32}^2\frac{E_2}{E_3}\right)\left(1 - \nu_{13}^2\frac{E_3}{E_1}\right) - \left[\nu_{21}\left(\frac{E_1}{E_2}\right)^{1/2} + \nu_{32}\nu_{13}\left(\frac{E_3}{E_1}\right)^{1/2}\right]^2 > 0 \tag{7.3.10}$$

为了得到用另外两个泊松比 ν_{32} 和 ν_{13} 来表达一个泊松比 ν_{21} 的界限, 方程 (7.3.10) 可进一步化为

$$-\left[\nu_{32}\nu_{13}\frac{E_2}{E_1} + \left(1 - \nu_{13}^2\frac{E_2}{E_3}\right)^{1/2}\left(1 - \nu_{13}^2\frac{E_3}{E_1}\right)^{1/2}\left(\frac{E_2}{E_1}\right)^{1/2}\right]$$

$$< \nu_{21} <$$

$$-\left[\nu_{32}\nu_{13}\frac{E_2}{E_1} - \left(1 - \nu_{32}^2\frac{E_2}{E_3}\right)^{1/2}\left(1 - \nu_{13}^2\frac{E_3}{E_1}\right)^{1/2}\left(\frac{E_2}{E_1}\right)^{1/2}\right]$$

对 ν_{32} 和 ν_{13} 可得相似的表达式。

前述对正交各向异性材料工程常数的限制, 可以用来定性地检验实验数据。对硼 / 环氧复合材料, 在 1 方向加载荷引起 2 方向应变的泊松比 (ν_{12}) 高达 1.97, 两个方向的弹性模量是 $E_1 = 81.77\text{GPa}$, $E_2 = 9.17\text{GPa}$, 于是

$$\left(\frac{E_1}{E_2}\right)^{1/2} = 2.99 \tag{7.3.11}$$

这样, 条件

$$|\nu_{12}| < \left(\frac{E_1}{E_2}\right)^{1/2} \tag{7.3.12}$$

是满足的。因此, 即使我们按照各向同性材料的直觉知识不能接受这么大的数值, 但 $\nu_{12} = 1.97$ 却是一个合理的数据。另一个泊松比 ν_{21} 为 0.22, 这个值满足对称条件或互等关系式 (7.3.7)。

只有测定的材料性能满足限制条件, 我们才有信心着手用这种材料设计结构, 否则, 我们就有理由怀疑材料模型或实验数据, 或者二者都怀疑。

工程常数的限制也可以用来解决实际的工程分析问题。例如, 考虑一个有几个解的微分方程, 这些解依赖于微分方程中系数的相对值。在变形体物理问题中, 这些系数包含着弹性常数。于是, 弹性常数的限制可用来决定微分方程的哪些解是适用的。

7.4　正交各向异性材料平面应力问题的应力–应变关系

由方程 (7.1.18)∼方程 (7.1.22) 所表示的各向异性、单对称、正交各向异性、横观各向同性或各向同性材料的三维应力–应变关系式, 如取

$$\sigma_3 = 0, \quad \sigma_4 = \tau_{23} = 0, \quad \sigma_5 = \tau_{31} = 0 \tag{7.4.1}$$

就定义了平面 1-2 中简单层板 (如图 7.3 所示) 的平面应力状态。

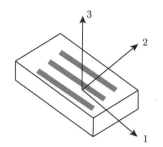

图 7.3 单向增强的简单层板

对正交各向异性材料，这意味着应变

$$\varepsilon_3 = C_{13}\sigma_1 + C_{23}\sigma_2, \quad \varepsilon_4 = \gamma_{23} = 0, \quad \varepsilon_5 = \gamma_{31} = 0 \tag{7.4.2}$$

同时，应变–应力关系式 (7.1.20) 简化为

$$\left\{ \begin{array}{c} \varepsilon_1 \\ \varepsilon_2 \\ \varepsilon_6 \end{array} \right\} = \left[\begin{array}{ccc} C_{11} & C_{12} & 0 \\ C_{12} & C_{22} & 0 \\ 0 & 0 & C_{66} \end{array} \right] \left\{ \begin{array}{c} \sigma_1 \\ \sigma_2 \\ \sigma_6 \end{array} \right\} \tag{7.4.3}$$

及补充方程 (7.4.2)，其中

$$C_{11} = \frac{1}{E_1}, \quad C_{12} = -\frac{\nu_{12}}{E_1} = -\frac{\nu_{21}}{E_2}$$

$$C_{22} = \frac{1}{E_2}, \quad C_{66} = \frac{1}{G_{12}} \tag{7.4.4}$$

为了确定方程 (7.4.2) 中的 ε_3，除了必须知道方程 (7.4.4) 中的工程常数外，还必须知道 ν_{13} 和 ν_{23}，也就是在方程 (7.4.2) 的 C_{13} 和 C_{23} 中出现的 ν_{13} 和 ν_{23}。

可以由应变–应力关系式 (7.4.3) 求得应力–应变关系式

$$\left\{ \begin{array}{c} \sigma_1 \\ \sigma_2 \\ \sigma_6 \end{array} \right\} = \left[\begin{array}{ccc} Q_{11} & Q_{12} & 0 \\ Q_{12} & Q_{22} & 0 \\ 0 & 0 & Q_{66} \end{array} \right] \left\{ \begin{array}{c} \varepsilon_1 \\ \varepsilon_2 \\ \varepsilon_6 \end{array} \right\} \tag{7.4.5}$$

其中 Q_{ij} 就是二维状态的弹性矩阵

$$Q_{11} = \frac{C_{22}}{C_{11}C_{22} - C_{12}^2}, \quad Q_{12} = -\frac{C_{12}}{C_{11}C_{22} - C_{12}^2}$$

$$Q_{22} = -\frac{C_{11}}{C_{11}C_{22} - C_{12}^2}, \quad Q_{66} = \frac{1}{C_{66}} \tag{7.4.6}$$

或用工程常数表示为

$$Q_{11} = \frac{E_1}{1 - \nu_{12}\nu_{21}}, \quad Q_{12} = \frac{\nu_{12}E_2}{1 - \nu_{12}\nu_{21}} = \frac{\nu_{21}E_1}{1 - \nu_{12}\nu_{21}}$$

$$Q_{22} = \frac{E_2}{1 - \nu_{12}\nu_{21}}, \quad Q_{66} = G_{12} \tag{7.4.7}$$

上述的应力–应变和应变–应力关系式是在其自身平面内作用着外力的简单层板的刚度和应力分析的基础上。因而，这些关系式也是层合板分析所必不可少的。

由方程 (7.4.4) 和 (7.4.7)，并加上互等关系式

$$\frac{\nu_{12}}{E_1} = \frac{\nu_{21}}{E_2} \tag{7.4.8}$$

在方程 (7.4.4) 和 (7.4.7) 中有四个独立的弹性常数 E_1, E_2, ν_{12} 和 G_{12}。

各向同性材料在平面应力状态下的应变–应力关系式为

$$\left\{ \begin{array}{c} \varepsilon_1 \\ \varepsilon_2 \\ \varepsilon_6 \end{array} \right\} = \left[\begin{array}{ccc} C_{11} & C_{12} & 0 \\ C_{12} & C_{11} & 0 \\ 0 & 0 & 2\,(C_{11} - C_{12}) \end{array} \right] \left\{ \begin{array}{c} \sigma_1 \\ \sigma_2 \\ \sigma_6 \end{array} \right\} \tag{7.4.9}$$

其中

$$C_{11} = \frac{1}{E}, \quad C_{12} = -\frac{\nu}{E} \tag{7.4.10}$$

应力–应变关系式为

$$\left\{ \begin{array}{c} \sigma_1 \\ \sigma_2 \\ \sigma_6 \end{array} \right\} = \left[\begin{array}{ccc} Q_{11} & Q_{12} & 0 \\ Q_{12} & Q_{11} & 0 \\ 0 & 0 & Q_{66} \end{array} \right] \left\{ \begin{array}{c} \varepsilon_1 \\ \varepsilon_2 \\ \varepsilon_6 \end{array} \right\} \tag{7.4.11}$$

其中

$$Q_{11} = \frac{E}{1 - \nu^2}, \quad Q_{12} = \frac{\nu E}{1 - \nu^2}, \quad Q_{66} = \frac{E}{2(1 + \nu)} = G \tag{7.4.12}$$

前面的各向同性材料关系式，即可由正交各向异性材料关系式令 $E_1 = E_2, G_{12} = G$ 得到，也可用得到正交各向异性材料关系式的同样方法得到。

横观各向同性材料的应力–应变关系也可以用另外一种形式表示

$$\frac{1}{2}(\sigma_{22} + \sigma_{33}) = \kappa(\varepsilon_{22} + \varepsilon_{33}) + l\varepsilon_{11}$$

$$\sigma_{11} = n\varepsilon_{11} + l(\varepsilon_{22} + \varepsilon_{33})$$

$$\sigma_{22} - \sigma_{33} = 2m(\varepsilon_{22} - \varepsilon_{33}) \tag{7.4.13}$$

$$\sigma_{23} = 2m\varepsilon_{23}, \quad \sigma_{12} = 2p\varepsilon_{12}, \quad \sigma_{13} = 2p\varepsilon_{13}$$

或用矩阵形式表示为

$$
\left\{
\begin{array}{c}
\sigma_{11} \\
\sigma_{22} \\
\sigma_{33} \\
\sigma_{23} \\
\sigma_{31} \\
\sigma_{12}
\end{array}
\right\}
=
\left[
\begin{array}{cccccc}
n & l & l & 0 & 0 & 0 \\
l & \kappa+m & \kappa-m & 0 & 0 & 0 \\
l & \kappa-m & \kappa+m & 0 & 0 & 0 \\
0 & 0 & 0 & 2m & 0 & 0 \\
0 & 0 & 0 & 0 & 2p & 0 \\
0 & 0 & 0 & 0 & 0 & 2p
\end{array}
\right]
\left\{
\begin{array}{c}
\varepsilon_{11} \\
\varepsilon_{22} \\
\varepsilon_{33} \\
\varepsilon_{23} \\
\varepsilon_{31} \\
\varepsilon_{12}
\end{array}
\right\}
\tag{7.4.14}
$$

或

$$
\boldsymbol{\sigma} = \boldsymbol{D}\boldsymbol{\varepsilon} \tag{7.4.15}
$$

用缩减形式将刚度阵表示为

$$
\boldsymbol{D} = (2\kappa,\ l,\ n,\ 2m,\ 2p) \tag{7.4.16}
$$

其中分量与工程常数之间的关系为

$$
E_1 = n^2 - l^2/\kappa, \quad \nu_{12} = l/(2\kappa)
$$

$$
E_2 = \frac{4\kappa_{23}}{\kappa_{23}/G_{23} + 1 + 4\nu_{12}^2 \kappa_{23}/E_1}
$$

$$
\kappa_{23} = \kappa, \quad G_{23} = m, \quad G_{12} = p
$$

对于各向同性材料,上述各个方程还可进一步简化,独立的材料常数只有两个,其应力–应变关系可写为

$$
\left\{
\begin{array}{c}
\sigma_{11} \\
\sigma_{22} \\
\sigma_{33} \\
\sigma_{23} \\
\sigma_{31} \\
\sigma_{12}
\end{array}
\right\}
=
\left[
\begin{array}{cccccc}
\kappa+\mu & \kappa-\mu & \kappa-\mu & 0 & 0 & 0 \\
\kappa-\mu & \kappa+\mu & \kappa-\mu & 0 & 0 & 0 \\
\kappa+\mu & \kappa-\mu & \kappa+\mu & 0 & 0 & 0 \\
0 & 0 & 0 & 2\mu & 0 & 0 \\
0 & 0 & 0 & 0 & 2\mu & 0 \\
0 & 0 & 0 & 0 & 0 & 2\mu
\end{array}
\right]
\left\{
\begin{array}{c}
\varepsilon_{11} \\
\varepsilon_{22} \\
\varepsilon_{33} \\
\varepsilon_{23} \\
\varepsilon_{31} \\
\varepsilon_{12}
\end{array}
\right\}
\tag{7.4.17}
$$

刚度阵可缩减为

$$
\boldsymbol{D} = (3\kappa, 2\mu) \tag{7.4.18}
$$

其中 κ 和 μ 分别为体积模量和剪切模量。它们与杨氏模量和泊松比的关系分别为

$$
\kappa = \lambda + \mu = \frac{E}{2(1+\nu)(1-2\nu)} \tag{7.4.19}
$$

$$
\lambda = \frac{\nu E}{(1+\nu)(1-2\nu)}, \quad G = \mu = \frac{E}{2(1+\nu)} \tag{7.4.20}
$$

其中 λ, μ 是拉梅常量。

习　题

7.1　证明：如果材料有两个正交的材料性能对称面，则和这两个平面相垂直的第三个平面亦有对称性。

7.2　证明：正交各向异性材料存在关系 $\nu_{ij}/E_i = \nu_{ji}/E_j \ (i, j = 1, 2, 3)$。

7.3　将正交各向异性的三维应力–应变关系简化到平面应力和平面应变情况。

第 8 章　单层板的宏观力学性能

8.1　引　　言

单层板也称为简单层板,是由基体和纤维组成的单层复合材料,是层合纤维增强复合材料的基本单元件。层合板是由单层板叠压而成。单层板可以是单向纤维铺层,也可以是编织纤维铺层。在纤维定向上,可以是单向增强,也可以是多向增强,如图 8.1 所示。单向纤维增强复合材料的单层板展现出典型的正交各向异性能,是组成层合板的基本单元。表 8.1 给出了典型单向纤维增强复合材料的力学性能。所以,单层板的力学性能对于研究层合板结构是必要的。本章讨论单层板的宏观力学性能,即只考虑单层板的平均力学性能,而不详细讨论复合材料组分间的相互作用。

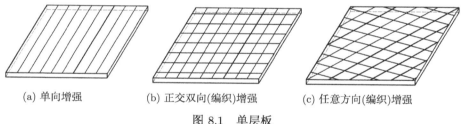

(a) 单向增强　　　　　(b) 正交双向(编织)增强　　　　(c) 任意方向(编织)增强

图 8.1　单层板

表 8.1　典型单向纤维增强复合材料的力学性能

特性	单向纤维增强复合材料			
	玻璃/环氧	硼/环氧	石墨/环氧	凯芙拉/环氧
纵向杨氏模量 E_1/GPa	54	207	207	76
横向杨氏模量 E_2/GPa	18	21	5	5.5
面内泊松比 ν_{12}	0.25	0.3	0.25	0.34
面内剪切模量 G_{12}/GPa	9	9	2.6	2.1

8.2　单层板在材料主方向上的应力–应变关系

在表示各向异性、单对称、正交各向异性、横观各向同性或各向同性材料的三维应力–应变关系式中,如取

$$\sigma_3 = 0, \quad \tau_{23} = 0, \quad \tau_{31} = 0 \tag{8.2.1}$$

就定义了单层板的平面应力状态. 对正交各向异性材料, 在材料主方向的应变–应力关系简化为

$$
\left\{ \begin{array}{c} \varepsilon_1 \\ \varepsilon_2 \\ \gamma_{12} \end{array} \right\} = \left[\begin{array}{ccc} C_{11} & C_{12} & 0 \\ C_{12} & C_{22} & 0 \\ 0 & 0 & C_{66} \end{array} \right] \left\{ \begin{array}{c} \sigma_1 \\ \sigma_2 \\ \tau_{12} \end{array} \right\}
\tag{8.2.2}
$$

其中柔度系数可用工程常数表示为

$$
C_{11} = \frac{1}{E_1}, \quad C_{12} = -\frac{\nu_{12}}{E_1} = -\frac{\nu_{21}}{E_2}, \quad C_{22} = \frac{1}{E_2}, \quad C_{66} = \frac{1}{G_{12}}
\tag{8.2.3}
$$

这意味着应变

$$
\varepsilon_3 = C_{13}\sigma_1 + C_{23}\sigma_2, \quad \gamma_{23} = 0, \quad \gamma_{31} = 0
\tag{8.2.4}
$$

为了确定方程 (8.2.4) 中的 ε_3, 除了必须知道方程 (8.2.3) 中的工程常数外, 还必须知道 ν_{13} 和 ν_{23} 来确定方程 (8.2.4) 的 C_{13} 和 C_{23}.

可以由应变–应力关系式 (8.2.2) 求得应力–应变关系式

$$
\left\{ \begin{array}{c} \sigma_1 \\ \sigma_2 \\ \tau_{12} \end{array} \right\} = \left[\begin{array}{ccc} Q_{11} & Q_{12} & 0 \\ Q_{12} & Q_{22} & 0 \\ 0 & 0 & Q_{66} \end{array} \right] \left\{ \begin{array}{c} \varepsilon_1 \\ \varepsilon_2 \\ \gamma_{12} \end{array} \right\}
\tag{8.2.5}
$$

其中 Q_{ij} 就是二维刚度系数, 可用柔度系数表示为

$$
Q_{11} = \frac{C_{22}}{C_{11}C_{22} - C_{12}^2}, \quad Q_{12} = -\frac{C_{12}}{C_{11}C_{22} - C_{12}^2}
$$

$$
Q_{22} = -\frac{C_{11}}{C_{11}C_{22} - C_{12}^2}, \quad Q_{66} = \frac{1}{C_{66}}
\tag{8.2.6}
$$

或用工程常数表示为

$$
Q_{11} = \frac{E_1}{1 - \nu_{12}\nu_{21}}, \quad Q_{12} = \frac{\nu_{12}E_2}{1 - \nu_{12}\nu_{21}} = \frac{\nu_{21}E_1}{1 - \nu_{12}\nu_{21}}
$$

$$
Q_{22} = \frac{E_2}{1 - \nu_{12}\nu_{21}}, \quad Q_{66} = G_{12}
\tag{8.2.7}
$$

上述的应力–应变和应变–应力关系式是在其自身平面内作用着外力的单层板的刚度和应力分析的基础. 因而, 这些关系式也是层合板分析所必不可少的.

由方程 (8.2.4) 和方程 (8.2.7), 并加上互等关系式

$$
\frac{\nu_{12}}{E_1} = \frac{\nu_{21}}{E_2}
\tag{8.2.8}
$$

在方程 (8.2.3) 和方程 (8.2.7) 中有四个独立的弹性常数 E_1, E_2, ν_{12} 和 G_{12}.

对于各向同性材料, 在平面应力状态下的应变–应力关系式为

$$\left\{ \begin{array}{c} \varepsilon_1 \\ \varepsilon_2 \\ \gamma_{12} \end{array} \right\} = \left[\begin{array}{ccc} C_{11} & C_{12} & 0 \\ C_{12} & C_{22} & 0 \\ 0 & 0 & 2(C_{11} - C_{12}) \end{array} \right] \left\{ \begin{array}{c} \sigma_1 \\ \sigma_2 \\ \tau_{12} \end{array} \right\} \tag{8.2.9}$$

其中

$$C_{11} = \frac{1}{E}, \quad C_{12} = -\frac{\nu}{E} \tag{8.2.10}$$

应力–应变关系式为

$$\left\{ \begin{array}{c} \sigma_1 \\ \sigma_2 \\ \tau_{12} \end{array} \right\} = \left[\begin{array}{ccc} Q_{11} & Q_{12} & 0 \\ Q_{12} & Q_{11} & 0 \\ 0 & 0 & Q_{66} \end{array} \right] \left\{ \begin{array}{c} \varepsilon_1 \\ \varepsilon_2 \\ \gamma_{12} \end{array} \right\} \tag{8.2.11}$$

其中

$$Q_{11} = \frac{E}{1 - \nu^2}, \quad Q_{12} = \frac{\nu E}{1 - \nu^2}, \quad Q_{66} = \frac{E}{2(1 + \nu)} = G \tag{8.2.12}$$

这个各向同性材料关系式, 可由正交各向异性材料关系式令 $E_1 = E_2$ 和 $G_{12} = G$ 得到。

8.3　单层板在任意方向上的应力-应变关系

在 8.2 节中, 应力和应变是定义在正交各向异性材料的主方向上的。但是, 正交各向异性材料的主方向常和建立的物体坐标轴方向不一致, 例如, 螺旋缠绕玻璃纤维增强圆柱壳 (如图 8.2 所示)。这里, 壳问题需要的坐标是壳坐标系 x, y, z, 而材料主方向坐标是 x', y', z'。缠绕角由 $\cos(y', y) = \cos \alpha$ 决定, $z' = z$。其他例子有以不同定向的不同单层板层合的层合板。这样, 需要一个材料主方向的应力、应变和物体坐标轴方向的应力、应变之间的关系式。因此, 把一个坐标系中的应力–应变关系式转换到另一坐标系中的方法是必需的。

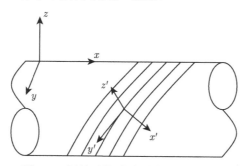

图 8.2　螺旋缠绕玻璃纤维增强圆柱壳

在材料力学中，用 1-2 坐标系中的应力来表示 xy 坐标系中应力的转换方程为

$$\left\{\begin{array}{c} \sigma_x \\ \sigma_y \\ \tau_{xy} \end{array}\right\} = \left[\begin{array}{ccc} \cos^2\theta & \sin^2\theta & -2\sin\theta\cos\theta \\ \sin^2\theta & \cos^2\theta & 2\sin\theta\cos\theta \\ \sin\theta\cos\theta & -\sin\theta\cos\theta & \cos^2\theta-\sin^2\theta \end{array}\right] \left\{\begin{array}{c} \sigma_1 \\ \sigma_2 \\ \tau_{12} \end{array}\right\} \tag{8.3.1}$$

其中 θ 是从 x 轴转向 1 轴的角度 (图 8.3)。特别应该注意的是，这个转换只是应力的旋转而与材料性能无关。

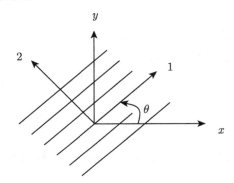

图 8.3　从物体坐标轴 xy 向材料主轴的旋转

同样，应变的转换方程是

$$\left\{\begin{array}{c} \varepsilon_x \\ \varepsilon_y \\ \dfrac{\gamma_{xy}}{2} \end{array}\right\} = \left[\begin{array}{ccc} \cos^2\theta & \sin^2\theta & -2\sin\theta\cos\theta \\ \sin^2\theta & \cos^2\theta & 2\sin\theta\cos\theta \\ \sin\theta\cos\theta & -\sin\theta\cos\theta & \cos^2\theta-\sin^2\theta \end{array}\right] \left\{\begin{array}{c} \varepsilon_1 \\ \varepsilon_2 \\ \dfrac{\gamma_{12}}{2} \end{array}\right\} \tag{8.3.2}$$

由此可见，如果应用切应变的张量定义 (等于工程切应变的一半)，应变和应力的转换关系式是一致的。

该转换关系式通常写成

$$\left\{\begin{array}{c} \sigma_x \\ \sigma_y \\ \tau_{xy} \end{array}\right\} = \boldsymbol{T}^{-1} \left\{\begin{array}{c} \sigma_1 \\ \sigma_2 \\ \tau_{12} \end{array}\right\} \tag{8.3.3}$$

$$\left\{\begin{array}{c} \varepsilon_x \\ \varepsilon_y \\ \dfrac{\gamma_{xy}}{2} \end{array}\right\} = \boldsymbol{T}^{-1} \left\{\begin{array}{c} \varepsilon_1 \\ \varepsilon_2 \\ \dfrac{\gamma_{12}}{2} \end{array}\right\} \tag{8.3.4}$$

其中上标 -1 表示矩阵的逆矩阵，而

$$\boldsymbol{T} = \begin{bmatrix} \cos^2\theta & \sin^2\theta & 2\sin\theta\cos\theta \\ \sin^2\theta & \cos^2\theta & -2\sin\theta\cos\theta \\ -\sin\theta\cos\theta & \sin\theta\cos\theta & \cos^2\theta - \sin^2\theta \end{bmatrix} \tag{8.3.5}$$

如果引入路透矩阵

$$\boldsymbol{R} = \begin{bmatrix} 1 & 0 & 0 \\ 0 & 1 & 0 \\ 0 & 0 & 2 \end{bmatrix} \tag{8.3.6}$$

则可用更为自然的应变向量

$$\left\{ \begin{array}{c} \varepsilon_1 \\ \varepsilon_2 \\ \gamma_{12} \end{array} \right\} = \boldsymbol{R} \left\{ \begin{array}{c} \varepsilon_1 \\ \varepsilon_2 \\ \dfrac{\gamma_{12}}{2} \end{array} \right\} \tag{8.3.7}$$

$$\left\{ \begin{array}{c} \varepsilon_x \\ \varepsilon_y \\ \gamma_{xy} \end{array} \right\} = \boldsymbol{R} \left\{ \begin{array}{c} \varepsilon_x \\ \varepsilon_y \\ \dfrac{\gamma_{xy}}{2} \end{array} \right\} \tag{8.3.8}$$

来代替在应变转换式和应力–应变转换式中的修正应变向量。路透转换的优点是能应用简明的矩阵符号, 其结果是在刚度和柔度矩阵中, 避免了在不同的行和列中带有麻烦的因子 1/2 和 2。

　　一个所谓的**特殊正交各向异性**的单层板, 它的材料主方向和物体坐标轴相一致, 例如

$$\left\{ \begin{array}{c} \sigma_x \\ \sigma_y \\ \tau_{xy} \end{array} \right\} = \left\{ \begin{array}{c} \sigma_1 \\ \sigma_2 \\ \tau_{12} \end{array} \right\} = \begin{bmatrix} Q_{11} & Q_{12} & 0 \\ Q_{12} & Q_{22} & 0 \\ 0 & 0 & Q_{66} \end{bmatrix} \left\{ \begin{array}{c} \varepsilon_1 \\ \varepsilon_2 \\ \gamma_{12} \end{array} \right\} \tag{8.3.9}$$

这里材料主方向如图 8.3 所示。这些应力–应变关系式应用在正交各向异性单层板材料主方向。

　　但是, 如前所述, 正交各向异性单层板的材料主方向常和物体坐标轴不一致。这并不是说材料不再是正交各向异性的, 而是正如我们刚看到的非自然方式布置的正交各向异性材料, 在相对于材料主方向坐标系有某一角度的坐标系中, 于是, 基本问题是已知主方向的应力–应变关系式, 如何求 xy 坐标方向的应力–应变关系式?

　　应用应力和应变转换式 (8.3.3) 和式 (8.3.4) 与路透矩阵式 (8.3.6), 把方程 (8.3.9) 简写为

$$\left\{ \begin{array}{c} \sigma_1 \\ \sigma_2 \\ \tau_{12} \end{array} \right\} = \boldsymbol{Q} \left\{ \begin{array}{c} \varepsilon_1 \\ \varepsilon_2 \\ \gamma_{12} \end{array} \right\} \tag{8.3.10}$$

得到

$$\left\{ \begin{array}{c} \sigma_x \\ \sigma_y \\ \tau_{xy} \end{array} \right\} = \boldsymbol{T}^{-1} \boldsymbol{Q} \boldsymbol{R} \boldsymbol{T} \boldsymbol{R}^{-1} \left\{ \begin{array}{c} \varepsilon_x \\ \varepsilon_y \\ \gamma_{xy} \end{array} \right\} \tag{8.3.11}$$

$\boldsymbol{R} \boldsymbol{T} \boldsymbol{R}^{-1}$ 可以表示为 $\boldsymbol{T}^{-\mathrm{T}}$,上标 T 表示矩阵的转置,如用简写

$$\bar{\boldsymbol{Q}} = \boldsymbol{T}^{-1} \boldsymbol{Q} \boldsymbol{T}^{-\mathrm{T}} \tag{8.3.12}$$

则在 xy 坐标系中应力–应变关系式为

$$\left\{ \begin{array}{c} \sigma_x \\ \sigma_y \\ \tau_{xy} \end{array} \right\} = \bar{\boldsymbol{Q}} \left\{ \begin{array}{c} \varepsilon_x \\ \varepsilon_y \\ \gamma_{xy} \end{array} \right\} = \left[\begin{array}{ccc} \bar{Q}_{11} & \bar{Q}_{12} & \bar{Q}_{16} \\ \bar{Q}_{12} & \bar{Q}_{22} & \bar{Q}_{26} \\ \bar{Q}_{16} & \bar{Q}_{26} & \bar{Q}_{66} \end{array} \right] \left\{ \begin{array}{c} \varepsilon_x \\ \varepsilon_y \\ \gamma_{xy} \end{array} \right\} \tag{8.3.13}$$

式中

$$\bar{Q}_{11} = Q_{11} \cos^4 \theta + 2 \left(Q_{12} + 2Q_{66} \right) \sin^2 \theta \cos^2 \theta + Q_{22} \sin^4 \theta$$

$$\bar{Q}_{12} = \left(Q_{11} + Q_{22} - 4Q_{66} \right) \sin^2 \theta \cos^2 \theta + Q_{12} \left(\sin^4 \theta + \cos^4 \theta \right)$$

$$\bar{Q}_{22} = Q_{11} \sin^4 \theta + 2 \left(Q_{12} + 2Q_{66} \right) \sin^2 \theta \cos^2 \theta + Q_{22} \cos^4 \theta$$

$$\bar{Q}_{16} = \left(Q_{11} - Q_{22} - 2Q_{66} \right) \sin \theta \cos^3 \theta + \left(Q_{12} - Q_{22} + 2Q_{66} \right) \sin^3 \theta \cos \theta$$

$$\bar{Q}_{26} = \left(Q_{11} - Q_{22} - 2Q_{66} \right) \sin^3 \theta \cos \theta + \left(Q_{12} - Q_{22} + 2Q_{66} \right) \sin \theta \cos^3 \theta$$

$$\bar{Q}_{66} = \left(Q_{11} + Q_{22} - 2Q_{12} - 2Q_{66} \right) \sin^2 \theta \cos^2 \theta + Q_{66} \left(\sin^4 \theta + \cos^4 \theta \right)$$

$$\tag{8.3.14}$$

其中矩阵 $\bar{Q}_{ij}$ 上的一横表示二维矩阵 Q_{ij} 的转换矩阵。

转换后的二维刚度矩阵 $\bar{Q}_{ij}$ 占据了所有的 9 项位置,这与有零存在的二维刚度矩阵 Q_{ij} 大不相同。但是,由于单层板是正交各向异性的,所以仍然只有 4 个独立的材料常数。在物体坐标 x 和 y 的一般情况下,切应变和正应力之间以及切应力和正应变之间存在着耦合影响。因而在物体坐标中,即使是正交各向异性单层板也显示各向异性性质。这样的单层板在材料主方向上具有正交各向异性特征,它就是所谓的**广义正交各向异性单层板**,可以用应力–应变关系式 (8.3.13) 表示。从刚度矩阵的形式上看,广义正交各向异性单层板与各向异性单层板都是满阵。

广义正交各向异性单层板相对于各向异性单层板的有利之处仅在于前者存在材料主方向,这容易用实验来表征。但是,如果不知道材料主方向存在,那么广义正交各向异性单层板和各向异性单层板就无法区别了。

作为前面叙述的另一种方法，我们用物体坐标中的应力来表示应变，既可以用逆转应力-应变关系式 (8.3.13)，也可以用材料主方向的应变-应力关系转换式 (8.2.2)

$$
\left\{\begin{array}{c} \varepsilon_1 \\ \varepsilon_2 \\ \gamma_{12} \end{array}\right\} = \left[\begin{array}{ccc} C_{11} & C_{12} & 0 \\ C_{12} & C_{22} & 0 \\ 0 & 0 & C_{66} \end{array}\right] \left\{\begin{array}{c} \sigma_1 \\ \sigma_2 \\ \tau_{12} \end{array}\right\} \tag{8.3.15}
$$

转换到物体坐标方向。我们选择第二个方法，并应用方程 (8.3.3) 和方程 (8.3.4) 的转换式及路透矩阵方程 (8.3.6)，得到

$$
\left\{\begin{array}{c} \varepsilon_x \\ \varepsilon_y \\ \gamma_{xy} \end{array}\right\} = \boldsymbol{T}^{\mathrm{T}} \boldsymbol{C} \boldsymbol{T} \left\{\begin{array}{c} \sigma_x \\ \sigma_y \\ \tau_{xy} \end{array}\right\} = \left[\begin{array}{ccc} \bar{C}_{11} & \bar{C}_{12} & \bar{C}_{16} \\ \bar{C}_{12} & \bar{C}_{22} & \bar{C}_{26} \\ \bar{C}_{16} & \bar{C}_{26} & \bar{C}_{66} \end{array}\right] \left\{\begin{array}{c} \sigma_x \\ \sigma_y \\ \tau_{xy} \end{array}\right\} \tag{8.3.16}
$$

可以看到式中 $\boldsymbol{T}^{\mathrm{T}}$ 就是 $\boldsymbol{R}\boldsymbol{T}^{-1}\boldsymbol{R}^{-1}$，且

$$
\begin{aligned}
\bar{C}_{11} &= C_{11}\cos^4\theta + (2C_{12} + C_{66})\sin^2\theta\cos^2\theta + C_{22}\sin^4\theta \\
\bar{C}_{12} &= (C_{11} + C_{22} - C_{66})\sin^2\theta\cos^2\theta + C_{12}\left(\sin^4\theta + \cos^4\theta\right) \\
\bar{C}_{22} &= C_{11}\sin^4\theta + (2C_{12} + C_{66})\sin^2\theta\cos^2\theta + C_{22}\cos^4\theta \\
\bar{C}_{16} &= (2C_{11} - 2C_{22} - C_{66})\sin\theta\cos^3\theta + (2C_{22} - 2C_{12} + C_{66})\sin^3\theta\cos\theta \\
\bar{C}_{26} &= (2C_{11} - 2C_{22} - C_{66})\sin^3\theta\cos\theta + (2C_{22} - 2C_{12} + C_{66})\sin\theta\cos^3\theta \\
\bar{C}_{66} &= 2\left(2C_{11} + 2C_{22} - 4C_{12} - C_{66}\right)\sin^2\theta\cos^2\theta + C_{66}\left(\sin^4\theta + \cos^4\theta\right)
\end{aligned} \tag{8.3.17}
$$

其中 C_{ij} 是由方程 (8.2.3) 用工程常数定义的。

由于方程 (8.3.13) 中 $\bar{Q}_{16}$ 和 $\bar{Q}_{26}$ 及方程 (8.3.16) 中 $\bar{C}_{16}$ 和 $\bar{C}_{26}$ 的存在，得到广义正交各向异性单层板问题的解比得到特殊正交各向异性单层板问题的解要困难得多。事实上，广义正交各向异性单层板和各向异性单层板的解之间并不存在什么区别，在平面应力情况下，后者的应力-应变关系式可以写成

$$
\left\{\begin{array}{c} \sigma_1 \\ \sigma_2 \\ \tau_{12} \end{array}\right\} = \left[\begin{array}{ccc} Q_{11} & Q_{12} & Q_{16} \\ Q_{12} & Q_{22} & Q_{26} \\ Q_{16} & Q_{26} & Q_{66} \end{array}\right] \left\{\begin{array}{c} \varepsilon_1 \\ \varepsilon_2 \\ \gamma_{12} \end{array}\right\} \tag{8.3.18}
$$

或可写成逆转式：

$$
\left\{\begin{array}{c} \varepsilon_1 \\ \varepsilon_2 \\ \gamma_{12} \end{array}\right\} = \left[\begin{array}{ccc} C_{11} & C_{12} & C_{16} \\ C_{12} & C_{22} & C_{26} \\ C_{16} & C_{26} & C_{66} \end{array}\right] \left\{\begin{array}{c} \sigma_1 \\ \sigma_2 \\ \tau_{12} \end{array}\right\} \tag{8.3.19}
$$

其中用工程常数表示的各向异性柔度矩阵为

$$C_{11} = \frac{1}{E_1}, \quad C_{12} = -\frac{\nu_{12}}{E_1} = -\frac{\nu_{21}}{E_2}, \quad C_{22} = \frac{1}{E_2}, \quad C_{66} = \frac{1}{G_{12}}$$

$$C_{16} = \frac{\eta_{12,1}}{E_1} = \frac{\eta_{1,12}}{G_{12}}, \quad C_{26} = \frac{\eta_{12,2}}{E_2} = \frac{\eta_{2,12}}{G_{12}} \tag{8.3.20}$$

注意到使用了一些新的工程常数。这些新常数称为**相互影响系数**,是由列赫尼茨基引进的,并且定义 $\eta_{i,ij}$ 为第一类相互影响系数,用来表示由 ij 平面内的剪切引起的 i 方向的伸长,即当 $\tau_{ij} = \tau$,其他应力皆为零时

$$\eta_{i,ij} = \frac{\varepsilon_i}{\gamma_{ij}} \tag{8.3.21}$$

$\eta_{ij,i}$ 定义为第二类相互影响系数,用来表示由 i 方向正应力所引起的 ij 平面内的剪切,即当 $\sigma_i = \sigma$,其他应力皆为零时

$$\eta_{ij,i} = \frac{\gamma_{ij}}{\varepsilon_i} \tag{8.3.22}$$

其他的各向异性弹性关系式可用来定义**钦卓夫系数**,该系数是对切应力和切应变的,而泊松比是对正应力和正应变的。然而,在平面应力情况下,钦卓夫系数不影响单层板平面内的性能,因为该系数同 C_{45}, C_{46} 和 C_{56} 有关。

钦卓夫系数描述由 kl 平面切应力所引起的 ij 平面内的切应变,钦卓夫系数的定义为,当 $\tau_{kl} = \tau$,其他应力皆为零时

$$\mu_{ij,kl} = \frac{\gamma_{ij}}{\gamma_{kl}} \tag{8.3.23}$$

系数满足互等关系

$$\frac{\mu_{ij,kl}}{G_{kl}} = \frac{\mu_{kl,ij}}{G_{ij}} \tag{8.3.24}$$

于是,由单层板平面内切应力和正应力引起的在平面外的切应变是

$$\gamma_{13} = \frac{\eta_{1,13}\sigma_1 + \eta_{2,13}\sigma_2 + \mu_{12,13}\tau_{12}}{G_{13}}$$
$$\gamma_{23} = \frac{\eta_{2,23}\sigma_1 + \eta_{2,23}\sigma_2 + \mu_{12,23}\tau_{12}}{G_{23}} \tag{8.3.25}$$

这里,钦卓夫系数和第一类相互影响系数都是必需的。注意,对于正交各向异性材料,除非在非材料主方向受力,否则这两个切应变都不会发生。在这种情况下,钦卓夫系数和相互影响系数将通过转换后的柔度矩阵得到。

把转换后的正交各向异性柔度矩阵方程 (8.3.17) 和用工程常数表示的各向异性关系来表示相互影响系数。在方程 (8.3.19) 中,重新选定坐标 1 和 2 作为 x 和

y，因为根据定义，各向异性材料没有材料主方向。于是，把方程 (8.3.20) 和正交各向异性柔度矩阵方程 (8.2.4) 代入方程 (8.3.17)。最后，在非主方向的 xy 坐标系中受力的正交各向异性单层板的工程常数是

$$\frac{1}{E_x} = \frac{1}{E_1}\cos^4\theta + \left(\frac{1}{G_{12}} - \frac{2\nu_{12}}{E_1}\right)\sin^2\theta\cos^2\theta + \frac{1}{E_2}\sin^4\theta$$

$$\nu_{xy} = E_x\left[\frac{\nu_{12}}{E_1}(\sin^4\theta + \cos^4\theta) - \left(\frac{1}{E_1} + \frac{1}{E_2} - \frac{1}{G_{12}}\right)\sin^2\theta\cos^2\theta\right]$$

$$\frac{1}{E_y} = \frac{1}{E_1}\sin^4\theta + \left(\frac{1}{G_{12}} - \frac{2\nu_{12}}{E_1}\right)\sin^2\theta\cos^2\theta + \frac{1}{E_2}\cos^4\theta$$

$$\frac{1}{G_{xy}} = 2\left(\frac{2}{E_1} + \frac{2}{E_2} + \frac{4\nu_{12}}{E_1} - \frac{1}{G_{12}}\right)\sin^2\theta\cos^2\theta + \frac{1}{G_{12}}(\sin^4\theta + \cos^4\theta)$$

$$\eta_{xy,x} = E_x\left[\left(\frac{2}{E_1} + \frac{2\nu_{12}}{E_1} - \frac{1}{G_{12}}\right)\sin\theta\cos^3\theta - \left(\frac{2}{E_2} + \frac{2\nu_{12}}{E_1} - \frac{1}{G_{12}}\right)\sin^3\theta\cos\theta\right]$$

$$\eta_{xy,y} = E_y\left[\left(\frac{2}{E_1} + \frac{2\nu_{12}}{E_1} - \frac{1}{G_{12}}\right)\sin^3\theta\cos\theta - \left(\frac{2}{E_2} + \frac{2\nu_{12}}{E_1} - \frac{1}{G_{12}}\right)\sin\theta\cos^3\theta\right]$$

$$(8.3.26)$$

相互影响系数存在的一个重要结论是，复合材料的偏轴向 (非材料主方向) 拉伸引起轴向伸长和剪切变形。

习　题

8.1　高弹性模量石墨/环氧是一种 $E_1 = 30 \times 10^6$ 磅力/英寸 ^{2}，$E_2 = 0.75 \times 10^6$ 磅力/英寸 ^{2}，$G_{12} = 0.375 \times 10^6$ 磅力/英寸 ^{2}，$\nu_{12} = 0.25$ 的正交各向异性材料。以 θ 为函数，绘出由 $\theta = 0° \sim 90°$ 的高弹性模量石墨/环氧的 $E_x, E_y, G_{xy}, \nu_{xy}, \eta_{xy,x}, \eta_{xy,y}$ 图。

8.2　证明：以 θ 为函数的正交各向异性材料表观弹性模量，即方程 (8.3.26) 中的第一个方程，可以写成如下形式

$$\frac{E_1}{E_x} = (1 + a - 4b)\cos^4\theta + (4b - 2a)\cos^2\theta + a$$

其中 $a = \dfrac{E_1}{E_2}$，$b = \dfrac{1}{4}\left(\dfrac{E_1}{G_{12}} - 2\nu_{12}\right)$。

8.3　证明：$\boldsymbol{R}\,\boldsymbol{T}\,\boldsymbol{R}^{-1} = \boldsymbol{T}^{-\mathrm{T}}$，$\boldsymbol{R}\,\boldsymbol{T}^{-1}\boldsymbol{R}^{-1} = \boldsymbol{T}^{\mathrm{T}}$。

8.4　推导方程 (8.3.16)，即对于正交各向异性单层板，在整体坐标系下用应力表示应变。

第9章　层合板的宏观力学性能

　　层合板是由若干单层板叠压而成。单向纤维的单层板沿纤维方向力学性能较好，而在与纤维垂直方向性能较差。工程实际中的复合材料一般做成层合结构，即将不同方向的单层板层叠在一起，每层的纤维方向是相同的，不同层之间纤维有一定的夹角，如图 9.1 所示。层合结构可以提高复合材料的整体宏观力学性能，有利于发挥材料的最佳性能，满足工程对材料力学性能的要求。在本章中，我们把层合板看作各向异性的连续体，分析层合板的宏观力学性能。本章主要介绍经典层合理论，简要介绍几种高阶理论。

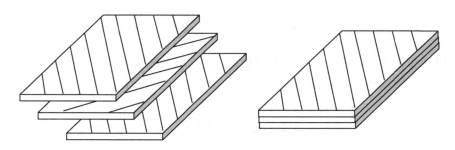

图 9.1　单层板叠压成层合板

9.1　经典层合理论

　　经典层合理论 (classical lamination theory，CLT) 是建立在薄板假设的基础上。这一理论从基本的单层板出发，最后得到层合板结构的刚度性能。

9.1.1　层合板中单层的应力–应变关系

　　在平面应力状态下，正交各向异性单层板在材料主方向上的应力–应变关系为

$$\left\{ \begin{array}{c} \sigma_1 \\ \sigma_2 \\ \tau_{12} \end{array} \right\} = \left[\begin{array}{ccc} Q_{11} & Q_{12} & 0 \\ Q_{12} & Q_{22} & 0 \\ 0 & 0 & Q_{66} \end{array} \right] \left\{ \begin{array}{c} \varepsilon_1 \\ \varepsilon_2 \\ \gamma_{12} \end{array} \right\} \tag{9.1.1}$$

其中二维刚度 Q_{ij} 可以用工程常数确定。在单层板平面内任意坐标系中的应力为

$$\left\{ \begin{array}{c} \sigma_x \\ \sigma_y \\ \tau_{xy} \end{array} \right\} = \left[\begin{array}{ccc} \bar{Q}_{11} & \bar{Q}_{12} & \bar{Q}_{16} \\ \bar{Q}_{12} & \bar{Q}_{22} & \bar{Q}_{26} \\ \bar{Q}_{16} & \bar{Q}_{26} & \bar{Q}_{66} \end{array} \right] \left\{ \begin{array}{c} \varepsilon_x \\ \varepsilon_y \\ \gamma_{xy} \end{array} \right\} \tag{9.1.2}$$

式中二维刚度 $\bar{Q}_{ij}$ 由二维刚度 Q_{ij} 通过坐标转换给出。

在确定层合板刚度时，由于组分单层板的任意定向，任意坐标下的应力–应变关系方程 (9.1.2) 是有用的。方程 (9.1.1) 和方程 (9.1.2) 两者都可以设想为多层层合板第 k 层的应力–应变关系。方程 (9.1.2) 可写为

$$\{\sigma\}_k = \left[\bar{Q} \right]_k \{\varepsilon\}_k \tag{9.1.3}$$

9.1.2 层合板的应变和应力

确定层合板的拉伸和弯曲刚度，沿着层合板厚度的应力和应变变化知识是重要的。假定层合板是由黏接得很好的许多单层板组成的，黏接是非常薄的且没有剪切变形，即单层板边界两边的位移是连续的，层间不能滑移。因而，层合板相当于一块具有非常特殊性能的单层板，仍像一块单层板材料一样。

如果层合板是薄的，假设垂直于层合板中面的一根初始直法线，在层合板承受拉伸和弯曲后仍保持直线并垂直于中面。这相当于忽略了垂直于中面平面内的切应变，即 $\gamma_{xz} = \gamma_{yz} = 0$，式中 z 是中面的法向，如图 9.2 所示。此外，假定法线的长度不变，因而垂直于中面的应变同样忽略不计，即 $\varepsilon_z = 0$。上述对层合板的一些假定，构成了板的 Kirchhoff 假设和壳的 Kirchhoff-Love 假设。注意并没有作出层合板的几何限制，事实上层合板可以是曲面或类似于壳体。

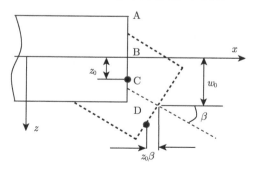

图 9.2 层合板的变形

用层合板在 xz 平面内的横截面变形，如图 9.2 所示，导出 Kirchhoff 假设在 x、y、z 方向的层合板位移 u、v、w 的形式。中面与横截面的交点 B 从变形前到变形后的位移是 $u_0(x,y)$、$v_0(x,y)$ 和 $w_0(x,y)$，则直线 $ABCD$ 在层合板变形后仍为

直线, 其上任一点 C 在 x 方向的位移为

$$u = u_0 - z_0\beta \tag{9.1.4}$$

直线 $ABCD$ 在变形后仍垂直于中面, β 是层合板中面在 x 方向的斜率, 即

$$\beta = \frac{\partial w_0}{\partial x} \tag{9.1.5}$$

因此, 在层合板厚度上任一点 z 的位移 $u(x, y, z)$ 为

$$u(x, y, z) = u_0(x, y) - z\frac{\partial w_0(x, y)}{\partial x} \tag{9.1.6}$$

同理, y 方向的位移 $v(x, y, z)$ 为

$$v(x, y, z) = v_0(x, y) - z\frac{\partial w_0(x, y)}{\partial y} \tag{9.1.7}$$

根据 Kirchhoff 假设, 即 $\varepsilon_z = \gamma_{xz} = \gamma_{yz} = 0$, 层合板应变已经减少为 ε_x、ε_y 和 γ_{xy}。对于小应变 (线弹性), 应变由位移确定:

$$\varepsilon_x = \frac{\partial u}{\partial x}, \quad \varepsilon_y = \frac{\partial v}{\partial y}, \quad \gamma_{xy} = \frac{\partial u}{\partial y} + \frac{\partial v}{\partial x} \tag{9.1.8}$$

于是, 对于在方程 (9.1.6) 和方程 (9.1.7) 导出的位移, 应变为

$$\varepsilon_x = \frac{\partial u_0}{\partial x} - z\frac{\partial^2 w_0}{\partial x^2}, \quad \varepsilon_y = \frac{\partial v_0}{\partial y} - z\frac{\partial^2 w_0}{\partial y^2}$$

$$\gamma_{xy} = \frac{\partial u_0}{\partial y} + \frac{\partial v_0}{\partial x} - 2z\frac{\partial^2 w_0}{\partial x \partial y} \tag{9.1.9}$$

或

$$\left\{ \begin{array}{c} \varepsilon_x \\ \varepsilon_y \\ \gamma_{xy} \end{array} \right\} = \left\{ \begin{array}{c} \varepsilon_x^0 \\ \varepsilon_y^0 \\ \gamma_{xy}^0 \end{array} \right\} + z \left\{ \begin{array}{c} \kappa_x \\ \kappa_y \\ \kappa_{xy} \end{array} \right\} \tag{9.1.10}$$

式中, 中面应变为

$$\left\{ \begin{array}{c} \varepsilon_x^0 \\ \varepsilon_y^0 \\ \gamma_{xy}^0 \end{array} \right\} = \left\{ \begin{array}{c} \dfrac{\partial u_0}{\partial x} \\[2mm] \dfrac{\partial v_0}{\partial y} \\[2mm] \dfrac{\partial u_0}{\partial y} + \dfrac{\partial v_0}{\partial x} \end{array} \right\} \tag{9.1.11}$$

中面曲率为

$$
\left\{
\begin{array}{c}
\kappa_x \\
\kappa_y \\
\kappa_{xy}
\end{array}
\right\} = -
\left\{
\begin{array}{c}
\dfrac{\partial^2 w_0}{\partial x^2} \\[2mm]
\dfrac{\partial^2 w_0}{\partial y^2} \\[2mm]
2\dfrac{\partial^2 w_0}{\partial x \partial y}
\end{array}
\right\}
\tag{9.1.12}
$$

注意, 方程 (9.1.12) 中最后一项为中面的扭曲率。因此, 很容易看出 Kirchhoff 假设意味着在层合板厚度方向上应变是线性变化的。基于方程 (9.1.8) 中应变–位移的关系, 上述应变分析仅对小变形层合板是正确的。

将沿厚度变化的应变方程 (9.1.10) 代入应力–应变关系式 (9.1.3), 第 k 层的应力可以用层合板中面的应变和曲率表示如下

$$
\left\{
\begin{array}{c}
\sigma_x \\
\sigma_y \\
\tau_{xy}
\end{array}
\right\}_k =
\left[
\begin{array}{ccc}
\bar{Q}_{11} & \bar{Q}_{12} & \bar{Q}_{16} \\
\bar{Q}_{12} & \bar{Q}_{22} & \bar{Q}_{26} \\
\bar{Q}_{16} & \bar{Q}_{26} & \bar{Q}_{66}
\end{array}
\right]_k
\left\{
\left\{
\begin{array}{c}
\varepsilon_x^0 \\
\varepsilon_y^0 \\
\gamma_{xy}^0
\end{array}
\right\} + z
\left\{
\begin{array}{c}
\kappa_x \\
\kappa_y \\
\kappa_{xy}
\end{array}
\right\}
\right\}
\tag{9.1.13}
$$

因为层合板每层的 $\bar{Q}_{ij}$ 可以是不同的, 即使沿层合板厚度的应变变化是线性的, 其应力变化也未必是线性的。典型的应变和应力变化示于图 9.3 中。

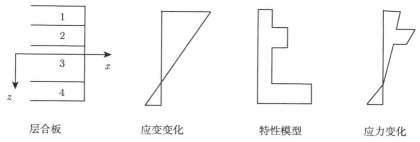

| 层合板 | 应变变化 | 特性模型 | 应力变化 |

图 9.3 假定的沿层合板厚度的应变和应力变化

9.1.3 层合板的合力和合力矩

作用于层合板上的合力和合力矩是由沿着层合板厚度方向积分各单层板上的应力而得到的, 例如

$$
N_x = \int_{-\frac{t}{2}}^{\frac{t}{2}} \sigma_x \mathrm{d}z, \quad M_x = \int_{-\frac{t}{2}}^{\frac{t}{2}} \sigma_x z \mathrm{d}z, \quad M_y = \int_{-\frac{t}{2}}^{\frac{t}{2}} \sigma_y z \mathrm{d}z
\tag{9.1.14}
$$

实际上, N_x 是层合板横截面单位长度 (或宽度) 上的力。同样, M_x 是单位长度上的力矩。在图 9.4(a) 和 (b) 中描述了 N 层层合板上的全部合力和合力矩, 并分别定义为

$$\left\{\begin{array}{c} N_x \\ N_y \\ N_{xy} \end{array}\right\} = \int_{-\frac{t}{2}}^{\frac{t}{2}} \left\{\begin{array}{c} \sigma_x \\ \sigma_y \\ \tau_{xy} \end{array}\right\} \mathrm{d}z = \sum_{k=1}^{N} \int_{z_{k-1}}^{z_k} \left\{\begin{array}{c} \sigma_x \\ \sigma_y \\ \tau_{xy} \end{array}\right\} \mathrm{d}z \qquad (9.1.15)$$

$$\left\{\begin{array}{c} M_x \\ M_y \\ M_{xy} \end{array}\right\} = \int_{-\frac{t}{2}}^{\frac{t}{2}} \left\{\begin{array}{c} \sigma_x \\ \sigma_y \\ \tau_{xy} \end{array}\right\} z\mathrm{d}z = \sum_{k=1}^{N} \int_{z_{k-1}}^{z_k} \left\{\begin{array}{c} \sigma_x \\ \sigma_y \\ \tau_{xy} \end{array}\right\} z\mathrm{d}z \qquad (9.1.16)$$

式中 z_k 和 z_{k-1} 由图 9.5 确定。注意 $z_0 = -t/2$。这些合力和合力矩在积分后与 z 无关。

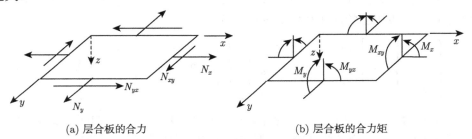

(a) 层合板的合力　　　　　　　　　　　(b) 层合板的合力矩

图 9.4　层合板的合力和合力矩

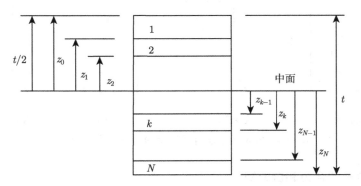

图 9.5　N 层层合板的几何性质

将单层板应力–应变关系式 (9.1.13) 代入式 (9.1.15) 和式 (9.1.16) 后，刚度矩阵可以从每一层的积分号中提出来，但必须在每层的合力和合力矩的求和号之内。

$$\left\{\begin{array}{c} N_x \\ N_y \\ N_{xy} \end{array}\right\} = \sum_{k=1}^{N} \left[\begin{array}{ccc} \bar{Q}_{11} & \bar{Q}_{12} & \bar{Q}_{16} \\ \bar{Q}_{12} & \bar{Q}_{22} & \bar{Q}_{26} \\ \bar{Q}_{16} & \bar{Q}_{26} & \bar{Q}_{66} \end{array}\right]_k \left\{ \int_{z_{k-1}}^{z_k} \left\{\begin{array}{c} \varepsilon_x^0 \\ \varepsilon_y^0 \\ \gamma_{xy}^0 \end{array}\right\} \mathrm{d}z + \int_{z_{k-1}}^{z_k} \left\{\begin{array}{c} \kappa_x \\ \kappa_y \\ \kappa_{xy} \end{array}\right\} z\mathrm{d}z \right\}$$

$$(9.1.17)$$

$$\left\{ \begin{array}{c} M_x \\ M_y \\ M_{xy} \end{array} \right\} = \sum_{k=1}^{N} \left[\begin{array}{ccc} \bar{Q}_{11} & \bar{Q}_{12} & \bar{Q}_{16} \\ \bar{Q}_{12} & \bar{Q}_{22} & \bar{Q}_{26} \\ \bar{Q}_{16} & \bar{Q}_{26} & \bar{Q}_{66} \end{array} \right]_k \left\{ \int_{z_{k-1}}^{z_k} \left\{ \begin{array}{c} \varepsilon_x^0 \\ \varepsilon_y^0 \\ \gamma_{xy}^0 \end{array} \right\} z\mathrm{d}z + \int_{z_{k-1}}^{z_k} \left\{ \begin{array}{c} \kappa_x \\ \kappa_y \\ \kappa_{xy} \end{array} \right\} z^2 \mathrm{d}z \right\} \tag{9.1.18}$$

然而，我们应该注意到 ε_x^0、ε_y^0、γ_{xy}^0、κ_x、κ_y 和 κ_{xy} 不是 z 的函数而是中面值，因此可以从求和记号中移出。于是，方程 (9.1.17) 和 (9.1.18) 可分别写成

$$\left\{ \begin{array}{c} N_x \\ N_y \\ N_{xy} \end{array} \right\} = \left[\begin{array}{ccc} A_{11} & A_{12} & A_{16} \\ A_{12} & A_{22} & A_{26} \\ A_{16} & A_{26} & A_{66} \end{array} \right] \left\{ \begin{array}{c} \varepsilon_x^0 \\ \varepsilon_y^0 \\ \gamma_{xy}^0 \end{array} \right\} + \left[\begin{array}{ccc} B_{11} & B_{12} & B_{16} \\ B_{12} & B_{22} & B_{26} \\ B_{16} & B_{26} & B_{66} \end{array} \right] \left\{ \begin{array}{c} \kappa_x \\ \kappa_y \\ \kappa_{xy} \end{array} \right\} \tag{9.1.19}$$

$$\left\{ \begin{array}{c} M_x \\ M_y \\ M_{xy} \end{array} \right\} = \left[\begin{array}{ccc} B_{11} & B_{12} & B_{16} \\ B_{12} & B_{22} & B_{26} \\ B_{16} & B_{26} & B_{66} \end{array} \right] \left\{ \begin{array}{c} \varepsilon_x^0 \\ \varepsilon_y^0 \\ \gamma_{xy}^0 \end{array} \right\} + \left[\begin{array}{ccc} D_{11} & D_{12} & D_{16} \\ D_{12} & D_{22} & D_{26} \\ D_{16} & D_{26} & D_{66} \end{array} \right] \left\{ \begin{array}{c} \kappa_x \\ \kappa_y \\ \kappa_{xy} \end{array} \right\} \tag{9.1.20}$$

式中

$$A_{ij} = \sum_{k=1}^{N} \left(\bar{Q}_{ij} \right)_k \left(z_k - z_{k-1} \right)$$

$$B_{ij} = \frac{1}{2} \sum_{k=1}^{N} \left(\bar{Q}_{ij} \right)_k \left(z_k^2 - z_{k-1}^2 \right) \tag{9.1.21}$$

$$D_{ij} = \frac{1}{3} \sum_{k=1}^{N} \left(\bar{Q}_{ij} \right)_k \left(z_k^3 - z_{k-1}^3 \right)$$

在方程 (9.1.19)~方程 (9.1.21) 中，A_{ij} 称为**拉伸刚度**，B_{ij} 称为**耦合刚度**，D_{ij} 称为**弯曲刚度**。B_{ij} 的存在意味着层合板在弯曲和拉伸之间有相互耦合。因而，对于有 B_{ij} 项的层合板在受拉力时而没有弯曲或扭转是不可能的，即拉力不仅引起层合板的拉伸变形，而且也使层合板扭转或弯曲。同样，这样一块层合板不可能仅承受力矩，而同时没有中面拉伸。前一种情况可由图 9.6 中的实验得到证实。

如图 9.6 所示是一块两层尼龙增强的层合板，承受着合力 N_x，由于支承的方式，$N_y = N_{xy} = M_x = M_{xy} = 0$。当层合板的材料主方向与层合板的 x 轴成 $+\theta$ 和 $-\theta$ 时，我们能证明

$$N_x = A_{11}\varepsilon_x^0 + A_{12}\varepsilon_y^0 + B_{16}\kappa_{xy}^0 \tag{9.1.22}$$

因此，合力 N_x 产生层合板的扭转，可由除了一般的拉伸应变 ε_x^0 和 ε_y^0 外，还有 κ_{xy} 项得到证明。

图 9.6　两层不对称层合板在拉伸载荷下的扭转

9.2　层合板的耦合刚度 —— 各种特殊情况

为了理解层合板刚度的概念，本节专门讨论层合板的某些特殊情况。本节首先处理单层板结构的刚度，其次讨论对称铺设的层合板，然后描述反对称铺设的层合板，最后讨论完全不对称的层合板。

9.2.1　单层板结构

本小节所处理的特殊单层板结构分别是**各向同性、特殊正交各向异性、广义正交各向异性及各向异性的**。从分析角度来看，广义正交各向异性结构和各向异性层板没有区别，但是广义正交各向异性材料只有四个独立的材料性能。

1. 各向同性单层板

材料性能为 E、ν 和厚度为 t 的各向同性单层板，式 (9.1.21) 的层合板刚度简化为

$$A_{11} = \frac{Et}{1-\nu^2} = A, \quad D_{11} = \frac{Et^3}{12(1-\nu^2)} = D$$

$$A_{12} = \nu A, \quad D_{12} = \nu D$$

$$A_{22} = A, \quad B_{ij} = 0, \quad D_{22} = D$$

$$A_{16} = 0, \quad D_{16} = 0 \tag{9.2.1}$$

$$A_{26} = 0 \quad D_{26} = 0$$

$$A_{66} = \frac{Et}{2(1+\nu)} = \frac{1-\nu}{2}A, \quad D_{66} = \frac{Et^3}{24(1+\nu)} = \frac{1-\nu}{2}D$$

因此,合力仅与层合板中面内的应变有关,而合力矩则仅与中面的曲率有关:

$$\left\{ \begin{array}{c} N_x \\ N_y \\ N_{xy} \end{array} \right\} = \left[\begin{array}{ccc} A & \nu A & 0 \\ \nu A & A & 0 \\ 0 & 0 & \dfrac{1-\nu}{2}A \end{array} \right] \left\{ \begin{array}{c} \varepsilon_x^0 \\ \varepsilon_y^0 \\ \gamma_{xy}^0 \end{array} \right\} \tag{9.2.2}$$

$$\left\{ \begin{array}{c} M_x \\ M_y \\ M_{xy} \end{array} \right\} = \left[\begin{array}{ccc} D & \nu D & 0 \\ \nu D & D & 0 \\ 0 & 0 & \dfrac{1-\nu}{2}D \end{array} \right] \left\{ \begin{array}{c} \kappa_x \\ \kappa_y \\ \kappa_{xy} \end{array} \right\} \tag{9.2.3}$$

因而,各向同性单层板的拉伸与弯曲之间没有耦合影响,并且

$$D = \frac{At^2}{12} \tag{9.2.4}$$

2. 特殊正交各向异性单层板

厚度为 t 和单层板刚度为 Q_{ij} 的特殊正交各向异性单层板,其层合板的刚度为

$$A_{11} = Q_{11}t, \quad D_{11} = \frac{Q_{11}t^3}{12}$$

$$A_{12} = Q_{12}t, \quad D_{12} = \frac{Q_{12}t^3}{12}$$

$$A_{22} = Q_{22}t, \quad B_{ij} = 0, \quad D_{22} = \frac{Q_{22}t^3}{12}$$

$$A_{16} = 0, \quad D_{16} = 0 \tag{9.2.5}$$

$$A_{26} = 0, \quad D_{26} = 0$$

$$A_{66} = Q_{66}t, \quad D_{22} = \frac{Q_{66}t^3}{12}$$

因此,和各向同性单层板一样,合力仅与面内的应变有关,合力矩也仅与曲率有关:

$$\left\{ \begin{array}{c} N_x \\ N_y \\ N_{xy} \end{array} \right\} = \left[\begin{array}{ccc} A_{11} & A_{12} & 0 \\ A_{12} & A_{22} & 0 \\ 0 & 0 & A_{66} \end{array} \right] \left\{ \begin{array}{c} \varepsilon_x^0 \\ \varepsilon_y^0 \\ \gamma_{xy}^0 \end{array} \right\} \tag{9.2.6}$$

$$\left\{ \begin{array}{c} M_x \\ M_y \\ M_{xy} \end{array} \right\} = \left[\begin{array}{ccc} D_{11} & D_{12} & 0 \\ D_{12} & D_{22} & 0 \\ 0 & 0 & D_{66} \end{array} \right] \left\{ \begin{array}{c} \kappa_x \\ \kappa_y \\ \kappa_{xy} \end{array} \right\} \tag{9.2.7}$$

3. 广义正交各向异性单层板

一块厚度为 t 和单层板刚度为 $\bar{Q}_{ij}$ 的广义正交各向异性单层板，其层合板刚度为

$$A_{ij} = \bar{Q}_{ij}t, \quad B_{ij} = 0, \quad D_{ij} = \frac{\bar{Q}_{ij}}{12}t^3 \tag{9.2.8}$$

同样，弯曲和拉伸之间无耦合影响，因而合力和合力矩可分别表示为

$$\left\{ \begin{array}{c} N_x \\ N_y \\ N_{xy} \end{array} \right\} = \left[\begin{array}{ccc} A_{11} & A_{12} & A_{16} \\ A_{12} & A_{22} & A_{26} \\ A_{16} & A_{26} & A_{66} \end{array} \right] \left\{ \begin{array}{c} \varepsilon_x^0 \\ \varepsilon_y^0 \\ \gamma_{xy}^0 \end{array} \right\} \tag{9.2.9}$$

$$\left\{ \begin{array}{c} M_x \\ M_y \\ M_{xy} \end{array} \right\} = \left[\begin{array}{ccc} D_{11} & D_{12} & D_{16} \\ D_{12} & D_{22} & D_{26} \\ D_{16} & D_{26} & D_{66} \end{array} \right] \left\{ \begin{array}{c} \kappa_x \\ \kappa_y \\ \kappa_{xy} \end{array} \right\} \tag{9.2.10}$$

注意，与各向同性单层板和特殊正交各向异性单层板都不同，其拉力既依赖于线应变也依赖于切应变，合切力 N_{xy} 既依赖于线应变 ε_x^0、ε_y^0，也依赖于切应变 γ_{xy}^0，合力矩依赖于曲率 κ_x、κ_y 和扭率 κ_{xy}。

4. 各向异性单层板

广义正交各向异性单层板和各向异性单层板之间在外观上的区别仅在于后者是直接给出单层板刚度 Q_{ij}，而广义正交各向异性单层板的刚度 $\bar{Q}_{ij}$ 则由正交各向异性刚度的坐标转换给出。各向异性层合板刚度为

$$A_{ij} = Q_{ij}t, \quad B_{ij} = 0, \quad D_{ij} = \frac{Q_{ij}}{12}t^3 \tag{9.2.11}$$

合力和合力矩分别由方程 (9.2.9) 和方程 (9.2.10) 给出。

9.2.2　对称层合板

几何与材料性能都对称于中面的层合板，一般刚度方程 (9.1.21) 可大大简化，特别是因为 $(\bar{Q}_{ij})_k$ 和厚度 t_k 的对称性，可以证明所有的耦合刚度 B_{ij} 为零，弯曲和拉伸耦合影响的消除有两个重要的实际结果。首先，这种层合板通常比具有耦合影响的层合板更容易分析；其次，对称层合板没有因固化后冷却时的热收缩引起的扭曲倾向。因此，工程上通常采用对称层合板，除非因特殊需要而采用不对称层合板。例如，层合板的部分作用是热防护，但热只来自层合板的一侧，这样多半采用不对称层合板。

对称层合板的合力和合力矩分别为

$$\left\{\begin{array}{c} N_x \\ N_y \\ N_{xy} \end{array}\right\} = \left[\begin{array}{ccc} A_{11} & A_{12} & A_{16} \\ A_{12} & A_{22} & A_{26} \\ A_{16} & A_{26} & A_{66} \end{array}\right] \left\{\begin{array}{c} \varepsilon_x^0 \\ \varepsilon_y^0 \\ \gamma_{xy}^0 \end{array}\right\} \qquad (9.2.12)$$

$$\left\{\begin{array}{c} M_x \\ M_y \\ M_{xy} \end{array}\right\} = \left[\begin{array}{ccc} D_{11} & D_{12} & D_{16} \\ D_{12} & D_{22} & D_{26} \\ D_{16} & D_{26} & D_{66} \end{array}\right] \left\{\begin{array}{c} \kappa_x \\ \kappa_y \\ \kappa_{xy} \end{array}\right\} \qquad (9.2.13)$$

对称层合板的特殊情况将在下面分别讨论。在下列情况中，方程 (9.2.12) 和方程 (9.2.13) 中的 A_{ij} 和 D_{ij} 有不同的值，有些值甚至是零。

1. 各向同性的对称层合板

如果不同厚度的多片各向同性层，在几何和材料性能两个方面都对称于中面排列，组成的层合板不会出现弯曲和拉伸之间的耦合影响。由三片各向同性层组成的对称层合板的简单例子如图 9.7 所示。有不同弹性性能和厚度的六片各向同性层组成的对称层合板的一个更复杂的例子由表 9.1 给出。表 9.1 中第 3 层和第 4 层可视作厚度为 $6t$ 的单层薄片，而不改变刚度特性。

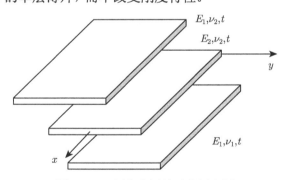

图 9.7　三层各向同性对称层合板

表 9.1　六层各向同性层组成的对称层合板

层别	材料性能		厚度
1	E_1,	ν_1	t
2	E_2,	ν_2	$2t$
3	E_3,	ν_3	$3t$
4	E_3,	ν_3	$3t$
5	E_2,	ν_2	$2t$
6	E_1,	ν_1	t

一般情况的拉伸和弯曲刚度由方程 (9.1.21) 计算，其中第 k 层为

$$(\bar{Q}_{11})_k = (\bar{Q}_{22})_k = \frac{E_k}{1-\nu_k^2}, \quad (\bar{Q}_{16})_k = (\bar{Q}_{26})_k = 0$$

$$(\bar{Q}_{12})_k = \frac{\nu_k E_k}{1-\nu_k^2}, \quad (\bar{Q}_{66})_k = \frac{E}{2(1+\nu_k)} \tag{9.2.14}$$

其合力和合力矩分别为

$$\left\{ \begin{array}{c} N_x \\ N_y \\ N_{xy} \end{array} \right\} = \left[\begin{array}{ccc} A_{11} & A_{12} & 0 \\ A_{12} & A_{22} & 0 \\ 0 & 0 & A_{66} \end{array} \right] \left\{ \begin{array}{c} \varepsilon_x^0 \\ \varepsilon_y^0 \\ \gamma_{xy}^0 \end{array} \right\} \tag{9.2.15}$$

$$\left\{ \begin{array}{c} M_x \\ M_y \\ M_{xy} \end{array} \right\} = \left[\begin{array}{ccc} D_{11} & D_{12} & 0 \\ D_{12} & D_{22} & 0 \\ 0 & 0 & D_{66} \end{array} \right] \left\{ \begin{array}{c} \kappa_x \\ \kappa_y \\ \kappa_{xy} \end{array} \right\} \tag{9.2.16}$$

式中对于各向同性层，由于方程 (9.2.14) 的第一个条件，$A_{11} = A_{22}$ 和 $D_{11} = D_{22}$。涉及 A_{ij} 和 D_{ij} 的某些特殊形式，可以用一些简单例子得到证明。

2. 特殊正交各向异性层组成的对称层合板

层合板由材料主方向与层合板坐标轴一致的正交各向异性层制成。如果单层板的厚度、位置及其材料性能对称于板的中面，则弯曲和拉伸之间无耦合影响。一般的例子列在表 9.2 中，拉伸与弯曲刚度由方程 (9.1.21) 计算，其中第 k 层为

$$(\bar{Q}_{11})_k = \frac{E_1^k}{1-\nu_{12}^k \nu_{21}^k}, \quad (\bar{Q}_{16})_k = 0$$

$$(\bar{Q}_{12})_k = \frac{\nu_{12}^k E_1^k}{1-\nu_{12}^k \nu_{21}^k}, \quad (\bar{Q}_{26})_k = 0 \tag{9.2.17}$$

$$(\bar{Q}_{22})_k = \frac{E_2^k}{1-\nu_{12}^k \nu_{21}^k}, \quad (\bar{Q}_{66})_k = G_{12}^k$$

因为 $(\bar{Q}_{16})_k$ 和 $(\bar{Q}_{26})_k$ 为零，所以刚度 A_{16}, A_{26}, D_{16} 和 D_{26} 为零。同样，由于对称性，刚度 B_{ij} 也为零。所以这类层合板可称为特殊正交各向异性层合板，它们相当于特殊正交各向异性单层板，合力和合力矩依次为方程 (9.2.15) 和方程 (9.2.16) 的形式。

表 9.2　五层特殊正交各向异性层组成的对称层合板

层别	材料性质				方向	厚度
	Q_{11}	Q_{12}	Q_{22}	Q_{66}		
1	F_1	F_2	F_3	F_4	0°	t
2	G_1	G_2	G_3	G_4	90°	$2t$
3	H_1	H_2	H_3	H_4	90°	$4t$
4	G_1	G_2	G_3	G_4	90°	$2t$
5	F_1	F_2	F_3	F_4	0°	t

当单层板的厚度和材料的性能完全相同时，材料主方向与层合板轴交替成 0° 和 90°。例如，0°/90°/0° 时，是一种十分普通的由多层特殊正交各向异性层组成的对称层合板的特殊情况。这种层合板称为正规对称正交铺设层合板。由厚度和性能都相同的三层组成的正规对称正交铺设层合板的简单例子示于图 9.8 中。

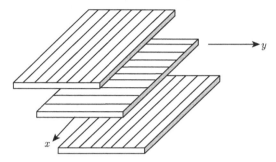

图 9.8　三层正规对称正交铺设层合板

对称层合板必须有奇数层，以满足没有弯曲和拉伸耦合影响的对称要求。有偶数层的正交铺设层合板显然是不对称的。一种较少见的正交铺设层合板的情况是：它有厚度相等的奇数层和厚度相等而与奇数层厚度不等的偶数层。这种层合板的普通例子是常见的胶合板。

按照建立各种刚度的推理来说明一切过程。首先考虑拉伸刚度

$$A_{ij} = \sum_{k=1}^{N} \left(\bar{Q}_{ij} \right) (z_k - z_{k-1}) \tag{9.2.18}$$

A_{ij} 是各单层板的 $\bar{Q}_{ij}$ 和单层板厚度的乘积之和。因而，得到各个 A_{ij} 为零的唯一办法是使所有的 $\bar{Q}_{ij}$ 等于零；或某些 $\bar{Q}_{ij}$ 是负值而某些是正值，使它们与各自厚度的乘积之和为零。根据转换后单层板刚度 $\bar{Q}_{ij}$ 的表达式，因为所有的三角函数都是偶次幂，显然 $\bar{Q}_{11}, \bar{Q}_{12}, \bar{Q}_{22}$ 和 $\bar{Q}_{66}$ 是正定的，厚度当然总是正值。因此，A_{11}, A_{12}, A_{22} 和 A_{66} 是正定的。然而，单层板与层合板轴成 0° 和 90° 时，$\bar{Q}_{16}$ 和 $\bar{Q}_{26}$ 为零。这样，对于正交各向异性层与层合板轴成 0° 或 90° 铺设的层合板，A_{16} 和 A_{26} 等于零。

其次，考虑耦合刚度

$$B_{ij} = \frac{1}{2} \sum_{k=1}^{N} \left(\bar{Q}_{ij} \right)_k \left(z_k^2 - z_{k-1}^2 \right) \tag{9.2.19}$$

如果正交铺设层合板对称于中面，那么容易证明所有的 B_{ij} 全为零。

最后，考虑弯曲刚度

$$D_{ij} = \frac{1}{3} \sum_{k=1}^{N} \left(\bar{Q}_{ij} \right)_k \left(z_k^3 - z_{k-1}^3 \right) \tag{9.2.20}$$

其中 D_{ij} 为各个单层板的 $\bar{Q}_{ij}$ 和 $\left(z_k^3 - z_{k-1}^3 \right)$ 项的乘积之和。因为 $\bar{Q}_{11}, \bar{Q}_{12}, \bar{Q}_{22}$ 和 $\bar{Q}_{66}$ 是正定的，于是 D_{11}, D_{12}, D_{22} 和 D_{66} 也是正定的。同样，单层板的材料主方向与层合板轴成 $0°$ 和 $90°$ 时，$\bar{Q}_{16}$ 和 $\bar{Q}_{26}$ 为零，于是 D_{16} 和 D_{26} 也为零。

3. 广义正交各向异性层组成的对称层合板

广义正交各向异性单层板对称于中面排列的层合板在弯曲和拉伸之间不存在耦合影响，即 B_{ij} 为零，所以合力和合力矩依次由方程 (9.2.12) 和方程 (9.2.13) 表示。由于正应力和切应变、切应力和正应变、法向弯矩和扭转曲率、扭转力矩和正向曲率之间的耦合影响，所以，所有的 A_{ij} 和 D_{ij} 全是需要的。这种耦合影响由 $\bar{A}_{16}$, $\bar{A}_{26}, \bar{D}_{16}, \bar{D}_{26}$ 刚度证实。

这类对称层合板的一个特殊分支称作**正规对称角铺设层合板**。该种层合板有等厚度的正交各向异性单层板，且相邻单层板的材料性能主方向与层合板轴成相反的角度，如 $+\alpha/-\alpha/+\alpha$。这样，为了对称，必须是奇数层，如图 9.9 所示。广义正交各向异性单层板组成的对称层合板的例子见表 9.3。

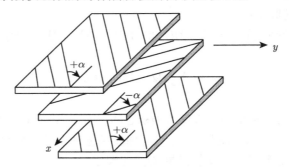

图 9.9　三层正规对称角铺设层合板

表 9.3　五层广义正交各向异性单层板组成的对称层合板

层别	材料性质				方向	厚度
	Q_{11}	Q_{12}	Q_{22}	Q_{66}		
1	F_1	F_2	F_3	F_4	$+30°$	t
2	G_1	G_2	G_3	G_4	$-60°$	$3t$
3	H_1	H_2	H_3	H_4	$+15°$	$5t$
4	G_1	G_2	G_3	G_4	$-60°$	$3t$
5	F_1	F_2	F_3	F_4	$+30°$	t

　　包括 A_{16}, A_{26}, D_{16} 和 D_{26} 在内的上述耦合影响，对于对称角铺设层合板取特

殊形式。当 $N = 3$(对于这类层合板的最小 N 值) 时，可以证明这些刚度为最大，且随着 N 值增大，刚度按 $1/N$ 的比例减小。实际上，在拉伸和弯曲刚度 A_{16} 和 D_{16} 的表达式中：

$$A_{16} = \sum_{k=1}^{N} \left(\bar{Q}_{16}\right)\left(z_k - z_{k-1}\right) \tag{9.2.21}$$

$$D_{16} = \frac{1}{3} \sum_{k=1}^{N} \left(\bar{Q}_{16}\right)_k \left(z_k^3 - z_{k-1}^3\right) \tag{9.2.22}$$

显然 A_{16} 和 D_{16} 是交错符号项的和，因为

$$\left(\bar{Q}_{16}\right)_{+\alpha} = -\left(\bar{Q}_{16}\right)_{-\alpha} \tag{9.2.23}$$

于是，对于多层对称角铺设层合板，当其分别与其他的 A_{ij} 和 D_{ij} 比较时，A_{16}, A_{26}, D_{16} 和 D_{26} 值是非常小的。

当考虑了对称性而经常有 B_{ij} 为零的优越条件与低的 A_{16}, A_{26}, D_{16} 和 D_{26} 时，多层对称角铺设层合板比某些一般的层合板能作出更显著、实用、有利的简化。此外，多层对称角铺设层合板比简单正交铺设层合板有更大的剪切刚度，所以经常被使用。A_{16}, A_{26}, D_{16} 和 D_{26} 对各类问题的影响是重要的，因为即使一个小的 A_{16} 或 D_{16} 也可能引起和这些刚度恰好为零的情况很不相同的结果。只有在 A_{16}, A_{26}, D_{16} 和 D_{26} 恰好为零的情况下，才可以不作进一步分析。

4. 各向异性单层板组成的对称层合板

多层各向异性单层板组成的对称于中面排列的层合板的一般情况，除了由于对称而消除 B_{ij} 以外，没有任何刚度的简化。刚度 A_{16}, A_{26}, D_{16} 和 D_{26} 都存在，也不因层数增加而趋于零。例如，由各向异性单层板的 Q_{ij} 矩阵导出的刚度 A_{16}，比正交各向异性单层板有更多的独立材料性能常数。因此，对这种类型则不能像其他层合板一样能做许多刚度简化。

9.2.3 反对称层合板

层合板经常需要对称于中面以避免弯曲和拉伸间的耦合影响。然而，层合复合材料的许多实际应用却需要不对称层合板以达到设计要求。例如，制造一个预扭的喷气涡轮叶片，耦合影响是其必要的特征。又如，如果必须增加单向纤维单层板制成的层合板的剪切刚度，一种方法是使铺层与层合板轴成某种角度。为了限制在重量和成本要求的范围内，这种单层板需要偶数层，一层对一层交错定向，即 $+\alpha/-\alpha/+\alpha/-\alpha$。因此，破坏了中面对称，层合板的性能特征也基本上改变了对称性。虽然所举例的层合板是不对称的，它反对称于中面。因此，**一般反对称层合板必须有偶数层**。此外，每一对单层板必须有相同的厚度。

　　各向异性单层板组成的反对称层合板的刚度, 不能比方程 (9.1.19) 和 (9.1.20) 中表示的刚度更简化。然而, 作为一般正交各向异性层的材料性能反对称和厚度对称的结果, 拉伸耦合刚度 A_{16} 为

$$A_{16} = \sum_{k=1}^{N} \left(\bar{Q}_{16} \right) \left(z_k - z_{k-1} \right) \tag{9.2.24}$$

是容易视为零的, 因为

$$\left(\bar{Q}_{16} \right)_{+\alpha} = - \left(\bar{Q}_{16} \right)_{-\alpha} \tag{9.2.25}$$

且对称于中面的各层厚度相同, 由此几何项乘以 $\left(\bar{Q}_{16} \right)_k$ 是相同的。同样, A_{26} 等于零, 弯曲–扭转耦合刚度 D_{16} 为

$$D_{16} = \frac{1}{3} \sum_{k=1}^{N} \left(\bar{Q}_{16} \right)_k \left(z_k^3 - z_{k-1}^3 \right) \tag{9.2.26}$$

因为方程 (9.2.25) 仍然是成立的, 对称于中面两层的几何项乘以 $\left(\bar{Q}_{16} \right)_k$ 是相同的。上述原理也适用于 D_{26}。

　　下面讨论两种重要类型的反对称层合板, 即反对称正交铺设层合板和反对称角铺设层合板。

1. 反对称正交铺设层合板

　　由正交各向异性层材料主方向与层合板轴成 $0°$ 和 $90°$ 相互交错布置的偶数层的正规反对称正交铺设层合板的简单例子如图 9.10 所示。一个更复杂的例子由表 9.4 给出, 这种层合板没有 A_{16}, A_{26}, D_{16} 和 D_{26}, 但有弯曲和拉伸之间的耦合影响。我们将在下面说明, 耦合影响是这样的, 以致合力和合力矩分别为

$$\left\{ \begin{array}{c} N_x \\ N_y \\ N_{xy} \end{array} \right\} = \left[\begin{array}{ccc} A_{11} & A_{12} & 0 \\ A_{12} & A_{22} & 0 \\ 0 & 0 & A_{66} \end{array} \right] \left\{ \begin{array}{c} \varepsilon_x^0 \\ \varepsilon_y^0 \\ \gamma_{xy}^0 \end{array} \right\} + \left[\begin{array}{ccc} B_{11} & 0 & 0 \\ 0 & -B_{11} & 0 \\ 0 & 0 & 0 \end{array} \right] \left\{ \begin{array}{c} \kappa_x \\ \kappa_y \\ \kappa_{xy} \end{array} \right\} \tag{9.2.27}$$

$$\left\{ \begin{array}{c} M_x \\ M_y \\ M_{xy} \end{array} \right\} = \left[\begin{array}{ccc} B_{11} & 0 & 0 \\ 0 & -B_{11} & 0 \\ 0 & 0 & 0 \end{array} \right] \left\{ \begin{array}{c} \varepsilon_x^0 \\ \varepsilon_y^0 \\ \gamma_{xy}^0 \end{array} \right\} + \left[\begin{array}{ccc} D_{11} & D_{12} & 0 \\ D_{12} & D_{22} & 0 \\ 0 & 0 & D_{66} \end{array} \right] \left\{ \begin{array}{c} \kappa_x \\ \kappa_y \\ \kappa_{xy} \end{array} \right\} \tag{9.2.28}$$

　　正规反对称正交铺设层合板规定各层厚度相等, 由于制造简单, 所以是普通的层合板。随着层数增加, 可证明耦合刚度 B_{11} 趋于零。

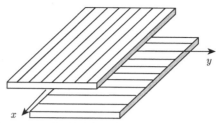

图 9.10 正规反对称正交铺设层合板的分解图

表 9.4 六层特殊正交各向异性层组成的反对称层合板

层别	材料性质				方向	厚度
	Q_{11}	Q_{12}	Q_{22}	Q_{66}		
1	F_1	F_2	F_3	F_4	$0°$	t
2	G_1	G_2	G_3	G_4	$90°$	$3t$
3	H_1	H_2	H_3	H_4	$90°$	$2t$
4	H_1	H_2	H_3	H_4	$0°$	$2t$
5	G_1	G_2	G_3	G_4	$0°$	$3t$
6	F_1	F_2	F_3	F_4	$90°$	t

2. 反对称角铺设层合板

反对称角铺设层合板由在中面一侧与层合板坐标方向成 $+\alpha$ 的层和在另一侧与轴方向成 $-\alpha$ 的相应等厚度层组成。反对称角铺设层合板的简单例子示于图 9.11 中，更复杂的例子由表 9.5 给出。

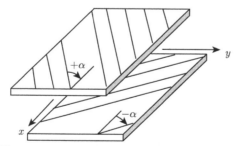

图 9.11 两层正规反对称角铺设层合板的分解

表 9.5 六层反对称角铺设层合板

层别	材料性质				方向	厚度
	Q_{11}	Q_{12}	Q_{22}	Q_{66}		
1	F_1	F_2	F_3	F_4	$-45°$	t
2	G_1	G_2	G_3	G_4	$+30°$	$2t$
3	H_1	H_2	H_3	H_4	$90°$	$3t$
4	H_1	H_2	H_3	H_4	$0°$	$3t$
5	G_1	G_2	G_3	G_4	$-30°$	$2t$
6	F_1	F_2	F_3	F_4	$+45°$	t

为了便于制造, 正规反对称角铺设层合板的每层厚度都相同, 这类层合板可进一步限制在只有一个 α 单值, 而和表 9.5 中有几个 α 方向不同.

反对称角铺设层合板的合力和合力矩分别为

$$
\left\{\begin{array}{c} N_x \\ N_y \\ N_{xy} \end{array}\right\} = \left[\begin{array}{ccc} A_{11} & A_{12} & 0 \\ A_{12} & A_{22} & 0 \\ 0 & 0 & A_{66} \end{array}\right] \left\{\begin{array}{c} \varepsilon_x^0 \\ \varepsilon_y^0 \\ \gamma_{xy}^0 \end{array}\right\} + \left[\begin{array}{ccc} 0 & 0 & B_{16} \\ 0 & 0 & B_{26} \\ B_{16} & B_{26} & 0 \end{array}\right] \left\{\begin{array}{c} \kappa_x \\ \kappa_y \\ \kappa_{xy} \end{array}\right\} \tag{9.2.29}
$$

$$
\left\{\begin{array}{c} M_x \\ M_y \\ M_{xy} \end{array}\right\} = \left[\begin{array}{ccc} 0 & 0 & B_{16} \\ 0 & 0 & B_{26} \\ B_{16} & B_{26} & 0 \end{array}\right] \left\{\begin{array}{c} \varepsilon_x^0 \\ \varepsilon_y^0 \\ \gamma_{xy}^0 \end{array}\right\} + \left[\begin{array}{ccc} D_{11} & D_{12} & 0 \\ D_{12} & D_{22} & 0 \\ 0 & 0 & D_{66} \end{array}\right] \left\{\begin{array}{c} \kappa_x \\ \kappa_y \\ \kappa_{xy} \end{array}\right\} \tag{9.2.30}
$$

对于一个固定的层合板厚度, 随着层数的增加, 耦合刚度 B_{16} 和 B_{26} 趋于零.

9.2.4   不对称层合板

对于厚度为 t_k 和材料性能为 E_k 与 ν_k 的多层各向同性层的一般情况, 拉伸、耦合和弯曲刚度由方程 (9.1.21) 给出, 其中

$$
(\bar{Q}_{11})_k = (\bar{Q}_{22})_k = \frac{E_k}{1-\nu_k^2}, \quad (\bar{Q}_{16})_k = (\bar{Q}_{26})_k = 0
$$

$$
(\bar{Q}_{12})_k = \frac{\nu_k E_k}{1-\nu_k^2}, \quad (\bar{Q}_{66})_k = \frac{E_k}{2(1+\nu_k)} \tag{9.2.31}
$$

当 t_k 为任意值时, 刚度不可能有特殊简化. 也就是说, 弯曲和拉伸的耦合作用可以由不同材料性能和可能有 (但非必要) 不同厚度的各向同性层不对称于中面排列而得到. 因而, 弯曲和拉伸间的耦合不是说明材料正交各向异性而是说明层合板的非均匀性, 亦即几何和材料性能两者的组合. 合力和合力矩分别为

$$
\left\{\begin{array}{c} N_x \\ N_y \\ N_{xy} \end{array}\right\} = \left[\begin{array}{ccc} A_{11} & A_{12} & 0 \\ A_{12} & A_{22} & 0 \\ 0 & 0 & A_{66} \end{array}\right] \left\{\begin{array}{c} \varepsilon_x^0 \\ \varepsilon_y^0 \\ \gamma_{xy}^0 \end{array}\right\} + \left[\begin{array}{ccc} B_{11} & B_{12} & 0 \\ B_{12} & B_{22} & 0 \\ 0 & 0 & B_{66} \end{array}\right] \left\{\begin{array}{c} \kappa_x \\ \kappa_y \\ \kappa_{xy} \end{array}\right\} \tag{9.2.32}
$$

$$
\left\{\begin{array}{c} M_x \\ M_y \\ M_{xy} \end{array}\right\} = \left[\begin{array}{ccc} B_{11} & B_{12} & 0 \\ B_{12} & B_{22} & 0 \\ 0 & 0 & B_{66} \end{array}\right] \left\{\begin{array}{c} \varepsilon_x^0 \\ \varepsilon_y^0 \\ \gamma_{xy}^0 \end{array}\right\} + \left[\begin{array}{ccc} D_{11} & D_{12} & 0 \\ D_{12} & D_{22} & 0 \\ 0 & 0 & D_{66} \end{array}\right] \left\{\begin{array}{c} \kappa_x \\ \kappa_y \\ \kappa_{xy} \end{array}\right\} \tag{9.2.33}
$$

对于由多层特殊正交各向异性层组成的不对称层合板, 可以证明有方程 (9.2.32) 和方程 (9.2.33) 表示的合力和合力矩, 没有剪切耦合项.

多层广义正交各向异性层和多层各向异性层组成的不对称层合板的合力和合力矩不比方程 (9.1.19) 和方程 (9.1.20) 的形式更简单,所有刚度全部出现。因此,由这两种中任一种组成的层合板比多层各向同性层或多层特殊正交各向异性层所组成的层合板更难以分析。

9.2.5 耦合刚度小结

以中面为参考的单层 "层合板"(当然,这种构造不是层合板,但层合板刚度必须简化为单层板刚度) 不存在弯曲和拉伸的耦合影响。对其他任意参考面,这种耦合影响的确存在。

一般来说,多层层合板有弯曲和拉伸之间的耦合作用。这种耦合作用受层合板的几何和材料性能的影响。然而,几何和材料性能有这样的组合,可以消除弯曲和拉伸之间的耦合影响。所有特殊情况都有重要的应用。

必须理解弯曲和拉伸之间耦合影响的基本概念,因为有许多复合材料的应用会因忽视了耦合影响而造成破坏。这种耦合影响是正确分析偏心加肋板和壳的关键。例如,如果纵向肋置于受轴向载荷圆柱壳的外边,其屈曲载荷是用同样的肋加于壳体里边的两倍。以前,肋和壳体之间的耦合影响是被忽略的!

用各层厚度、材料性能主方向和全部铺设顺序描述层合板是十分复杂的。然而,用下述铺设顺序术语,可使所有参数以简明扼要的方式来表示。对于正规 (等厚度层) 层合板,列出各层及其定向,如 $[0°/90°/45°]$,仅需要给出材料主方向。许多不同的层合板可以用同样的层片组成,如 $[90°/0°/45°]$。对于不正规 (各层厚度不同) 层合板,在记号中必须附加层厚的记号,如 $[0°/90°/45°@2t/45°@3t]$。对于对称层合板,可将 $[0°/90°/45°/45°/90°/0°]$ 简化为 $[0°/90°/45°]_s$。这种记号经常在科技论文和书籍中使用。

9.3 层合板的一阶剪切理论

经典层合理论建立在无横向剪切的 Kirchhoff 假设之上,板内任一点的位移是厚度方向坐标的线性函数。为了更精确地描述层合板的变形与应力,很多学者致力于采用高阶次的位移函数,建立层合板的高阶理论。

大量的理论和实验数据表明,在层合板的尺寸长厚比不是很大的时候 (一般以长厚比 50 为临界值),经典层合板理论关于横向切应力为零的假设将带来巨大的误差,为了使得层合板理论更加贴近实际情况,一阶层合板理论被提出,与经典层合板的基本假设唯一不同的是考虑横向切应变,主要体现在位移场不同。一阶剪切理论一维情况下相当于 Timoshenko 梁理论。

　　首先, 层合板一阶剪切理论的基本假设是: ① 变形前垂直于中面的直线变形后仍是直线; ② 横向法线不伸长 (横向法线应变 $\varepsilon_{zz} = 0$), ① 和 ② 两条与经典层合理论相同; ③ 横向法线在变形后不垂直于中面 ($\varepsilon_{xz} \neq 0, \varepsilon_{yz} \neq 0$), 这一条与经典层合理论不同。其次, 对于所研究的层合板, 仍然满足各层完美黏接, 每层的材料均是正交各向异性的, 每层厚度均匀, 以及在层合板上、下两个面上横向切应力为零的基本限制。

　　在板内任一点, 一阶剪切理论的位移场可用中面的位移和转角表示为

$$
\begin{aligned}
u(x,y,z) &= u_0(x,y) - z\phi_x(x,y) \\
v(x,y,z) &= v_0(x,y) - z\phi_y(x,y) \\
w(x,y,z) &= w_0(x,y)
\end{aligned}
\tag{9.3.1}
$$

其中 $\phi_x(x,y)$ 和 $\phi_y(x,y)$ 分别是板以 x 轴和 y 轴为外法线的横截面的转角。这两个转角不仅包含中面挠度引起的转角 $\dfrac{\partial w}{\partial x}$ 和 $\dfrac{\partial w}{\partial y}$, 而且包含了由横向剪力引起的转角, 如图 9.12 所示。

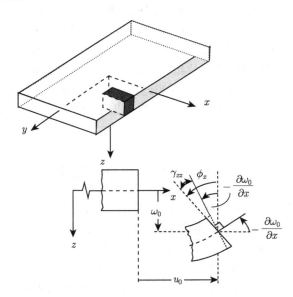

图 9.12　一阶剪切理论的变形

　　板内任一点的应变, 由几何方程确定。利用小变形的几何方程, 有

$$
\varepsilon_{xx} = \frac{\partial u}{\partial x} = \frac{\partial u_0}{\partial x} - z\frac{\partial \phi_x}{\partial x}
$$

$$\varepsilon_{yy} = \frac{\partial v}{\partial y} = \frac{\partial v_0}{\partial y} - z\frac{\partial \phi_y}{\partial y} \tag{9.3.2}$$

$$\gamma_{xy} = \frac{\partial u}{\partial y} + \frac{\partial v}{\partial x} = \frac{\partial u_0}{\partial y} + \frac{\partial v_0}{\partial x} - z\left(\frac{\partial \phi_x}{\partial y} + \frac{\partial \phi_y}{\partial x}\right)$$

横向切应变

$$\gamma_{xz} = \frac{\partial w}{\partial x} + \frac{\partial u}{\partial z} = \frac{\partial w_0}{\partial x} - \phi_x$$

$$\gamma_{yz} = \frac{\partial w}{\partial y} + \frac{\partial v}{\partial z} = \frac{\partial w_0}{\partial y} - \phi_y \tag{9.3.3}$$

可以看出, 横向切应变 (切应力)γ_{xz} 和 γ_{yz} 与坐标 z 无关, 而且在板的上、下表面不满足切应力为零的边界条件。各层材料性质的不同, 导致横向切应力在横截面上是不连续的, 但是在各层内均匀分布, 在层间是不连续的。

各层的面内应力可利用层合板内第 k 个单层的应力–应变关系得到

$$\left\{\begin{array}{c} \sigma_{xx} \\ \sigma_{yy} \\ \tau_{xy} \end{array}\right\}^{(k)} = \left[\begin{array}{ccc} \bar{Q}_{11} & \bar{Q}_{12} & \bar{Q}_{16} \\ \bar{Q}_{12} & \bar{Q}_{22} & \bar{Q}_{26} \\ \bar{Q}_{16} & \bar{Q}_{26} & \bar{Q}_{66} \end{array}\right]^{(k)} \left\{\begin{array}{c} \varepsilon_{xx} \\ \varepsilon_{yy} \\ \gamma_{xy} \end{array}\right\}^{(k)} \tag{9.3.4}$$

横向切应力合成为横截面的剪力

$$\left\{\begin{array}{c} \tau_{yz} \\ \tau_{xz} \end{array}\right\} = \left[\begin{array}{cc} \bar{Q}_{44} & \bar{Q}_{45} \\ \bar{Q}_{45} & \bar{Q}_{55} \end{array}\right] \left\{\begin{array}{c} \gamma_{yz} \\ \gamma_{xz} \end{array}\right\} \tag{9.3.5}$$

其中 $\bar{Q}_{44}, \bar{Q}_{45}, \bar{Q}_{55}$ 是由局部坐标系下的正交各向异性的刚度系数经坐标转换而得

$$\bar{Q}_{44} = Q_{44}\cos^2\theta + Q_{55}\sin^2\theta$$

$$\bar{Q}_{45} = (Q_{55} - Q_{44})\cos\theta\sin\theta \tag{9.3.6}$$

$$\bar{Q}_{55} = Q_{55}\cos^2\theta + Q_{44}\sin^2\theta$$

面内的应力可以合成为横截面上的内力, 即

$$\left\{\begin{array}{c} N_{xx} \\ N_{yy} \\ N_{xy} \end{array}\right\} = \left[\begin{array}{ccc} A_{11} & A_{12} & A_{16} \\ A_{12} & A_{22} & A_{26} \\ A_{16} & A_{26} & A_{66} \end{array}\right] \left\{\begin{array}{c} \dfrac{\partial u_0}{\partial x} \\ \dfrac{\partial v_0}{\partial y} \\ \dfrac{\partial u_0}{\partial y} + \dfrac{\partial v_0}{\partial x} \end{array}\right\} - \left[\begin{array}{ccc} B_{11} & B_{12} & B_{16} \\ B_{12} & B_{22} & B_{26} \\ B_{16} & B_{26} & B_{66} \end{array}\right] \left\{\begin{array}{c} \dfrac{\partial \phi_x}{\partial x} \\ \dfrac{\partial \phi_y}{\partial y} \\ \dfrac{\partial \phi_x}{\partial y} + \dfrac{\partial \phi_y}{\partial x} \end{array}\right\}$$
$$\tag{9.3.7a}$$

$$
\left\{\begin{array}{c} M_{zz} \\ M_{yy} \\ M_{xy} \end{array}\right\} = \begin{bmatrix} B_{11} & B_{12} & B_{16} \\ B_{12} & B_{22} & B_{26} \\ B_{16} & B_{26} & B_{66} \end{bmatrix} \left\{\begin{array}{c} \dfrac{\partial u_0}{\partial x} \\[2mm] \dfrac{\partial v_0}{\partial y} \\[2mm] \dfrac{\partial u_0}{\partial y} + \dfrac{\partial v_0}{\partial x} \end{array}\right\} - \begin{bmatrix} D_{11} & D_{12} & D_{16} \\ D_{12} & D_{22} & D_{26} \\ D_{16} & D_{26} & D_{66} \end{bmatrix} \left\{\begin{array}{c} \dfrac{\partial \phi_x}{\partial x} \\[2mm] \dfrac{\partial \phi_y}{\partial y} \\[2mm] \dfrac{\partial \phi_x}{\partial y} + \dfrac{\partial \phi_y}{\partial x} \end{array}\right\}
$$

$$(9.3.7\text{b})$$

横向剪力为

$$
\left\{\begin{array}{c} Q_x \\ Q_y \end{array}\right\} = K \int_{h/2}^{-h/2} \left\{\begin{array}{c} \tau_{xz} \\ \tau_{yz} \end{array}\right\} \mathrm{d}z = K \begin{bmatrix} A_{44} & A_{45} \\ A_{45} & A_{55} \end{bmatrix} \left\{\begin{array}{c} \gamma_{xz} \\ \gamma_{yz} \end{array}\right\}
\tag{9.3.8}
$$

其中 K 为剪切修正系数, $K = 5/6$。刚度系数为

$$
A_{ij} = \int_{-h/2}^{h/2} \bar{Q}_{ij} \mathrm{d}z = \sum_{k=1}^{N} \bar{Q}_{ij}^{(k)} (z_{k+1} - z_k) \quad (i, j = 4, 5)
\tag{9.3.9}
$$

在一阶剪切理论中, 引入了剪切修正系数。可以看出, 横向剪力是切应力沿厚度方向的积分, 在一阶层合板理论中假设的横向切应力是沿厚度方向均匀分布的, 这与实际的应力分布是不同的, 因此需要引入剪切修正系数 $K = 5/6$。剪切修正系数是根据切应力的近似平均分布与精确分布两者的能量比值确定的。以一个矩形截面的均匀材料梁为例, 设横截面的高度为 h, 宽度为 b, 横截面上的平均切应力为

$$
\sigma_{xz}^f = \frac{Q}{bh}
\tag{9.3.10}
$$

但是, 按照弹性力学的理论, 横截面上切应力的精确分布为

$$
\sigma_{xz}^c = \frac{3Q}{2bh}\left[1 - \left(\frac{2z}{h}\right)^2\right], \quad -\frac{h}{2} \leqslant z \leqslant \frac{h}{2}
\tag{9.3.11}
$$

由应力式 (9.3.10) 和式 (9.3.11) 得到的应变能分别为

$$
U_s^f = \frac{1}{2G_{13}} \int_A \left(\sigma_{xz}^f\right)^2 \mathrm{d}A = \frac{Q^2}{2G_{13}bh}
\tag{9.3.12a}
$$

$$
U_s^c = \frac{1}{2G_{13}} \int_A \left(\sigma_{xz}^c\right)^2 \mathrm{d}A = \frac{3Q^2}{5G_{13}bh}
\tag{9.3.12b}
$$

两个应变能之比为 $K = \dfrac{U_s^f}{U_s^c} = \dfrac{5}{6}$。因此, 剪力公式中的修正系数即为两个应变能之比。这就是剪切修正系数的由来。

9.4　层合板的高阶理论

经典层合板理论和一阶剪切变形理论是最简单的单层板理论，通常足够用来描述大多数复合材料的力学性能。但是，这两种理论都只能适用于很薄的板，工程上认为宽厚比在 20~50 以上时才可得到较准确的力学特性分析结果。

对于不那么薄的板，这两种理论就会存在较大的误差。此外，一阶剪切变形理论虽然是对经典板理论的修正，但为了准确性引入剪切修正系数，经验系数的使用必然导致结果准确性下降，为避免出现这些问题，同时适用于较厚板的理论分析，我们需要更高阶的剪切变形理论。

理论上，可以将位移场扩展到厚度的任意阶次，但由于计算复杂性和精度要求，高于三阶的理论较少。三阶理论将位移场扩展到厚度的三次方，这样做是为了得到每一层横向切应力和切应变的二次变分。这样也就避免了一阶剪切变形理论中的剪切修正系数。

但需要注意的是，尽管三阶理论可以更好地体现复合材料层合板的力学性能，并且不需要剪切修正因子，同时也可以得到更精确的层间应力分布，但是，三阶理论会带来更复杂的运算，同时更高阶的应力很难从物理上来解释，所以在选择三阶剪切变形理论时需要仔细评估是否必要。

复合材料层合板的高阶理论基本假设基于经典和一阶剪切变形假设，不同点在于不再沿用直法线假设，把位移场表示为关于厚度的三次方的函数。图 9.13 表示了经典理论 (CLPT)、一阶剪切理论 (FSDT) 和三阶理论 (TSDT) 中梁的横向法线的变形。三阶理论是由 Reddy 首先提出的。

9.4.1　Reddy 理论的位移场

在层合板内任意点，Reddy 三阶剪切变形理论的位移场假设为厚度方向坐标的三次方

$$u(x,y,z) = u_0(x,y) + z\phi_x(x,y) + z^2\theta_x(x,y) + z^3\lambda_x(x,y)$$
$$v(x,y,z) = v_0(x,y) + z\phi_y(x,y) + z^2\theta_y(x,y) + z^3\lambda_y(x,y) \qquad (9.4.1)$$
$$w(x,y,z) = w_0(x,y)$$

这里有九个独立的变量 (u_0, v_0, w_0)，(ϕ_x, ϕ_y)，(θ_x, θ_y) 和 (λ_x, λ_y)。可以利用上、下表面横向切应力为零的条件，缩减变量个数，即

$$\sigma_{xz}(x,y,\pm h/2) = 0, \quad \sigma_{yz}(x,y,\pm h/2) = 0 \qquad (9.4.2)$$

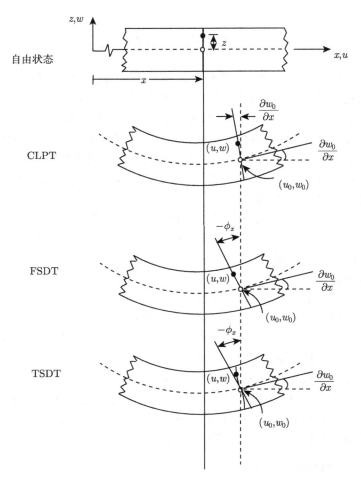

图 9.13　经典理论、一阶剪切理论和三阶理论中梁的横向法线的变形

代入应力–应变关系后, 得到

$$0 = \sigma_{xz}(x, y, \pm h/2) = Q_{55}\gamma_{xz}(x, y, \pm h/2) + Q_{45}\gamma_{yz}(x, y, \pm h/2) \tag{9.4.3a}$$

$$0 = \sigma_{yz}(x, y, \pm h/2) = Q_{45}\gamma_{xz}(x, y, \pm h/2) + Q_{44}\gamma_{yz}(x, y, \pm h/2) \tag{9.4.3b}$$

上式对于任意的 Q_{ij} $(i, j = 4, 5)$ 都成立, 因此有

$$0 = \gamma_{xz}(x, y, \pm h/2) = \phi_x + \frac{\partial w_0}{\partial x} + (2z\theta_x + 3z^2\lambda_x)_{z=\pm h/2} \tag{9.4.4a}$$

$$0 = \gamma_{yz}(x, y, \pm h/2) = \phi_y + \frac{\partial w_0}{\partial y} + (2z\theta_y + 3z^2\lambda_y)_{z=\pm h/2} \tag{9.4.4b}$$

这样, 在上、下表面得到四个边界方程:

$$\phi_x + \frac{\partial w_0}{\partial x} + \left(-h\theta_x + \frac{3h^2}{4}\lambda_x\right) = 0$$

$$\phi_y + \frac{\partial w_0}{\partial y} + \left(-h\theta_y + \frac{3h^2}{4}\lambda_y\right) = 0$$

$$\phi_x + \frac{\partial w_0}{\partial x} + \left(h\theta_x + \frac{3h^2}{4}\lambda_x\right) = 0 \tag{9.4.5}$$

$$\phi_y + \frac{\partial w_0}{\partial y} + \left(h\theta_y + \frac{3h^2}{4}\lambda_y\right) = 0$$

可以解出 $\lambda_x = -\dfrac{4}{3h^2}\left(\phi_x + \dfrac{\partial w_0}{\partial x}\right)$, $\theta_x = 0$; $\lambda_y = -\dfrac{4}{3h^2}\left(\phi_y + \dfrac{\partial w_0}{\partial y}\right)$, $\theta_y = 0$。这样, 位移场中的九个独立变量就变成五个独立变量 (u_0, v_0, w_0) 和 (ϕ_x, ϕ_y), 位移场可以表示为

$$u(x,y,z) = u_0(x,y) + z\phi_x(x,y) - \frac{4}{3h^2}z^3\left(\phi_x + \frac{\partial w_0}{\partial x}\right)$$

$$v(x,y,z) = v_0(x,y) + z\phi_y(x,y) - \frac{4}{3h^2}z^3\left(\phi_y + \frac{\partial w_0}{\partial y}\right) \tag{9.4.6}$$

$$w(x,y,z) = w_0(x,y)$$

位移场确定以后, 由几何方程可以得到应变分量:

$$\left\{\begin{array}{c}\varepsilon_{xx}\\\varepsilon_{yy}\\\gamma_{xy}\end{array}\right\} = \left\{\begin{array}{c}\varepsilon_{xx}^{(0)}\\\varepsilon_{yy}^{(0)}\\\gamma_{xy}^{(0)}\end{array}\right\} + z\left\{\begin{array}{c}\varepsilon_{xx}^{(1)}\\\varepsilon_{yy}^{(1)}\\\gamma_{xy}^{(1)}\end{array}\right\} + z^3\left\{\begin{array}{c}\varepsilon_{xx}^{(3)}\\\varepsilon_{yy}^{(3)}\\\gamma_{xy}^{(3)}\end{array}\right\}, \quad \left\{\begin{array}{c}\gamma_{yz}\\\gamma_{xz}\end{array}\right\} = \left\{\begin{array}{c}\gamma_{yz}^{(0)}\\\gamma_{xz}^{(0)}\end{array}\right\} + z^2\left\{\begin{array}{c}\gamma_{yz}^{(2)}\\\gamma_{xz}^{(2)}\end{array}\right\}$$

$$\tag{9.4.7}$$

其中

$$\left\{\begin{array}{c}\varepsilon_{xx}^{(0)}\\\varepsilon_{yy}^{(0)}\\\gamma_{xy}^{(0)}\end{array}\right\} = \left\{\begin{array}{c}\dfrac{\partial u_0}{\partial x}\\[2mm]\dfrac{\partial v_0}{\partial y}\\[2mm]\dfrac{\partial u_0}{\partial y} + \dfrac{\partial v_0}{\partial x}\end{array}\right\}, \quad \left\{\begin{array}{c}\varepsilon_{xx}^{(1)}\\\varepsilon_{yy}^{(1)}\\\gamma_{xy}^{(1)}\end{array}\right\} = \left\{\begin{array}{c}\dfrac{\partial \phi_x}{\partial x}\\[2mm]\dfrac{\partial \phi_y}{\partial y}\\[2mm]\dfrac{\partial \phi_x}{\partial y} + \dfrac{\partial \phi_y}{\partial x}\end{array}\right\}$$

$$\left\{\begin{array}{c}\varepsilon_{xx}^{(3)}\\\varepsilon_{yy}^{(3)}\\\gamma_{xy}^{(3)}\end{array}\right\} = -c_1\left\{\begin{array}{c}\dfrac{\partial \phi_x}{\partial x} + \dfrac{\partial^2 w_0}{\partial x^2}\\[2mm]\dfrac{\partial \phi_y}{\partial y} + \dfrac{\partial^2 w_0}{\partial y^2}\\[2mm]\dfrac{\partial \phi_x}{\partial y} + \dfrac{\partial \phi_y}{\partial x} + 2\dfrac{\partial^2 w_0}{\partial x\partial y}\end{array}\right\}$$

$$\left\{\begin{array}{c} \gamma_{yz}^{(0)} \\ \gamma_{xz}^{(0)} \end{array}\right\} = \left\{\begin{array}{c} \phi_y + \dfrac{\partial w_0}{\partial y} \\ \phi_x + \dfrac{\partial w_0}{\partial x} \end{array}\right\}, \quad \left\{\begin{array}{c} \gamma_{yz}^{(2)} \\ \gamma_{xz}^{(2)} \end{array}\right\} = -c_2 \left\{\begin{array}{c} \phi_y + \dfrac{\partial w_0}{\partial y} \\ \phi_x + \dfrac{\partial w_0}{\partial x} \end{array}\right\}$$

式中符号 $c_1 = 3c_2$, $\quad c_2 = 4/(3h^2)$。

由应力分量得到内力分量:

$$\left\{\begin{array}{c} N_{\alpha\beta} \\ M_{\alpha\beta} \\ P_{\alpha\beta} \end{array}\right\} = \int_{-h/2}^{h/2} \sigma_{\alpha\beta} \left\{\begin{array}{c} 1 \\ z \\ z^3 \end{array}\right\} \mathrm{d}z \quad (\alpha, \beta = x, y) \tag{9.4.8a}$$

$$\left\{\begin{array}{c} Q_{\alpha} \\ R_{\alpha} \end{array}\right\} = \int_{-h/2}^{h/2} \tau_{\alpha z} \left\{\begin{array}{c} 1 \\ z^2 \end{array}\right\} \mathrm{d}z \quad (\alpha = x, y) \tag{9.4.8b}$$

在上式中, 代入应力-应变关系, 得到内力和应变的关系

$$\left\{\begin{array}{c} \{N\} \\ \{M\} \\ \{P\} \end{array}\right\} = \left[\begin{array}{ccc} \boldsymbol{A} & \boldsymbol{B} & \boldsymbol{E} \\ \boldsymbol{B} & \boldsymbol{D} & \boldsymbol{F} \\ \boldsymbol{E} & \boldsymbol{F} & \boldsymbol{H} \end{array}\right] \left\{\begin{array}{c} \boldsymbol{\varepsilon}^{(0)} \\ \boldsymbol{\varepsilon}^{(1)} \\ \boldsymbol{\varepsilon}^{(3)} \end{array}\right\}$$

$$\left\{\begin{array}{c} \{Q\} \\ \{R\} \end{array}\right\} = \left[\begin{array}{cc} \boldsymbol{A} & \boldsymbol{D} \\ \boldsymbol{D} & \boldsymbol{F} \end{array}\right] \left\{\begin{array}{c} \boldsymbol{\gamma}^{(0)} \\ \boldsymbol{\gamma}^{(2)} \end{array}\right\} \tag{9.4.9}$$

$$(A_{ij}, B_{ij}, D_{ij}, E_{ij}, F_{ij}, H_{ij}) = \sum_{k=1}^{N} \int_{z_k}^{z_{k+1}} \bar{Q}_{ij}^{(k)} \left(1, z, z^2, z^3, z^4, z^6\right) \mathrm{d}z \quad (i, j = 1, 2, 6) \tag{9.4.10a}$$

$$(A_{ij}, D_{ij}, F_{ij}) = \sum_{k=1}^{N} \int_{z_k}^{z_{k+1}} \bar{Q}_{ij}^{(k)} \left(1, z^2, z^4\right) \mathrm{d}z \quad (i, j = 4, 5) \tag{9.4.10b}$$

方程 (9.4.10a) 积分后, 可以写成各层刚度与厚度乘积的求和形式, 其中高阶理论中新出现的 E_{ij}, F_{ij}, H_{ij} 将分别是厚度的 4 次方、5 次方和 7 次方。所以, 对于厚度较小的薄板, 高阶项对变形的贡献很小, 这时, 采用基于 Kirchhoff 假设的经典层合理论能够给出足够的精度。

9.4.2 其他形式的高阶位移场

实际上, 层合板的高阶理论可以统一写成下列形式

$$u(x, y, z) = u_0(x, y) - z\frac{\partial w_0}{\partial x} + f(z)\left(\phi_x + \frac{\partial w_0}{\partial x}\right)$$

$$v(x, y, z) = v_0(x, y) - z\frac{\partial w_0}{\partial y} + f(z)\left(\phi_y + \frac{\partial w_0}{\partial y}\right) \tag{9.4.11}$$

$$w(x, y, z) = w_0(x, y)$$

其中位移函数中的前两项与经典层合理论的形式相同，最后一项考虑到剪切的影响。剪切函数 $f(z)$ 可以决定面内位移沿板厚分布的非线性特征。目前已经构造了多种剪切函数的形式。显然，对于 Reddy 理论，$f(z)$ 的形式为

$$f(z) = z\left(1 - \frac{4z^2}{3h^2}\right) \tag{9.4.12}$$

另外，我国学者石广玉导出的剪切函数为

$$f(z) = \frac{5}{4}z\left(1 - \frac{4z^2}{3h^2}\right) \tag{9.4.13}$$

Ambartsumain 导出的剪切函数为

$$f(z) = \frac{1}{2}z\left(1 - \frac{z^2}{3h^2}\right) \tag{9.4.14}$$

通过这些剪切函数得到位移函数，能够满足上、下表面切应力为零的条件。

发展高阶理论的主要目的是获得更为准确与合理的应力计算结果，但是，与经典层合理论一样，这些高阶位移理论仍然不能满足层间的应力连续条件。有些学者构造了满足层间应力连续条件的位移函数。

习　题

9.1　证明：对于材料性能为 E 和 ν 以及厚度为 t 的各向同性单层板材料，其拉伸和弯曲刚度分别为

$$A_{11} = A_{22} = \frac{Et}{1 - \nu^2}$$

$$D_{11} = D_{22} = \frac{Et^2}{12(1 - \nu^2)}$$

它们通常依次称作 A 和 D，问耦合刚度是什么？

9.2　推导出每一单层板内性能不变的层合板的拉伸、耦合和弯曲刚度的总和表达式，即从方程 (9.1.17) 和 (9.1.18) 推导方程 (9.1.21)。

9.3　证明：方程 (9.1.21) 的刚度可写成

$$A_{ij} = \sum_{k=1}^{N} \left(\bar{Q}_{ij}\right)_k t_k$$

$$B_{ij} = \sum_{k=1}^{N} \left(\bar{Q}_{ij}\right)_k t_k \bar{z}_k$$

$$D_{ij} = \sum_{k=1}^{N} \left(\bar{Q}_{ij}\right)_k \left(t_k \bar{z}_k^2 + \frac{t_k^3}{12}\right)$$

式中 t_k 为厚度，$\bar{z}_k$ 是第 k 层到中性层的距离。问上述各表达式中 $(\bar{Q}_{ij})_k$ 系数的物理意义是什么？

9.4　确定由两种不同的各向同性材料 E_1、ν_1 和 E_2、ν_2 组成的双金属梁的拉伸、耦合和弯曲刚度。

9.5　说明由与作用力成 $+\theta$ 和 $-\theta$ 的两片等厚单层板组成的层合板单位长度上的力为

$$N_x = A_{11}\varepsilon_x^0 + A_{12}\varepsilon_y^0 + B_{16}\kappa_{xy}$$

用单层板转换后的二维刚度 $\bar{Q}_{ij}$ 和厚度 t 表达的 A_{11}、A_{12} 和 A_{16} 是什么？

9.6　证明：对称于中面层合板的耦合刚度 B_{ij} 为零。

9.7　考虑材料主方向与参考轴成 $+\alpha$ 和 $-\alpha$ 的两个单层板。对于正交各向异性材料，证明 $(\bar{Q}_{16})_{+\alpha} = -(\bar{Q}_{16})_{-\alpha}$，讨论这种关系是否对各向异性材料有效。各向异性材料的变换方程已在 9.2 节中给出。

9.8　术语 "准各向同性" 是用来描述基本上有各向同性拉伸刚度 (所有方向均相同) 的层合板。最简单的准各向同性层合板的例子是以 $-60°/0°/60°$ 顺序铺设的三层层合板以及以 $0°/-45°/45°/90°$ 顺序铺设的四层层合板，相邻层之间的角度随着层数的增加而减小。虽然这些层合板称为准各向同性，但它们显示了和各向同性均质材料不一样的性能，讨论为什么不一样，并描述它们显示怎样的性能。为什么说以 $0°/90°$ 顺序和等厚层铺设的两层层合板不是准各向同性层合板？在两层和三层情况下，确定拉伸刚度是否同样与层合板的轴向无关。

9.9　如果层合板总厚度保持不变，证明反对称角铺设层合板的 B_{16} 和 B_{26} 随着层数的增加而趋于零。如果增加等厚层，则层合板总厚度也增加，会发生什么情况？

第10章 层合板的弯曲、屈曲和振动

作为经典层合理论的应用，本章首先讨论层合梁的弯曲问题，然后讨论层合板的弯曲、屈曲和振动问题。

10.1 层合梁的弯曲

为了研究复合材料层合梁的力学特性，我们首先要回顾对各向同性梁的分析过程。本章所有分析仅限于对梁施加横向载荷或力矩的情况。

梁上作用一对弯矩 M 时，各向同性梁的弯曲应力如下

$$\sigma = \frac{Mz}{I} \tag{10.1.1}$$

其中 z 为梁上任意一点到中性面的距离，I 为横截面对中性轴 y 的惯性矩。

梁的弯曲变形用轴线的挠曲线 $w(x)$ 表示，由常微分方程给出

$$EI\frac{\mathrm{d}^2 w}{\mathrm{d}x^2} = -M \tag{10.1.2}$$

其中 E 是复合材料梁的杨氏模量。

梁的曲率定义为

$$\kappa_x = -\frac{\partial^2 w}{\partial x^2} \tag{10.1.3}$$

则式 (10.1.2) 变为

$$EI\kappa_x = M \tag{10.1.4}$$

式 (10.1.4) 中的弹性模量是均匀的，所以该式仅能用于计算各向同性梁的弯曲变形。在层合材料中，各层之间的弹性模量是不同的。

10.1.1 对称铺设的矩形截面梁

为了简单起见，我们讨论对称铺设且具有矩形截面梁的纯弯曲问题（如图 10.1 所示）。梁是对称铺设的层合结构，其耦合刚度 $\boldsymbol{B} = 0$。其内力简化为

$$\left\{ \begin{array}{c} M_x \\ M_y \\ M_{xy} \end{array} \right\} = \boldsymbol{D} \left\{ \begin{array}{c} \kappa_x \\ \kappa_y \\ \kappa_{xy} \end{array} \right\} \tag{10.1.5}$$

或者

$$\left\{\begin{array}{c} \kappa_x \\ \kappa_y \\ \kappa_{xy} \end{array}\right\} = \boldsymbol{D}^{-1} \left\{\begin{array}{c} M_x \\ M_y \\ M_{xy} \end{array}\right\} \qquad (10.1.6)$$

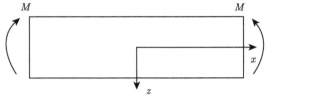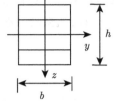

图 10.1　梁的弯曲变形

如果梁仅在 x 方向发生弯曲变形，则只有 $M_x \neq 0$，而 $M_y = 0$ 和 $M_{xy} = 0$。于是

$$\left\{\begin{array}{c} \kappa_x \\ \kappa_y \\ \kappa_{xy} \end{array}\right\} = \boldsymbol{D}^{-1} \left\{\begin{array}{c} M_x \\ 0 \\ 0 \end{array}\right\} \qquad (10.1.7)$$

即

$$\kappa_x = D_{11}^* M_x \qquad (10.1.8a)$$

$$\kappa_y = D_{12}^* M_x \qquad (10.1.8b)$$

$$\kappa_{xy} = D_{16}^* M_x \qquad (10.1.8c)$$

其中 D_{ij}^* 是矩阵 $\boldsymbol{D}^{-1}$ 的元素。梁中面的曲率定义如下

$$\kappa_x = -\frac{\partial^2 w_0}{\partial x^2}$$
$$\kappa_y = -\frac{\partial^2 w_0}{\partial y^2} \qquad (10.1.9)$$
$$\kappa_{xy} = -2\frac{\partial^2 w_0}{\partial x \partial y}$$

可以看出，中面挠度 w_0 与梁的宽度 y 相关。但是，如果所分析的是细长梁 (即长宽比很大的梁)，那么我们可以假设 $w_0 = w_0(x)$。此时，只有 x 方向上的弯曲

$$\kappa_x = -\frac{\mathrm{d}^2 w_0}{\mathrm{d}x^2} = D_{11}^* M_x \qquad (10.1.10)$$

如果将层合梁等效成各向同性梁, 将上式改写成与式 (10.1.2) 相似的形式, 即

$$\frac{\mathrm{d}^2 w_0}{\mathrm{d}x^2} = -\frac{M_x b}{E_x I} \tag{10.1.11}$$

其中 b 为梁的宽度, 注意 M_x 的定义是单位宽度上的弯矩, 与各向同性梁的弯矩有所不同, 所以有 $M = M_x b$。E_x 为梁的有效弯曲模量, I 为横截面对 y 轴的惯性矩, $I = \frac{bh^3}{12}$。

由式 (10.1.8a) 和式 (10.1.11), 可得有效弯曲模量的形式为

$$E_x = \frac{12}{h^3 D_{11}^*} \tag{10.1.12}$$

由梁的曲率, 可以得到应变如下

$$\varepsilon_x = z\kappa_x, \quad \varepsilon_y = z\kappa_y, \quad \gamma_{xy} = z\kappa_{xy} \tag{10.1.13}$$

由此可进一步得到各层的应力

$$\left\{ \begin{array}{c} \sigma_x \\ \sigma_y \\ \tau_{xy} \end{array} \right\}_k = \bar{\boldsymbol{Q}}_k^{-1} \left\{ \begin{array}{c} \varepsilon_x \\ \varepsilon_y \\ \gamma_{xy} \end{array} \right\}_k \tag{10.1.14}$$

例 10.1　一个长 $0.1\mathrm{m}$, 宽 $5\mathrm{mm}$ 的简支层合梁, 以 $[0°/90°/-30°/30°]_\mathrm{s}$ 石墨/环氧树脂复合材料进行铺层, 假设每层厚度为 $0.125\mathrm{mm}$, 如图 10.2 所示, 在其上作用 $200\mathrm{N/m}$ 的均布力。试求梁的最大挠度, 以及 $-30°$ 铺层上部的整体坐标系下的应力。单向石墨/环氧树脂的材料参数如表 8.1 所示。

解　梁的受力图如图 10.2 所示。最大弯矩发生在梁的中部, 大小为

$$M = \frac{qL^2}{8} = \frac{200 \times 0.1^2}{8} = 0.25(\mathrm{N \cdot m})$$

其中 q 为载荷集度, 单位为 $\mathrm{N/m}$; L 为梁的长度, 单位为 m。

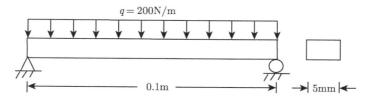

图 10.2　受均布载荷的简支梁

按照经典层合理论，计算弯曲刚度矩阵

$$\boldsymbol{D} = \begin{bmatrix} 1.015 \times 10^{-1} & 5.494 \times 10^{-1} & -4.234 \times 10^{-1} \\ 5.494 \times 10^{-1} & 5.243 \times 10^{0} & -1.567 \times 10^{-1} \\ -4.234 \times 10^{-1} & -1.567 \times 10^{-1} & 9.055 \times 10^{-1} \end{bmatrix} (\text{Pa} \cdot \text{m}^3)$$

$$\boldsymbol{D}^{-1} = \begin{bmatrix} 1.009 \times 10^{-1} & -9.209 \times 10^{-3} & 4.557 \times 10^{-2} \\ -9.209 \times 10^{-3} & 10926 \times 10^{-1} & 2.901 \times 10^{-2} \\ 4.557 \times 10^{-2} & 2.901 \times 10^{-2} & 1.131 \times 10^{0} \end{bmatrix} (\text{Pa} \cdot \text{m}^3)^{-1}$$

为了得到梁的最大挠度，我们利用各向同性梁中的公式

$$\delta = \frac{5qL^4}{384 E_x I}$$

对于本例，梁高为 $h = 8 \times 0.125 \times 10^{-3} = 0.001(\text{m})$，梁宽为 $b = 5 \times 10^{-3} = 0.005(\text{m})$，惯性矩为

$$I = \frac{bh^3}{12} = \frac{(5 \times 10^{-3})(0.001)^3}{12} = 4.167 \times 10^{-13}(\text{m}^4)$$

$D_{11}^* = 1.009 \times 10^{-1}(\text{Pa} \cdot \text{m}^3)^{-1}$。因此，等效弯曲模量为

$$E_x = \frac{12}{h^3 D_{11}^*} = \frac{12}{(0.001)^3(1.009 \times 10^{-1})} = 1.189 \times 10^{11}(\text{Pa})$$

所以梁的最大挠度为

$$\delta = \frac{5 \times 200 \times (0.1)^4}{384 \times (1.189 \times 10^{11}) \times (4.167 \times 10^{-13})} = 5.256 \times 10^{-3}(\text{m}) = 5.256(\text{mm})$$

梁的最大曲率出现在梁中部，为

$$\left\{ \begin{array}{c} \kappa_x \\ \kappa_y \\ \kappa_{xy} \end{array} \right\} = \left\{ \begin{array}{c} D_{11}^* \\ D_{12}^* \\ D_{16}^* \end{array} \right\} \frac{qL^2}{8b} = \left\{ \begin{array}{c} 1.009 \times 10^{-1} \\ -9.209 \times 10^{-3} \\ 4.557 \times 10^{-2} \end{array} \right\} \frac{200 \times 0.1^2}{8 \times 0.005}$$

$$= \left\{ \begin{array}{c} 5.045 \\ -0.4605 \\ 2.279 \end{array} \right\} (\text{m}^{-1})$$

由式 (10.1.13)，得 $-30°$ 铺层上部在整体坐标系下的应变为

$$\left\{ \begin{array}{c} \varepsilon_x \\ \varepsilon_y \\ \gamma_{xy} \end{array} \right\} = z \left\{ \begin{array}{c} \kappa_x \\ \kappa_y \\ \kappa_{xy} \end{array} \right\} = (-0.00025) \times \left\{ \begin{array}{c} 5.045 \\ -0.4605 \\ 2.279 \end{array} \right\} = \left\{ \begin{array}{c} -1.261 \times 10^{-3} \\ 1.151 \times 10^{-4} \\ -5.698 \times 10^{-4} \end{array} \right\}$$

由式 10.1.14，得 $-30°$ 铺层上部在主坐标系下的应力为

$$
\left\{ \begin{array}{c} \sigma_x \\ \sigma_y \\ \tau_{xy} \end{array} \right\}
$$

$$
= \bar{Q} \left\{ \begin{array}{c} \varepsilon_x \\ \varepsilon_y \\ \gamma_{xy} \end{array} \right\}
$$

$$
= \left[\begin{array}{ccc} 1.094 \times 10^{11} & 3.246 \times 10^{10} & -5.419 \times 10^{10} \\ 3.246 \times 10^{10} & 2.365 \times 10^{10} & -2.005 \times 10^{10} \\ -5.419 \times 10^{10} & -2.005 \times 10^{10} & 3.674 \times 10^{10} \end{array} \right] \left\{ \begin{array}{c} -1.261 \times 10^{-3} \\ 1.151 \times 10^{-4} \\ -5.696 \times 10^{-4} \end{array} \right\}
$$

$$
= \left\{ \begin{array}{c} -1.034 \times 10^{8} \\ -2.680 \times 10^{7} \\ 4.511 \times 10^{7} \end{array} \right\} (\mathrm{Pa})
$$

10.1.2　非对称截面梁

在非对称铺层的梁中，横截面上的内力和内力矩并不是解耦的。此时有如下关系

$$
\left\{ \begin{array}{c} N \\ M \end{array} \right\} = \left[\begin{array}{cc} A & B \\ B & D \end{array} \right] \left\{ \begin{array}{c} \varepsilon_0 \\ \kappa \end{array} \right\} \tag{10.1.15}
$$

或者

$$
\left\{ \begin{array}{c} \varepsilon_0 \\ \kappa \end{array} \right\} = \left[\begin{array}{cc} A & B \\ B & D \end{array} \right]^{-1} \left\{ \begin{array}{c} N \\ M \end{array} \right\} \tag{10.1.16}
$$

假设 6×6 阶弹性矩阵的逆矩阵记为 J，即

$$
\left[\begin{array}{cc} A & B \\ B & D \end{array} \right]^{-1} = J \tag{10.1.17}
$$

则可得到

$$
\left\{ \begin{array}{c} \varepsilon_x^0 \\ \varepsilon_y^0 \\ \gamma_{xy}^0 \\ \kappa_x \\ \kappa_y \\ \kappa_{xy} \end{array} \right\} = \left[\begin{array}{cccccc} J_{11} & J_{12} & J_{13} & J_{14} & J_{15} & J_{16} \\ & J_{22} & J_{23} & J_{24} & J_{25} & J_{26} \\ & & J_{33} & J_{34} & J_{35} & J_{36} \\ & & & J_{44} & J_{45} & J_{46} \\ & \text{对称} & & & J_{55} & J_{56} \\ & & & & & J_{66} \end{array} \right] \left\{ \begin{array}{c} N_x \\ N_y \\ N_{xy} \\ M_x \\ M_y \\ M_{xy} \end{array} \right\} \tag{10.1.18}
$$

如果仅在 x 方向发生弯曲，则弯矩 M_x 是唯一不为 0 的量，可以计算梁的应变，进而计算梁的应力。

在本节，我们回顾了各向同性梁的弯曲问题，并且将其延伸到复合材料层合梁的应力和变形问题，其中包括对称和非对称铺层的梁。对比发现，各向同性梁的弯曲问题仅存在 x 方向的曲率，但是，复合材料层合梁发生弯曲时，同时存在 x,y 方向的曲率及扭率。

10.2　层合板的弯曲

经典层合理论给出了层合板的变形，即

$$\left\{\begin{array}{c}\varepsilon_x\\\varepsilon_y\\\gamma_{xy}\end{array}\right\}=\left\{\begin{array}{c}\varepsilon_x^0\\\varepsilon_y^0\\\gamma_{xy}^0\end{array}\right\}+z\left\{\begin{array}{c}\kappa_x\\\kappa_y\\\kappa_{xy}\end{array}\right\} \tag{10.2.1}$$

式中

$$\left\{\begin{array}{c}\varepsilon_x^0\\\varepsilon_y^0\\\gamma_{xy}^0\end{array}\right\}=\left\{\begin{array}{c}\dfrac{\partial u_0}{\partial x}\\[2mm]\dfrac{\partial v_0}{\partial y}\\[2mm]\dfrac{\partial u_0}{\partial y}+\dfrac{\partial v_0}{\partial x}\end{array}\right\},\quad\left\{\begin{array}{c}\kappa_x\\\kappa_y\\\kappa_{xy}\end{array}\right\}=-\left\{\begin{array}{c}\dfrac{\partial^2 w_0}{\partial x^2}\\[2mm]\dfrac{\partial^2 w_0}{\partial y^2}\\[2mm]2\dfrac{\partial^2 w_0}{\partial x\partial y}\end{array}\right\}$$

利用各向异性本构关系，得到层合板中的应力分布。这些应力在横截面上合成为层合板中的内力

$$\left\{\begin{array}{c}N_x\\N_y\\N_{xy}\end{array}\right\}=\left[\begin{array}{ccc}A_{11}&A_{12}&A_{16}\\A_{12}&A_{22}&A_{26}\\A_{16}&A_{26}&A_{66}\end{array}\right]\left\{\begin{array}{c}\varepsilon_x^0\\\varepsilon_y^0\\\gamma_{xy}^0\end{array}\right\}+\left[\begin{array}{ccc}B_{11}&B_{12}&B_{16}\\B_{12}&B_{22}&B_{26}\\B_{16}&B_{26}&B_{66}\end{array}\right]\left\{\begin{array}{c}\kappa_x\\\kappa_y\\\kappa_{xy}\end{array}\right\} \tag{10.2.2a}$$

$$\left\{\begin{array}{c}M_x\\M_y\\M_{xy}\end{array}\right\}=\left[\begin{array}{ccc}B_{11}&B_{12}&B_{16}\\B_{12}&B_{22}&B_{26}\\B_{16}&B_{26}&B_{66}\end{array}\right]\left\{\begin{array}{c}\varepsilon_x^0\\\varepsilon_y^0\\\gamma_{xy}^0\end{array}\right\}+\left[\begin{array}{ccc}D_{11}&D_{12}&D_{16}\\D_{12}&D_{22}&D_{26}\\D_{16}&D_{26}&D_{66}\end{array}\right]\left\{\begin{array}{c}\kappa_x\\\kappa_y\\\kappa_{xy}\end{array}\right\} \tag{10.2.2b}$$

考虑一个板单元的平衡，可以得到力和力矩的平衡微分方程。如图 10.3 所示，作用横向载荷 $p(x,y)$ 的平衡微分方程为

$$N_{x,x}+N_{xy,y}=0 \tag{10.2.3}$$

$$N_{xy,x}+N_{y,y}=0 \tag{10.2.4}$$

$$M_{x,xx} + 2M_{xy,xy} + M_{y,yy} = -p \qquad (10.2.5)$$

式中, 逗号表示主符号对逗号后面符号的微分。

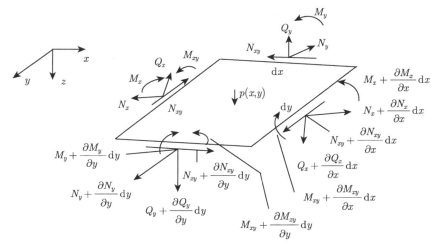

图 10.3 板的弯曲内力

这是经典平板理论的平衡方程。当直接使用应变和曲率方程 (10.2.1), 以及合力和合力矩方程 (10.2.2a) 和 (10.2.2b) 时, 就引进了经典层合理论的假定。将方程 (10.2.1) 和 (10.2.2a)、(10.2.2b) 代入方程 (10.2.3)~ 方程 (10.2.5) 中, 就得到由层合板中面位移表示的平衡方程 (为了书写方便, 把表示中面位移的零下标去掉)

$$A_{11}u_{,xx} + 2A_{16}u_{,xy} + A_{66}u_{,yy} + A_{16}v_{,xx} + (A_{16} + A_{66})v_{,xy} + A_{26}v_{,yy}$$
$$- B_{11}w_{,xxx} - 3B_{16}w_{,xxy} - (B_{12} + 2B_{66})w_{,xyy} - B_{26}v_{,yyy} = 0 \qquad (10.2.6)$$

$$A_{16}u_{,xx} + (A_{12} + A_{66})u_{,xy} + A_{26}u_{,yy} + A_{66}v_{,xx} + 2A_{26}v_{,xy} + A_{22}v_{,yy}$$
$$- B_{16}w_{,xxx} - (B_{12} + 2B_{66})w_{,xxy} - 3B_{26}w_{,xyy} - B_{22}v_{,yyy} = 0 \qquad (10.2.7)$$

$$D_{11}w_{,xxxx} + 4D_{16}w_{,xxxy} + 2(D_{12} + 2D_{66})w_{,xxyy} + 4D_{26}w_{,xyyy} + D_{22}w_{,yyyy}$$
$$- B_{11}u_{,xxx} - 3B_{16}u_{,xxy} - (B_{12} + 2B_{66})u_{,xyy} - B_{26}u_{,yyy}$$
$$- B_{16}v_{,xxx} - (B_{12} + 2B_{66})v_{,xxy} - 3B_{26}v_{,xyy} - B_{22}v_{,yyy} = p \qquad (10.2.8)$$

当层合板对称于中面 ($B_{ij} = 0$)、特殊正交各向异性 (B_{ij} 以及所有带有 16 和 26 下标的项为零)、均匀 ($B_{ij} = 0$, $D_{ij} = A_{ij}t^2/12$) 或者各向同性时, 可以得到简单的甚至是极其简单的结果。所有这些情况中, 方程 (10.2.6) 和 (10.2.7) 是耦合的, 但是与方程 (10.2.8) 是不耦合的, 就是说方程 (10.2.8) 只包含了垂直位移 w 的导数, 方程 (10.2.6) 和 (10.2.7) 包含 u, v 但是不包含 w。因此只求解方程 (10.2.8) 以得到前面提到的简化板的挠度，平面内的位移通过求解方程 (10.2.6) 和 (10.2.7) 得到。对于更为一般的非对称层合板则需要解方程组 (10.2.6)~(10.2.8) 得出横向位移和板内位移。

如果不考虑所有类型的弹性约束边界，那么边界条件通常认为是在简支、固支或自由边界之中选择一种。层合板的实际情况比各向同性板复杂，因为目前实际上存在的可以称为简支边界的有四种类型边界条件。出现更复杂的边界条件是因为现在必须要考虑 u、v 和 w，而不是仅考虑 w。同样有四种固定边界。这些边界条件可以简要地叙述为一个位移或者一个位移的导数或者一个力或力矩在边界上等于某个指定值 (通常为零)：

$$
\begin{aligned}
u_n &= \bar{u}_n &\quad \text{或} \quad& N_n = \bar{N}_n \\
u_t &= \bar{u}_t &\quad \text{或} \quad& N_{nt} = \bar{N}_{nt} \\
w_{,n} &= \bar{w}_{,n} &\quad \text{或} \quad& M_n = \bar{M}_n \\
w &= \bar{w} &\quad \text{或} \quad& M_{nt,t} + Q_n = \bar{K}_n
\end{aligned}
\tag{10.2.9}
$$

在 n 与 t 的坐标系中，n 的方向垂直于边界的方向，t 的方向与边界相切。Q_n 是剪力，K_n 是经典板理论的 Kirchhoff 力。

八种可能类型的简支 (前标 S) 和固支 (前标 C) 边界条件是方程 (10.2.9) 中条件的各种组合，一般分类为

$$
\begin{aligned}
&S1: w = 0, \quad M_n = 0, \quad u_n = \bar{u}_n, \quad u_t = \bar{u}_t \\
&S2: w = 0, \quad M_n = 0, \quad N_n = \bar{N}_n, \quad u_t = \bar{u}_t \\
&S3: w = 0, \quad M_n = 0, \quad u_n = \bar{u}_n, \quad N_{nt} = \bar{N}_{nt} \\
&S4: w = 0, \quad M_n = 0, \quad N_n = \bar{N}_n, \quad N_{nt} = \bar{N}_{nt}
\end{aligned}
\tag{10.2.10}
$$

$$
\begin{aligned}
&C1: w = 0, \quad w_{,n} = 0, \quad u_n = \bar{u}_n, \quad u_t = \bar{u}_t \\
&C2: w = 0, \quad w_{,n} = 0, \quad N_n = \bar{N}_n, \quad u_t = \bar{u}_t \\
&C3: w = 0, \quad w_{,n} = 0, \quad u_n = \bar{u}_n, \quad N_{nt} = \bar{N}_{nt} \\
&C4: w = 0, \quad w_{,n} = 0, \quad N_n = \bar{N}_n, \quad N_{nt} = \bar{N}_{nt}
\end{aligned}
\tag{10.2.11}
$$

因此，矩形板四个边的任一边可以用方程 (10.2.10) 和 (10.2.11) 中八个条件的任何一种来描写。因此可能性的范围是很大的 (如果包括自由边界条件则对于四个边的每一边有 12 种可能条件)。用于分析的最简单情况自然是对边 (即使不是所有边) 有相同类型边界条件。重点是四边简支板，所以从方程 (10.2.10) 中挑选边界条件。注意简支边界没有转动约束，但当采用这一简化术语时，就不能确定特定的面内条件。很明显，包括面内条件在内的所有边界条件必须通过说明来确定，下面的解答是对于 S1 边界条件得到的。

为了更好地领会四类简支边界条件,用实物图的方式表示板边缘的支撑系统,如图 10.4 所示,这样读者可以很容易理解。注意,支撑装置的描述仅是为了理解各种支撑是如何工作的。对于简支板的边界,在图 10.4 中主要的简支装置是一个顶部是圆截面棱柱凸起的三棱柱,此装置实现了通常所谓的尖边支撑可实现的自由转动,也就是 $M_x=0$。从一端向另一端看,三棱柱与一般梁的支撑相似,但是此装置实现了允许的横向移动。对于一个板,凸起是一个允许 (或限制) 绕 y 轴转动的承托,凸起的中心位于板的中面上 (但不是准确地位于板的边缘上)。承托安装在板里面,因此允许绕 y 轴转动,但是阻止了板面的横向移动 ($w=0$) 并且阻止了沿着圆棱柱的 y 方向平移。支撑三棱柱的四种方式是:

(1) 对于 S1 条件,三棱柱固定在水平面上,故棱柱在 x 方向和 y 方向都不能移动。因此 $u=0$,$v=0$,并且 N_x 和 N_y 一定存在。

(2) 对于 S2 条件,三棱柱由部分嵌入到 y 方向的滚动轴承所支撑,允许 x 方向移动,禁止 y 方向移动。因此,$u \neq 0$,$v=0$。N_x 一定等于 0 以及 N_{xy} 一定存在。

(3) 对于 S3 条件,三棱柱由部分嵌入到 x 方向的滚动轴承所支撑,允许 y 方向移动,禁止 x 方向移动。因此,$u=0$,$v \neq 0$。N_x 一定存在以及 N_{xy} 一定等于 0。

(4) 对于 S4 条件,三棱柱部分嵌入到球面轴承中,允许 x-y 平面内任何方向的移动。因此,$u \neq 0$,$v \neq 0$。N_x 和 N_{xy} 都等于 0。

对于固定板的边缘,主要的支撑装置是一个方形物块,限制绕板边缘的转动 ($w,_x=0$) 和在板面内的位移 ($w=0$)。

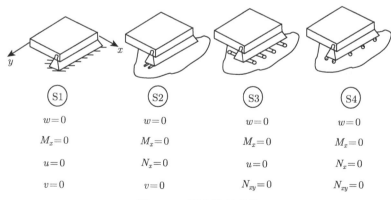

图 10.4 简支边界条件

10.3 横向分布载荷作用下简支层合板的弯曲

考虑一个沿边缘 $x=0$,$x=a$,$y=0$ 与 $y=b$,并承受着横向分布载荷 $P(x, y)$ 的简支矩形层合板的一般情况,如图 10.5 所示。横向载荷可以展开为一个双重傅

里叶级数:

$$P(x,y) = \sum_{m=1}^{\infty} \sum_{n=1}^{\infty} P_{mn} \sin\frac{m\pi x}{a} \sin\frac{n\pi y}{b} \tag{10.3.1}$$

许多不同类型的横向载荷, 可以容易地用方程 (10.3.1) 来表示。例如, 均匀载荷 P_0
由下式表示

$$P(x,y) = \sum_{m=1,3,\cdots}^{\infty} \sum_{n=1,3,\cdots}^{\infty} \frac{16P_0}{\pi^2} \frac{1}{mn} \sin\frac{m\pi x}{a} \sin\frac{n\pi y}{b} \tag{10.3.2}$$

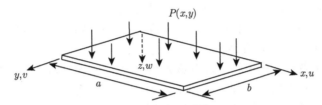

图 10.5　简支矩形层合板受横向均布载荷

对于由方程 (10.3.2) 所给定的载荷, 分析了一些可能的层合板类型, 如特殊正
交各向异性、对称角铺设、反对称正交铺设和反对称角铺设。比较这些计算结果以
确定弯-扭耦合刚度 (D_{16} 和 D_{26}) 和弯曲-拉伸耦合刚度 (B_{ij}) 的影响。

10.3.1　特殊正交各向异性层合板

一个特殊正交各向异性层合板是一个特殊正交各向异性材料的单层或者对称
于层合板中面铺设的多层特殊正交各向异性层。在这两种情况中, 层合板刚度只
有 A_{11}, A_{12}, A_{22}, A_{66}, D_{11}, D_{12}, D_{22} 和 D_{66}。既不存在剪切-扭转耦合, 也不
存在弯曲-拉伸耦合。因此, 对于板的问题, 其横向挠度仅由一个平衡微分方程来
表示

$$D_{11}w_{,xxxx} + 2(D_{12} + 2D_{66})w_{,xxyy} + D_{22}w_{,yyyy} = P(x,y) \tag{10.3.3}$$

对于这种层合板, 简支边的边界条件是

$$\begin{aligned} x = 0, a: \quad w = 0, \quad M_x = -D_{11}w_{,xx} - D_{12}w_{,yy} = 0 \\ y = 0, b: \quad w = 0, \quad M_y = -D_{12}w_{,xx} - D_{22}w_{,yy} = 0 \end{aligned} \tag{10.3.4}$$

注意, 面内变形 u 和 v 在微分方程中不出现。

如果横向载荷用傅里叶正弦级数表示 (方程 (10.3.1)), 那么这一四阶偏微分方
程和相应边界条件的解特别简单, 如同各向同性板一样, 容易证明其解是

$$w = \sum_{m=1}^{\infty} \sum_{n=1}^{\infty} a_{mn} \sin\frac{m\pi x}{a} \sin\frac{n\pi y}{b} \tag{10.3.5}$$

即方程 (10.3.5) 满足微分方程 (10.3.3) 和边界条件方程 (10.3.4)，如果

$$a_{mn} = \frac{\dfrac{P_{mn}}{\pi^4}}{D_{11}\left(\dfrac{m}{a}\right)^4 + 2\left(D_{12} + 2D_{66}\right)\left(\dfrac{m}{a}\right)^2\left(\dfrac{n}{a}\right)^2 + D_{22}\left(\dfrac{n}{b}\right)^4} \tag{10.3.6}$$

那么这就是精确解。特别是对于均布横向载荷，容易得出其解为

$$w = \frac{16P_0}{\pi} \sum_{m=1,3,\cdots}^{\infty} \sum_{n=1,3,\cdots}^{\infty} \times \frac{\dfrac{1}{mn}\sin\dfrac{m\pi x}{a}\sin\dfrac{n\pi y}{b}}{D_{11}\left(\dfrac{m}{4}\right)^4 + 2\left(D_{12} + 2D_{66}\right)\left(\dfrac{m}{a}\right)^2\left(\dfrac{n}{b}\right)^2 + D_{22}\left(\dfrac{n}{b}\right)^4} \tag{10.3.7}$$

如果挠度已知，可由几何方程求得应变，代入应力–应变关系就可直接得到应力。注意方程 (10.3.7) 的解仅用层合板刚度 D_{11}，D_{12}，D_{22} 和 D_{66} 来表达。

10.3.2 对称角铺设层合板

对称角铺设层合板，拉伸刚度和弯曲刚度是满矩阵，但没有弯曲-拉伸耦合刚度。这类层合板与特殊正交各向异性层合板不同的是出现了弯扭耦合刚度 D_{16} 和 D_{26}（当层合板对称时，剪切-拉伸耦合刚度 A_{16}，A_{26} 不影响板的横向变形 w）。平衡微分方程是

$$D_{11}w_{,xxxx} + 4D_{16}w_{,xxxy} + 2\left(D_{12} + 2D_{66}\right)w_{,xxyy} + 4D_{26}w_{,xyyy} + D_{22}w_{,yyyy} = P\left(x, y\right) \tag{10.3.8}$$

简支边的边界条件是

$$\begin{aligned} x = 0, a: \quad & w = 0, \quad M_x = -D_{11}w_{,xx} - D_{12}w_{,yy} - 2D_{16}w_{,xy} = 0 \\ y = 0, b: \quad & w = 0, \quad M_y = -D_{12}w_{,xx} - D_{22}w_{,yy} - 2D_{26}w_{,xy} = 0 \end{aligned} \tag{10.3.9}$$

注意，在微分方程和边界条件中出现耦合刚度。如同特殊正交各向异性层合板一样，简支边界条件仍然不能用平面边界条件的 u 和 v 的特征来区别，因为后者在任何对称层合板的问题中是不出现的。

由于存在 D_{16} 和 D_{26}，基本微分方程 (10.3.8) 的解不像特殊正交各向异性层合板那样简单。挠度 w 的傅里叶展开式 (10.3.5) 是分离变量的一个例子，然而因为包含了 D_{16} 和 D_{26} 项，该展开式不满足基本微分方程。因此，这一变量实际上是不可分离的。此外，挠度展开式不满足边界条件式 (10.3.9) 也是因为包含 D_{16} 和 D_{26} 项。

Ashton 利用能量法近似地解决了这个问题。用挠度及其导数来表示总势能。用傅里叶展开方程 (10.3.5) 来近似表达挠度并代入总势能表达式 v：

$$v = \frac{1}{2}\iint\left(D_{11}w_{,xx}^2 + 2D_{12}w_{,xx}w_{,yy} + D_{22}w_{,yy}^2 + 4D_{66}w_{,xy}^2\right.$$

$$+ 4D_{16}w_{,xx}w_{,xy} + 4D_{26}w_{,yy}w_{,xy} - 2Pw)\mathrm{d}x\mathrm{d}y \qquad (10.3.10)$$

其中包含的 Pw 项是外力即横向载荷 P 的功 (做负功)，v 的其他项是板的应变能。

如果在挠度展开式里取足够多的项，只要满足几何边界条件 ($w = 0$ 和 $w_{,x} = 0$)，即使自然边界条件 ($M_n = \overline{M}_n$ 和 $N_n = \overline{N}_n$) 不满足，近似能量也能收敛到精确能量。按照驻值势能原理，当能量相对挠度展开系数取极值时，这个方法就是众所周知的瑞利–里茨法。其结果是一组联立线性代数方程，用数字计算机可以求得数值解。简支边的边界条件只存在一个几何边界条件 $w = 0$ 和一个自然边界条件 $M_n = 0$。双重正弦级数挠度函数方程 (10.3.5) 满足几何边界条件但不满足自然边界条件。因此对瑞利–里茨法来说，它是一个允许的挠度近似值。然而，此法收敛可能缓慢，因为未必满足自然边界条件。

Ashton 在挠度近似方程 (10.3.5) 中用了 49 项 (到 $m = 7$ 和 $n = 7$)，研究了受均匀载荷作用的 $D_{22}/D_{11} = 1$, $(D_{12} + D_{66})/D_{11} = 1.5$ 和 $D_{16}/D_{11} = D_{26}/D_{11} = -0.5$ 的方板，得到的最大挠度 (在中央) 为

$$w_{\max} = 0.00425\frac{a^4P}{D_{11}} \qquad (10.3.11)$$

但是，如果忽略 D_{16} 和 D_{26}，即把对称角铺设近似地作为 $D_{22}/D_{11} = 1$, $(D_{12} + 2D_{66})/D_{11} = 1.5$ 和 $D_{16} = D_{26} = 0$ 的特殊正交各向异性层合板，则最大挠度是

$$w_{\max} = 0.00324\frac{a^4P}{D_{11}} \qquad (10.3.12)$$

这样，忽略弯–扭耦合项后的误差大约为 24%，这不是一个可以忽略的误差。所以不允许采用特殊正交各向异性层合板来作为对称角铺设层合板的近似。然而，可以认为 Ashton 的瑞利–里茨结果也只是一个近似，因为在挠度近似式里只用了有限项。因此，他的结果与精确解相比较，将有更大的把握放弃用特殊正交各向异性的近似。

10.3.3 反对称正交铺设层合板

反对称正交铺设层合板拉伸刚度为 A_{11}, A_{12}, $A_{22} = A_{11}$ 和 A_{66}；弯曲–拉伸耦合刚度为 B_{11} 和 $B_{22} = -B_{11}$；弯曲刚度为 D_{11}, D_{12}, $D_{22} = D_{11}$ 和 D_{66}。与特殊正交各向异性层合板相比，出现的新项是 B_{11} 和 B_{22}。由于这种耦合，平衡微分方程是耦合的：

$$A_{11}u_{,xx} + A_{66}u_{,yy} + (A_{12} + A_{66})\,v_{,xy} - B_{11}w_{,xxx} = 0 \qquad (10.3.13)$$

$$(A_{12} + A_{66})\,u_{,xy} + A_{66}v_{,xx} + A_{11}v_{,yy} - B_{11}w_{,yyy} = 0 \qquad (10.3.14)$$

$$D_{11}\left(w_{,xxxx}+w_{,yyyy}\right)+2\left(D_{12}+2D_{66}\right)w_{,xxyy}-B_{11}\left(u_{,xxx}-v_{,yyy}\right)=P \quad (10.3.15)$$

Whitney 和 Leissa 解决了具有边界条件 S2 的问题:

$$x=0,\ a:\quad w=0,\quad M_x=B_{11}u_{,x}-D_{11}w_{,xx}-D_{12}w_{,yy}=0 \quad (10.3.16)$$

$$v=0,\quad N_x=A_{11}u_{,x}+A_{12}v_{,y}-B_{11}w_{,xx}=0 \quad (10.3.17)$$

$$y=0,\ b:\quad w=0,\quad M_y=-B_{11}v_{,y}-D_{12}w_{,xx}-D_{11}w_{,yy}=0 \quad (10.3.18)$$

$$u=0,\quad N_y=A_{12}u_{,x}+A_{11}v_{,y}+B_{11}w_{,yy}=0 \quad (10.3.19)$$

并且发现挠度为

$$u=\sum_{m=1}^{\infty}\sum_{n=1}^{\infty}A_{mn}\cos\frac{m\pi x}{a}\sin\frac{n\pi y}{b}$$

$$v=\sum_{m=1}^{\infty}\sum_{n=1}^{\infty}B_{mn}\sin\frac{m\pi x}{a}\cos\frac{n\pi y}{b} \quad (10.3.20)$$

$$w=\sum_{m=1}^{\infty}\sum_{n=1}^{\infty}C_{mn}\sin\frac{m\pi x}{a}\sin\frac{n\pi y}{b}$$

如果横向载荷用傅里叶级数表示为方程 (10.3.1),则上式满足三个基本微分方程和边界条件,所以是精确解。

10.3.4 反对称角铺设层合板

反对称角铺设层合板有拉伸刚度 A_{11},A_{12},A_{22} 和 A_{66},拉-弯耦合刚度 B_{16} 和 B_{26},以及弯曲刚度 D_{11},D_{12},D_{22} 和 D_{66}。这样,这种层合板具有与反对称正交铺设层合板不同类型的拉-弯耦合。基本平衡微分方程是

$$A_{11}u_{,xx}+A_{66}u_{,yy}+\left(A_{12}+A_{66}\right)v_{,xy}-3B_{16}w_{,xxy}-B_{26}w_{,yyy}=0 \quad (10.3.21)$$

$$\left(A_{12}+A_{66}\right)u_{,xy}+A_{66}v_{,xx}+A_{22}v_{,yy}-B_{16}w_{,xxx}-3B_{26}w_{,xyy}=0 \quad (10.3.22)$$

$$D_{11}w_{,xxxx}+2\left(D_{12}+2D_{66}\right)w_{,xxyy}+D_{22}w_{,yyyy}$$
$$-B_{16}\left(3u_{,xxy}-v_{,xxx}\right)-B_{26}\left(u_{,yyy}+3v_{,xyy}\right)=P \quad (10.3.23)$$

Whitney 解决了这类问题中具有简支边界条件 S3 的情况:
由 $x=0,a:w=0,u=0$ 得

$$M_x=B_{16}\left(u_{,y}+v_{,x}\right)-D_{11}w_{,xx}-D_{12}w_{,yy}=0 \quad (10.3.24)$$

$$N_{xy}=A_{66}\left(u_{,y}+v_{,x}\right)-B_{16}w_{,xx}-B_{26}w_{,yy}=0 \quad (10.3.25)$$

由 $y=0, b: w=0, v=0$ 得

$$M_y = B_{26}\left(u_{,y} + v_{,x}\right) - D_{12}w_{,xx} - D_{22}w_{,yy} = 0 \tag{10.3.26}$$

$$N_{xy} = A_{66}\left(u_{,y} + v_{,x}\right) - B_{16}w_{,xx} - B_{26}w_{,yy} = 0 \tag{10.3.27}$$

然后，得出挠度：

$$u = \sum_{m=1}^{\infty}\sum_{n=1}^{\infty} A_{mn} \sin\frac{m\pi x}{a}\cos\frac{n\pi y}{b}$$

$$v = \sum_{m=1}^{\infty}\sum_{n=1}^{\infty} B_{mn} \cos\frac{m\pi x}{a}\sin\frac{n\pi y}{b} \tag{10.3.28}$$

$$w = \sum_{m=1}^{\infty}\sum_{n=1}^{\infty} C_{mn} \sin\frac{m\pi x}{a}\sin\frac{n\pi y}{b}$$

如果横向载荷用傅里叶级数表示，即方程 (10.3.1)，挠度是恒等地满足基本的微分方程和边界条件，因此解是精确的。这样，类似于方程 (10.3.6) 和方程 (10.3.28) 中的 A_{mn}, B_{mn} 和 C_{mn} 可以用 P_{mn} 项和层合板的刚度来表示。

10.4　层合板的屈曲

平板的屈曲是当平面内的压力载荷达到足够大，以致初始平直的平衡状态不再稳定而挠曲成为曲面 (或波浪) 形状。使板产生偏离平面状态的载荷叫做屈曲载荷。平板的平衡状态仅在平面内有力并且只受拉力、压力和剪力。因此平板的平衡状态通常叫做薄膜屈曲前状态，只包括平面内的变形。

10.4.1　薄板屈曲微分方程

薄板受到外力的作用处于平衡状态，其内力和位移是已知的，在某种扰动下发生了微小的屈曲，从而引起板的内力和位移发生了变化，用变分符号 δ 表示。当考虑一个板单元的平衡时，忽略屈曲前变形，就得到薄板屈曲微分方程：

$$\delta N_{x,x} + \delta N_{xy,y} = 0 \tag{10.4.1}$$

$$\delta N_{xy,x} + \delta N_{y,y} = 0 \tag{10.4.2}$$

$$\delta M_{x,xx} + 2\delta M_{xy,xy} + \delta M_{y,yy} + \bar{N}_x\delta w_{,xx} + 2\bar{N}_{xy}\delta w_{,xy} + \bar{N}_y\delta w_{,yy} = 0 \tag{10.4.3}$$

这里 δ 表示从屈曲前的平衡状态起的变分符号。因此，$\delta N_x, \cdots, \delta M_x, \cdots$ 依次是力和力矩由薄板屈曲前的平衡状态起的变分。同样 δw 项是由同样平直的屈曲前状态起的位移的变分。从外表上看，除了变分符号之外，屈曲微分方程类似于平衡微分

方程。注意到, 如果屈曲前状态是无变形的平板, 那么 $\delta w = w$。还需注意外加的面内载荷, $\bar{N}_x$, $\bar{N}_{xy}$ 和 $\bar{N}_y$ 作为曲率的系数进入特征值问题的数学方程式中, 而不是作为 "载荷" 出现在方程的右边。特征值问题的实质是确定引起屈曲的最小外加载荷 $\bar{N}_x$。这类问题的一个重要结论是如果不考虑大挠度, 屈曲后变形的大小是不能确定的; 亦即, 当仅利用方程 (10.4.1)$\sim$ 方程 (10.4.3) 时, 变形是不确定的。

合力和合力矩的变分分别是

$$
\left\{
\begin{array}{c}
\delta N_x \\
\delta N_y \\
\delta N_{xy}
\end{array}
\right\}
=
\left[
\begin{array}{ccc}
A_{11} & A_{12} & A_{16} \\
A_{11} & A_{22} & A_{26} \\
A_{16} & A_{26} & A_{66}
\end{array}
\right]
\left\{
\begin{array}{c}
\delta\varepsilon_x^0 \\
\delta\varepsilon_y^0 \\
\delta\gamma_{xy}^0
\end{array}
\right\}
+
\left[
\begin{array}{ccc}
B_{11} & B_{12} & B_{16} \\
B_{11} & B_{22} & B_{26} \\
B_{16} & B_{26} & B_{66}
\end{array}
\right]
\left\{
\begin{array}{c}
\delta\kappa_x \\
\delta\kappa_y \\
\delta\kappa_{xy}
\end{array}
\right\}
$$

$$(10.4.4)$$

$$
\left\{
\begin{array}{c}
\delta M_x \\
\delta M_y \\
\delta M_{xy}
\end{array}
\right\}
=
\left[
\begin{array}{ccc}
B_{11} & B_{12} & B_{16} \\
B_{11} & B_{22} & B_{26} \\
B_{16} & B_{26} & B_{66}
\end{array}
\right]
\left\{
\begin{array}{c}
\delta\varepsilon_x^0 \\
\delta\varepsilon_y^0 \\
\delta\gamma_{xy}^0
\end{array}
\right\}
+
\left[
\begin{array}{ccc}
D_{11} & D_{12} & D_{16} \\
D_{11} & D_{22} & D_{26} \\
D_{16} & D_{26} & D_{66}
\end{array}
\right]
\left\{
\begin{array}{c}
\delta\kappa_x \\
\delta\kappa_y \\
\delta\kappa_{xy}
\end{array}
\right\}
$$

$$(10.4.5)$$

其中, 拉伸应变的变分和曲率的变分与位移变分的关系是

$$\delta\varepsilon_x^0 = \delta u_{,x}, \quad \delta\varepsilon_y^0 = \delta v_{,y}, \quad \delta\gamma_{xy}^0 = \delta u_{,y} + \delta v_{,x} \tag{10.4.6}$$

$$\delta\kappa_x = -\delta w_{,xx}, \quad \delta\kappa_y = -\delta w_{,yy}, \quad \delta\kappa_{xy} = -2\delta w_{,xy} \tag{10.4.7}$$

屈曲微分方程可用位移的变分来表示, 只要把拉伸应变和曲率的变分方程 (10.4.6) 和方程 (10.4.7) 代入合力和合力矩的变分方程 (10.4.4) 和方程 (10.4.5), 然后再代入方程 (10.4.1)$\sim$ 方程 (10.4.3), 所得到的方程的形式类似于相应的平衡方程 (10.2.6)$\sim$ 方程 (10.2.8)。正如平衡问题一样, 一般层合板的屈曲有弯曲和拉伸之间的耦合。然而, 某些特殊的层合板没有耦合, 所以只要解方程 (10.4.3) 或者等价的挠度变分就可得到屈曲载荷。

屈曲问题的边界条件仅适用于屈曲变形, 因为屈曲前变形假定为薄膜状态 (即使拉伸–弯曲耦合存在)。特征值问题的一个明显特点是所有的边界条件是齐次的, 也就是为零。这样, 在屈曲的时候, 简支边和固定边边界条件是

$$
\begin{array}{llll}
\mathrm{S1}: & \delta w = 0, & \delta M_n = 0, & \delta u_n = 0, \quad \delta u_t = 0 \\
\mathrm{S2}: & \delta w = 0, & \delta M_n = 0, & \delta N_n = 0, \quad \delta u_t = 0 \\
\mathrm{S3}: & \delta w = 0, & \delta M_n = 0, & \delta u_n = 0, \quad \delta N_{nt} = 0 \\
\mathrm{S4}: & \delta w = 0, & \delta M_n = 0, & \delta N_n = 0, \quad \delta N_{nt} = 0
\end{array}
\tag{10.4.8}
$$

$$
\begin{aligned}
&\text{C1}: && \delta w = 0, && \delta M_{,n} = 0, && \delta u_n = 0, && \delta u_t = 0 \\
&\text{C2}: && \delta w = 0, && \delta M_{,n} = 0, && \delta N_n = 0, && \delta u_t = 0 \\
&\text{C3}: && \delta w = 0, && \delta M_{,n} = 0, && \delta u_n = 0, && \delta N_{nt} = 0 \\
&\text{C4}: && \delta w = 0, && \delta M_{,n} = 0, && \delta N_n = 0, && \delta N_{nt} = 0
\end{aligned}
\tag{10.4.9}
$$

平板每边的边界条件可以不同，于是像平衡问题一样，可能的边界条件的组合很多。

10.4.2　平面载荷作用下简支层合板的屈曲

考虑一个沿着板边 $x = 0$，$x = a$，$y = 0$ 和 $y = b$ 且在平面内 x 方向承受均匀力的一般形式的简支矩形层合板，如图 10.6 所示，也可以讨论其他更复杂的载荷和边界条件，然而通过这种简单载荷能很好地说明屈曲问题中不同刚度的重要性。

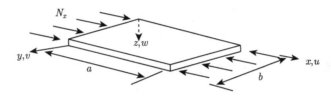

图 10.6　在均布单向平面压力作用下的简支矩形层合板

众所周知，圆柱屈曲的时候，侧面的变形沿着圆柱的长度方向是不同的。当板屈曲的时候，板的横向变形是二维波浪形的。更重要的是，在载荷方向上，二维性质具有多个正弦波，正如图 10.7 所示的两个屈曲波的例子。一般来说，如果板在载荷方向上很长，会出现很多正弦波。注意，图 10.7 中的节点线在屈曲的过程中不会移动。

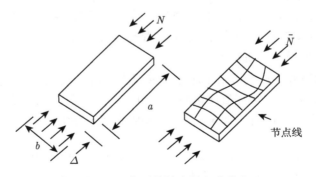

图 10.7　典型的简支板屈曲模态

薄板屈曲的载荷–变形行为比圆柱更复杂。第一，随着载荷增加，板在屈曲之前，在载荷方向上会稍微缩短；第二，由平面形状到屈曲形状的过程中，板在变形路径分叉的地方 $\bar{N}$(两个路径产生一个 $\bar{N}$) 产生屈曲。屈曲以后，实际上由屈曲载荷承受增加的载荷，但是刚度会降低，如图 10.8 所示。因此两个结构单元的屈曲载荷会有完全不同的意义，一个 (圆柱) 是最大载荷，另一个 (平板) 会因为载荷–变形行为突变。

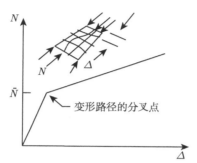

图 10.8 板受平面内载荷时的载荷–变形行为

10.4.3 特殊正交各向异性层合板

特殊正交各向异性层合板既有单层特殊正交各向异性层又有对称于板中面铺设的多层特殊正交各向异性层。在这两种情况中，层合板刚度仅是 A_{11}，A_{12}，A_{22}，A_{66}，D_{11}，D_{12}，D_{22} 和 D_{66}。既没有剪切或扭转耦合也没有弯曲–拉伸耦合。因此对于板的屈曲载荷问题仅由一个屈曲微分方程描述：

$$D_{11}\delta w_{,xxxx} + 2\left(D_{12} + 2D_{66}\right)\delta w_{,xxyy} + D_{22}\delta w_{,yyyy} + \bar{N}_x\delta w_{,xx} = 0 \qquad (10.4.10)$$

简支边界条件为

$$\begin{aligned} x = 0, a: \quad & \delta w = 0, \quad \delta M_x = -D_{11}\delta w_{,xx} - D_{12}\delta w_{,yy} = 0 \\ y = 0, b: \quad & \delta w = 0, \quad \delta M_y = -D_{12}\delta w_{,xx} - D_{22}\delta w_{,yy} = 0 \end{aligned} \qquad (10.4.11)$$

注意，因为没有平面位移的变分 δu 和 δv，所以边界条件比方程 (10.4.8) 和方程 (10.4.9) 的一般情况简单得多。

通过横向位移的变分 (对于平板，δw 是屈曲位移，因为薄板在未屈曲状态下 $w = 0$，而 δu 和 δv 是从平衡状态起的变分)：

$$\delta w = A_{mn}\sin\frac{m\pi x}{a}\sin\frac{n\pi y}{b} \qquad (10.4.12)$$

式中 m 和 n 分别为 x 和 y 方向的屈曲半波数。此外，如果取屈曲载荷为

$$\bar{N}_x = \pi^2\left[D_{11}\left(\frac{m}{a}\right)^2 + 2\left(D_{12} + 2D_{66}\right)\left(\frac{n}{b}\right)^2 + D_{22}\left(\frac{n}{b}\right)^4\left(\frac{a}{m}\right)^2\right] \qquad (10.4.13)$$

则式 (10.4.12) 是满足基本微分方程的。显然，当 $n=1$ 时，$\bar{N}_x$ 有最小值，所以屈曲载荷进一步简化为

$$\bar{N}_x = \pi^2 \left[D_{11} \left(\frac{m}{a} \right)^2 + 2 \left(D_{12} + 2D_{66} \right) \frac{1}{b^2} + D_{22} \left(\frac{1}{b^4} \right) \left(\frac{a}{m} \right)^2 \right] \tag{10.4.14}$$

不同的 m 值下的 $\bar{N}_x$ 最小值并不明显，它随不同的刚度和板的长宽比 a/b 而变化。

10.4.4　对称角铺设层合板

对称角铺设层合板要用拉伸刚度和弯曲刚度的满矩阵来描述，但没有弯曲和拉伸之间的耦合。这些层合板与特殊正交各向异性层合板之间的主要区别是引入了扭转耦合刚度 D_{11} 和 D_{26} (剪切耦合刚度 A_{10} 及 A_{26} 对于对称层合板的屈曲并不重要，因为基本微分方程并不是联立的)。因此，基本屈曲微分方程为

$$D_{11}\delta w_{,xxxx} + 4D_{16}\delta w_{,xxxy} + 2\left(D_{12} + 2D_{66} \right)\delta w_{,xxyy}$$
$$+ 4D_{26}\delta w_{,xyyy} + D_{22}\delta w_{,yyyy} + \bar{N}_x\delta w_{,xx} = 0 \tag{10.4.15}$$

其简支边界条件为

$$\begin{aligned} x = 0, a: & \quad \delta w = 0, \quad \delta M_x = -D_{11}\delta w_{,xx} - D_{12}\delta w_{,yy} - 2D_{10}\delta w_{,xy} = 0 \\ y = 0, b: & \quad \delta w = 0, \quad \delta M_y = -D_{12}\delta w_{,xx} - D_{22}\delta w_{,yy} - 2D_{26}\delta w_{,xy} = 0 \end{aligned} \tag{10.4.16}$$

在基本微分方程和边界条件中有 D_{16} 和 D_{26} 项，不可能得到封闭解。即类似于对称角铺设层合板的弯曲，横向位移的变分 δw 不可能像方程 (10.4.12) 那样分离为 x 的单独函数乘以 y 的单独函数。

横向位移变分的表达式：

$$\delta w = \sum_{m=1}^{\infty} \sum_{n=1}^{\infty} A_{mn} \sin\frac{m\pi x}{a} \sin\frac{n\pi y}{b} \tag{10.4.17}$$

代入总势能二次变分式中，并使它对 A_{mn} 取驻值。注意，方程 (10.4.17) 满足问题的几何边界条件 (在全部边界上 $\delta w = 0$)，但不满足自然边界条件 (在全部边界上 $\delta M_n = 0$) 或微分方程，因此，其结果可能是缓慢地收敛到真实解。

10.4.5　反对称正交铺设层合板

反对称正交铺设层合板的拉伸刚度为 A_{11}，A_{12}，$A_{22} = A_{11}$ 和 A_{66}，拉伸-弯曲耦合刚度为 B_{11} 和 $B_{22} = -B_{11}$，弯曲刚度为 D_{11}，D_{12}，$D_{22} = D_{11}$ 和 D_{66}。与特殊正交各向异性层合板相比，这里的新项是 B_{11} 和 B_{22}，由于这种弯曲-拉伸耦合，3 个屈曲微分方程是耦合的：

$$A_{11}\delta u_{,xx} + A_{66}\delta u_{,yy} + \left(A_{12} + A_{66} \right)\delta v_{,xy} - B_{11}\delta w_{,xxx} = 0 \tag{10.4.18}$$

$$(A_{12} + A_{66})\delta u_{,xy} + A_{66}\delta v_{,xx} + A_{11}\delta v_{,yy} + B_{11}\delta w_{,yyy} = 0 \tag{10.4.19}$$

$$D_{11}(\delta w_{,xxxx} + \delta w_{,yyyy}) + 2(D_{12} + 2D_{66})\delta w_{,xxyy} - B_{11}(\delta u_{,xxx} - \delta v_{,yyy}) + \bar{N}_x\delta w_{,xx} = 0 \tag{10.4.20}$$

如果选择简支边界条件 S2 来解这个问题:

$$x = 0, a: \quad \delta w = 0, \quad \delta M_x = B_{11}\delta u_{,x} - D_{11}\delta w_{,xx} - D_{12}\delta w_{,yy} = 0 \tag{10.4.21}$$

$$\delta v = 0, \quad \delta N_x = A_{11}\delta u_{,x} + A_{12}\delta v_{,y} - B_{11}\delta w_{,xx} = 0 \tag{10.4.22}$$

$$y = 0, b: \quad \delta w = 0, \quad \delta M_y = -B_{11}\delta v_{,y} - D_{12}\delta w_{,xx} - D_{11}\delta w_{,yy} = 0 \tag{10.4.23}$$

$$\delta u = 0, \quad \delta N_y = A_{12}\delta u_{,x} + A_{11}\delta v_{,y} + B_{11}\delta w_{,yy} = 0 \tag{10.4.24}$$

并可以证明挠度变分

$$
\begin{aligned}
\delta u &= \bar{u}\cos\frac{m\pi x}{a}\sin\frac{n\pi y}{b} \\
\delta v &= \bar{v}\sin\frac{m\pi x}{a}\cos\frac{n\pi y}{b} \\
\delta w &= \bar{w}\sin\frac{m\pi x}{a}\sin\frac{n\pi y}{b}
\end{aligned}
\tag{10.4.25}
$$

能够精确地满足边界条件和基本微分方程,因而是该问题的解。

10.4.6 反对称角铺设层合板

反对称角铺设层合板的拉伸刚度为 A_{11},A_{12},A_{22} 和 A_{66},弯曲-拉伸耦合刚度为 B_{16} 和 B_{26},弯曲刚度为 D_{11},D_{12} 和 D_{66}。于是,这类层合板与反对称正交铺设层合板有不同的弯曲-拉伸耦合形式。联立屈曲微分方程为

$$A_{11}\delta u_{,xx} + A_{66}\delta u_{,yy} + (A_{12} + A_{66})\delta v_{,xy} - 3B_{16}\delta w_{,xxy} - B_{26}\delta w_{,yyy} = 0 \tag{10.4.26}$$

$$(A_{12} + A_{66})\delta u_{,xy} + A_{66}\delta v_{,xx} + A_{22}\delta v_{,yy} - B_{16}\delta w_{,xxx} - 3B_{26}\delta w_{,xyy} = 0 \tag{10.4.27}$$

$$D_{11}\delta w_{,xxxx} + 2(D_{12} + 2D_{66})\delta w_{,xxyy} + D_{66}\delta w_{,yyyy}$$
$$- B_{16}(3\delta u_{,xxy} + \delta v_{,xxx}) - B_{26}(\delta u_{,yyy} + 3\delta v_{,xyy}) + \bar{N}_x\delta w_{,xx} = 0 \tag{10.4.28}$$

如果选择简支边界条件 S3 解这个问题 (注意这种边界条件与反对称正交铺设层合板的 S2 条件有显著的差别):

$$x = 0, a: \quad \delta w = 0, \quad \delta M_x = B_{16}(\delta v_{,x} + \delta u_{,y}) - D_{11}\delta w_{,xx} - D_{12}\delta w_{,yy} = 0 \tag{10.4.29}$$

$$\delta u = 0, \quad \delta N_{xy} = A_{66}(\delta v_{,x} + \delta u_{,y}) - B_{16}\delta w_{,xx} - B_{26}\delta w_{,yy} = 0 \tag{10.4.30}$$

$$y = 0, b: \quad \delta w = 0, \quad \delta M_y = B_{26}(\delta v_{,x} + \delta u_{,y}) - D_{12}\delta w_{,xx} - D_{22}\delta w_{,yy} = 0 \tag{10.4.31}$$

$$\delta v = 0, \quad \delta N_{xy} = A_{66}\left(\delta v_{,x} + \delta u_{,y}\right) - B_{16}\delta w_{,xx} - B_{26}\delta w_{,yy} = 0$$
$$\text{(10.4.32)}$$

可选取的位移变分为

$$\delta u = \bar{u}\sin\frac{m\pi x}{a}\cos\frac{n\pi y}{b}$$
$$\delta v = \bar{v}\cos\frac{m\pi x}{a}\sin\frac{n\pi y}{b} \qquad\qquad \text{(10.4.33)}$$
$$\delta w = \bar{w}\sin\frac{m\pi x}{a}\sin\frac{n\pi y}{b}$$

10.5　层合板的振动

　　板的振动或对于静平衡状态的振荡，如同板的屈曲一样是一个特征值问题。分析的目的是确定层合板振动的频率和波形。然而，在特定波形下的变形大小是不确定的，因为这是一个特征值问题。基本振动微分方程可由屈曲微分方程得到，只要在方程 (10.4.3) 右边增加一个加速度项，并重新解释所有变分是对应于平衡状态振动时的变分 (这不成问题，因为屈曲时也是从平衡状态起的变分)：

$$\delta N_{x,x} + \delta N_{xy,y} = 0 \qquad\qquad\qquad \text{(10.5.1)}$$

$$\delta N_{xy,x} + \delta N_{y,y} = 0 \qquad\qquad\qquad \text{(10.5.2)}$$

$$\delta M_{x,xx} + 2\delta M_{xy,xy} + \delta M_{y,yy} + \bar{N}_x\delta w_{,xx} + 2\bar{N}_{xy}\delta w_{,xy} + \bar{N}_y\delta w_{,yy} = \rho\delta w_{,tt} \quad \text{(10.5.3)}$$

其中 ρ 是平板单位面积的质量。

　　薄板振动时，力和力矩的变分由方程 (10.4.4) 和 (10.4.5) 得出。薄板的预应力状态 (平衡应力状态) 用 $\overline{N}_x$，$\overline{N}_y$ 和 $\overline{N}_{xy}$ 来确定。

　　当板是非对称层合板时，如同板弯曲和屈曲问题一样，板振动包括了弯曲和拉伸之间的耦合。不论层合特征如何，边界条件和屈曲问题一样。换句话说，屈曲和振动问题都可以表达为振动问题，当使振动频率等于 0 时，即可确定屈曲载荷。

　　本节考虑沿边 $x=0$，$x=a$，$y=0$ 和 $y=b$ 的简支矩形层合板的一般情况，如图 10.9 所示。将讨论特殊正交各向异性、对称角铺设、反对称正交铺设和反对称角铺设等各种层合板的自由振动频率和波形。

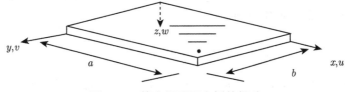

图 10.9　简支矩形层合板的振动

10.5.1 特殊正交各向异性层合板

特殊正交各向异性层合板既有单层的特殊正交各向异性材料，又有对称于层合板中面的多层特殊正交各向异性层。在两种情况中，层合板刚度只有 A_{11}, A_{12}, A_{22}, A_{66}, D_{11}, D_{12}, D_{22} 和 D_{66}，既不存在剪切或扭转耦合也不存在弯曲-拉伸耦合。因此对于平板问题，振动频率和波形由一个振动微分方程

$$D_{11}\delta w_{,xxxx} + 2\left(D_{12} + 2D_{66}\right)\delta w_{,xxyy} + D_{22}\delta w_{,yyyy} + \rho\delta w_{,tt} = 0 \tag{10.5.4}$$

来描述，其简支边界条件为

$$\begin{aligned} x = 0, a: \quad & \delta w = 0, \quad \delta M_x = -D_{11}\delta w_{,xx} - D_{12}\delta w_{,yy} = 0 \\ y = 0, b: \quad & \delta w = 0, \quad \delta M_y = -D_{12}\delta w_{,xx} - D_{22}\delta w_{,yy} = 0 \end{aligned} \tag{10.5.5}$$

弹性连续体的自由振动是时间的谐函数，所以 Whitney 选择谐函数解：

$$\delta w\left(x, y, t\right) = \left(A\cos wt + B\sin wt\right)\delta w\left(x, y\right) \tag{10.5.6}$$

可以发现，自由振动问题已经划分为时间和空间的独立变分。微分方程和边界条件满足横向位移的空间变分

$$\delta w\left(x, y\right) = \sin\frac{m\pi x}{a}\sin\frac{n\pi y}{b} \tag{10.5.7}$$

如果频率是

$$\omega^2 = \frac{\pi^4}{\rho}\left[D_{11}\left(\frac{m}{a}\right)^4 + 2\left(D_{12} + 2D_{66}\right)\left(\frac{m}{a}\right)^2\left(\frac{n}{b}\right)^2 + D_{22}\left(\frac{n}{b}\right)^4\right] \tag{10.5.8}$$

式中各种频率对应于不同的波形，当 m 和 n 都为 1 时得到基频。

对于 $D_{11}/D_{22} = 10$ 和 $D_{12} + 2D_{66} = 1$ 的特殊正交各向异性板和各向同性简支方板，四个最低频率列在表 10.1 中，在表 10.1 中，系数 K 由

$$\omega = \frac{K\pi^2}{b^2}\sqrt{D_{22}/\rho} \tag{10.5.9}$$

定义。

表 10.1　特殊正交各向异性和各向同性简支方板正则化振动频率

波形	特殊正交各向异性			各向同性		
	m	n	K	m	n	K
第一	1	1	3.60555	1	1	2
第二	1	2	5.83095	1	2	5
第三	1	3	10.4403	2	1	5
第四	2	1	13	2	2	8

10.5.2　对称角铺设层合板

对称角铺设层合板是用拉伸刚度和弯曲刚度满矩阵描述的,但没有弯曲和拉伸之间的耦合影响。这些层合板与特殊正交各向异性层合板之间的主要差别是在此引进了扭转耦合刚度 D_{16} 和 D_{26}(对于对称层合板的振动来说,剪切耦合刚度 A_{16} 和 A_{26} 并不重要,因为基本微分方程不是联立的)。相应的基本振动微分方程为

$$D_{11}\delta w_{,xxxx} + 4D_{16}w_{,xxxy} + 2\left(D_{12}+2D_{66}\right)\delta w_{,xxyy}$$
$$+ 4D_{26}w_{,xyyy} + D_{22}\delta w_{,yyyy} + \rho\delta w_{,tt} = 0 \tag{10.5.10}$$

无论何值时,其简支边界条件为

$$\begin{aligned} x=0,a: &\quad \delta w=0, \quad \delta M_x = -D_{11}\delta w_{,xx} - D_{12}\delta w_{,yy} - 2D_{16}\delta w_{,xy} = 0 \\ y=0,b: &\quad \delta w=0, \quad \delta M_y = -D_{12}\delta w_{,xx} - D_{22}\delta w_{,yy} - 2D_{26}\delta w_{,xy} = 0 \end{aligned} \tag{10.5.11}$$

由于基本微分方程和边界条件中有 D_{16} 和 D_{26} 存在,不可能提供封闭解。即与对称角铺设 (或各向异性) 层合板的弯曲和屈曲相似,横向位移的变分 δw 不可能分离为一个单独的 x 函数乘以单独的 y 函数,横向位移的变分表达式

$$\delta w = \sum_{m=1}^{\infty}\sum_{n=1}^{\infty} A_{mn}\sin\frac{m\pi x}{a}\sin\frac{n\pi y}{b} \tag{10.5.12}$$

满足几何边界条件 (在所有边上 $w=0$),但不满足自然边界条件 (在所有边上设 $M_n=0$) 或基本微分方程。所以采用式 (10.5.12) 代入适当的能量表示式可以缓慢地收敛到精确解。目前,没有适用于这类层合板的数值结果。

10.5.3　反对称正交铺设层合板

反对称正交铺设层合板具有拉伸刚度 A_{11}, A_{12}, $A_{22}=A_{11}$ 和 A_{66},弯曲-拉伸耦合刚度 B_{11} 和 $B_{22}=-B_{11}$,以及弯曲刚度 D_{11}, D_{12}, $D_{22}=D_{11}$ 和 D_{66}。与特殊正交各向异性层合板相比,其新项是 B_{11} 和 B_{22}。因为这种弯曲-拉伸耦合,振动微分方程是联立的:

$$A_{11}\delta u_{,xx} + A_{66}\delta u_{,yy} + (A_{12}+A_{66})\delta v_{,xy} - B_{11}\delta w_{,xxx} = 0 \tag{10.5.13}$$

$$(A_{12}+A_{66})\delta u_{,xy} + A_{66}\delta v_{,xx} + A_{11}\delta v_{,yy} + B_{11}\delta w_{,yyy} = 0 \tag{10.5.14}$$

$$D_{11}\left(\delta w_{,xxxx} + \delta w_{,yyyy}\right) + 2\left(D_{12}+2D_{66}\right)\delta w_{,xxyy}$$
$$- B_{11}\left(\delta u_{,xxx} - \delta v_{,yyy}\right) + \rho\delta w_{,tt} = 0 \tag{10.5.15}$$

Whitney 选择了如下位移的变分作为该问题的解:

$$\delta u (x,y,t) = \bar{u} \cos \frac{m\pi x}{a} \sin \frac{n\pi y}{b} \mathrm{e}^{\mathrm{i}\omega t}$$

$$\delta v (x,y,t) = \bar{v} \sin \frac{m\pi x}{a} \cos \frac{n\pi y}{b} \mathrm{e}^{\mathrm{i}\omega t} \tag{10.5.16}$$

$$\delta w (x,y,t) = \bar{w} \sin \frac{m\pi x}{a} \sin \frac{n\pi y}{b} \mathrm{e}^{\mathrm{i}\omega t}$$

10.5.4   反对称角铺设层合板

反对称角铺设层合板有拉伸刚度 A_{11}, A_{12}, A_{22} 和 A_{66}, 弯曲–拉伸耦合刚度 B_{16} 和 B_{26}, 以及弯曲刚度 D_{11}, D_{12}, D_{22} 和 D_{66}。因而, 这类层合板比反对称正交铺设层合板有不同类型的弯曲–拉伸耦合, 联立振动微分方程为

$$A_{11}\delta u_{,xx} + A_{66}\delta u_{,yy} + (A_{12}+A_{66})\delta v_{,xy} - 3B_{16}\delta w_{,xxy} - B_{26}\delta w_{,yyy} = 0 \tag{10.5.17}$$

$$(A_{12}+A_{66})\delta u_{,xy} + A_{66}\delta v_{,xx} + A_{22}\delta v_{,yy} + B_{16}\delta w_{,xxx} - 3B_{26}\delta w_{,xyy} = 0 \tag{10.5.18}$$

$$D_{11}\delta w_{,xxxx} + 2(D_{12}+2D_{66})\delta w_{,xxyy} + D_{22}\delta w_{,yyyy}$$

$$- B_{16}(3\delta u_{,xxy} - \delta v_{,xxx}) - B_{26}(\delta u_{,yyy} + 3\delta v_{,xyy}) + \rho\delta w_{,tt} = 0 \tag{10.5.19}$$

Whitney 证明了位移的变分为

$$\delta u (x,y,t) = \bar{u} \sin \frac{m\pi x}{a} \cos \frac{n\pi y}{b} \mathrm{e}^{\mathrm{i}\omega t}$$

$$\delta v (x,y,t) = \bar{v} \cos \frac{m\pi x}{a} \sin \frac{n\pi y}{b} \mathrm{e}^{\mathrm{i}\omega t} \tag{10.5.20}$$

$$\delta w (x,y,t) = \bar{w} \sin \frac{m\pi x}{a} \sin \frac{n\pi y}{b} \mathrm{e}^{\mathrm{i}\omega t}$$

习   题

10.1　一个长 75mm 的简支玻璃/环氧树脂复合材料梁 (如图 10.2 所示), 铺层为 $[\pm 30°]_{2s}$。在 5mm 的宽度上, 作用着一个均布载荷。假设每层厚度为 0.125mm, 玻璃/环氧树脂的材料参数如表 8.1 所示。试问:

(1) 梁的最大挠度是多少?

(2) 复合材料梁上部的局部应力是多少?

10.2　计算正交铺设 $[0°/90°]_{2s}$ 的窄梁的弯曲刚度。采取平均弯曲模量进行计算, 并将两者所得的结果做比较。假设每层厚度为 0.125mm, 玻璃/环氧树脂的材料参数如表 8.1 所示。

10.3　综合习题: 利用有限元法, 进行正交铺设和角铺设的圆柱壳的轴向屈曲分析。

第11章 复合材料层合板的强度分析

复合材料层合板中单层板的铺叠方式有多种，每一种方式对应一种新的结构形式与材料性能。层合板的应力状态也可以是无数种，因此各种不同应力状态下层合板的强度不可能靠实验来确定，只能通过建立一定的强度理论，将层合板的应力和基本强度联系起来。层合板中各层应力不同，应力高的单层板先发生破坏，于是可以通过逐层破坏的方式确定层合板的强度。因此，复合材料层合板的强度是建立在单层板强度理论基础上的。另外，由层合板的刚度特性和内力可以计算出层合板各单层板的材料主方向上的应力。这样就可以采取和研究各向同性材料强度相同的方法，根据单层板的应力状态和破坏模式，建立单层板在材料主方向坐标系下的强度准则。

本章主要介绍单层板的基本力学性能、单层板的强度失效准则以及层合板的强度分析方法。

11.1 单层板的力学性能

由层合板的结构可知，层合板是由若干单向纤维增强的单层板按一定规律组合而成的。当纤维和基体的性质、体积含量确定后，单层板材料主方向的强度和其工程弹性常数一样，是可以通过实验唯一确定的。

11.1.1 单层板的基本刚度与强度

材料主方向坐标系下的正交各向异性单层板，具有四个独立的工程弹性常数，分别表示为：纤维方向 (方向 1) 的杨氏模量 E_1，垂直纤维方向 (方向 2) 的杨氏模量 E_2，面内剪切模量 G_{12}；另外，还有两个泊松比 ν_{21}、ν_{12}，但它们不是独立的。这四个独立弹性常数表示正交各向异性单层板的**基本刚度**。

单层板的基本强度也具有各向异性，沿纤维方向的拉伸强度比垂直于纤维方向的强度要高。另外，同一主方向的拉伸和压缩的破坏模式不同，强度也往往不同，所以单层板在材料主方向坐标系下的强度指标共有五个，称为单层板的**基本强度**指标，分别表示为：纵向拉伸强度 X_t (沿纤维方向)，纵向压缩强度 X_c (沿纤维方向)，横向拉伸强度 Y_t (垂直纤维方向)，横向压缩强度 Y_c (垂直纤维方向)，面内剪切强度 S (在板平面内)。这五个基本强度是相互独立的，可以通过单层板的纵向拉伸与压缩、横向拉伸与压缩和面内剪切实验测得。

11.1.2 单层板强度和刚度的实验测定

对于正交各向异性材料，可以通过一定的基本实验来确定材料主方向上的材料性能。如果实验正确，一般可以同时测得材料的强度与刚度性能。

通过以下几个实验，能够得到上述的基本强度、刚度数据。实验的基本假设是，载荷从零增至极限载荷或破坏载荷的过程中，材料的应力–应变关系是线性的。展现这种线性行为的典型材料有玻璃/环氧复合材料、硼/环氧复合材料和石墨/环氧复合材料等，但破坏时的剪切行为是高度非线性的。

实验测定单层板强度、刚度性能的关键因素在于使试件承受均匀的应力状态。对于各向同性材料来说，这样的加载比较容易，但对于正交各向异性复合材料，当载荷作用在非材料主方向上时，正应力与切应变之间、切应力与正应变之间、切应力与切应变之间出现耦合作用。因此，为了能获得所期望的实验结果，必须要格外谨慎。

实验中使用的试件必须满足以下几个标准：

(1) 最大应力发生在横截面积最小的区域，所以破坏才能发生在此区域。

(2) 整个破坏区存在均匀的应力场以消除基于体积的统计失效的影响 (比如，材料内普遍分布着的缺陷)。

(3) 破坏区中不需要的其他应力必须消除 (比如，消除因加载误差而产生的弯曲应力)；另一种情况，消除端部和边缘的影响。

(4) 试件材料与测试程序必须能从以下三个方面代表预期的应用：

(i) 制造过程 (带状层合试件无论如何也不能代表缠绕结构)；

(ii) 形状效应 (试件的特征尺寸不能接近材料本身的特征尺寸)；

(iii) 环境 (加载速率、湿度和试件温度等必须与实际应用相匹配)。

考虑如图 11.1 所示的拉伸试件示意图，三个区域分别为：① 加载区，即对试件施加载荷的区域；② 测量区，即应力均匀分布且在最大载荷下发生破坏的区域；③ 过渡区，即在加载区与测量区之间的平滑过渡区域，不存在应力集中现象。

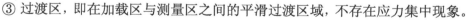
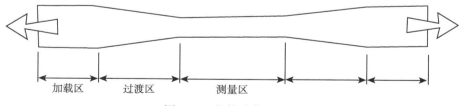

加载区　　　过渡区　　　测量区

图 11.1　拉伸试件示意图

试件一般按照美国材料测试学会的标准设计。ASTM D638 型拉伸试件是一种相当简单的试件，需要将从加载区到测量区之间的区域加工成圆角过渡区。如

图 11.2 所示，测量区约占试件总长度的 1/4。

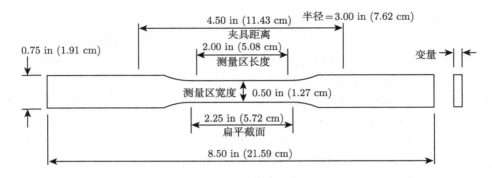

图 11.2　ASTM D 638 型拉伸试件

1 in = 2.54 cm

　　另一种试件是如图 11.3 所示的直边型拉伸试件，该试件的过渡区是通过厚度的改变来实现的，破坏通常发生在黏接区或颈缩区。

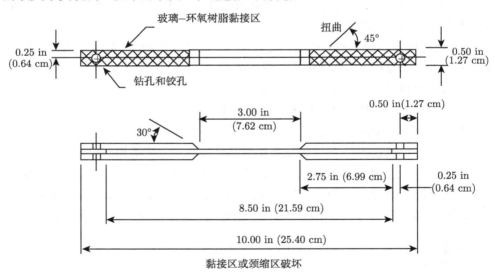

图 11.3　直边型拉伸试件

　　还有一种如图 11.4 所示的领结型拉伸试件，这种试件需要制造出逐渐变化的过渡区，并且比之前两种试件更长。但破坏均发生在颈缩区，因此领结型拉伸试件是三种试件中唯一满足测试准则的试件。

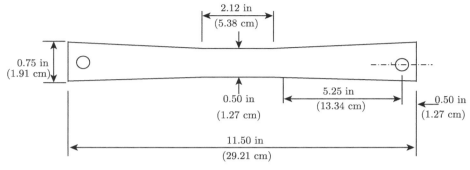

图 11.4 领结型拉伸试件

在压缩载荷下, 柔性拉伸试件将发生屈曲, 因此侧向支撑必不可少, 并且要求试件高度与夹持装置长度基本保持一致。

第一个实验, 考虑一单向纤维增强板在方向 1 上的单轴拉伸实验, 该试件是由材料方向相同的单层板在沿厚度方向上叠合而成, 如图 11.5 所示。在本实验中测量应变 ε_1 和 ε_2, 并定义

$$\sigma_1 = \frac{P}{A}, \quad E_1 = \frac{\sigma_1}{\varepsilon_1}, \quad \nu_{12} = -\frac{\varepsilon_2}{\varepsilon_1}, \quad X = \frac{P_{\text{ult}}}{A} \tag{11.1.1}$$

其中 A 是试件在垂直于载荷方向上的横截面积, P_{ult} 是试件的极限载荷。

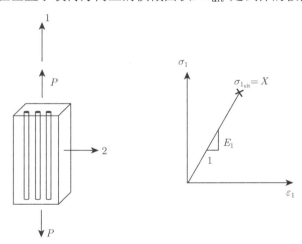

图 11.5 作用在方向 1 上的单向载荷

第二个实验, 考虑单层板在方向 2 上的单向拉伸, 如图 11.6 所示。和第一个实验一样, 测出 ε_1 和 ε_2, 那么

$$\sigma_2 = \frac{P}{A}, \quad E_2 = \frac{\sigma_2}{\varepsilon_2}, \quad \nu_{21} = -\frac{\varepsilon_1}{\varepsilon_2}, \quad Y = \frac{P_{\text{ult}}}{A} \tag{11.1.2}$$

其中 A 是试件的横截面积，P_{ult} 是试件的极限载荷。

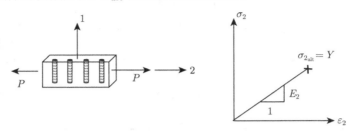

图 11.6　作用在方向 2 上的单向载荷

刚度特性应满足互反关系：

$$\frac{\nu_{12}}{E_1} = \frac{\nu_{21}}{E_2} \tag{11.1.3}$$

这个关系可用来检验实验数据的正确性，否则存在以下三种可能性：① 数据测量不正确；② 计算不正确；③ 材料不能用线弹性应力–应变关系来描述。

第三个实验是确定其余的剪切模量 G_{12} 和剪切强度 S。考虑在单层板平面内与方向 1 成 45° 的单向拉伸载荷，如图 11.7 所示，即 45° 偏轴实验。通过单独测量 ε_x，显然有

$$E_x = \frac{P/A}{\varepsilon_x} \tag{11.1.4}$$

然后，利用模量变换关系 (参考 (8.3.26))

$$\frac{1}{E_x} = \frac{1}{4}\left(\frac{1}{E_1} - \frac{2\nu_{12}}{E_1} + \frac{1}{G_{12}} + \frac{1}{E_2}\right) \tag{11.1.5}$$

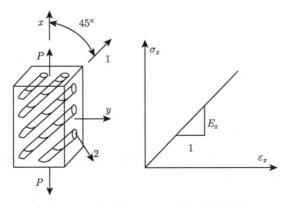

图 11.7　与方向 1 成 45° 的单轴载荷

其中 G_{12} 是唯一未知量，则有

$$G_{12} = \cfrac{1}{\cfrac{4}{E_x} - \cfrac{1}{E_1} - \cfrac{1}{E_2} + \cfrac{2\nu_{12}}{E_1}} \tag{11.1.6}$$

我们便得到了剪切模量 G_{12}。

强度并不能像刚度那样转换，于是对于强度来说，像式 (11.1.5) 这样的关系并不存在。又因为在伴随剪切破坏的情况下并不会引起纯剪切变形，所以不能依赖这个实验来确定极限剪切应力 S。因此，必须使用其他方法来获得剪切强度 S。

复合材料圆管扭转实验。该实验包含一个细圆管以及施加在末端的扭矩 T，如图 11.8 所示。细圆管由纤维方向全部平行于轴向或全部为圆周方向的多层板制成。如果圆管仅有几层厚度，那么可以认为沿壁厚方向是均匀应力状态。然而由于圆管很脆，端部夹固很困难。通常圆管端部必须由附加胶接层来加固，以使加载时失效发生在圆管中央的应力均匀区。这种细圆管的制作成本很高，对测试仪器也有很高的要求。如果切应变 γ_{12} 是基于切应力 τ_{12} 测得，那么切应力可由薄壁圆管扭转的应力公式确定：

$$\tau_{12} = \frac{T}{2\pi r^2 t} \tag{11.1.7}$$

$$S = \tau_{12_{\text{ult}}} = \frac{T_{\text{ult}}}{2\pi r^2 t} \tag{11.1.8}$$

其中 r 是圆管的半径，t 是壁厚，T_{ult} 是极限扭矩。典型的切应力–切应变曲线是非线性的，如图 11.8 所示。由切应力–切应变曲线的线性部分也可以得到剪切模量：

$$G_{12} = \frac{\tau_{12}}{\gamma_{12}} \tag{11.1.9}$$

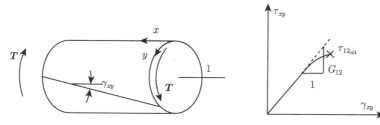

图 11.8　复合材料圆管扭转实验

另一种测量剪切强度和剪切刚度的实验是轨道剪切实验。用两根轨道把层合板两对边用螺栓连接起来，如图 11.9 所示。一根轨道在层合板的顶部伸出，而另一根在层合板的底部伸出。组合件放在万能实验机加载夹头之间加压。这样，单层板中引起剪切变形。考虑到端部影响 (例如，单层板顶部和底部的自由边)，这种试

件的几何形状必须仔细选择。这些加上其他一些影响都可能导致测定的强度低于实际情况。尽管如此，但它因为简单、便宜而且能用来做高、低温实验的优点，得到广泛应用。

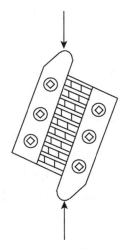

图 11.9 轨道剪切实验

11.1.3 单层板力学性能小结

单层板的四个工程弹性常数和五个基本强度是复合材料的基本力学性能，类似于各向同性材料的两个工程弹性常数和一个拉伸强度。作为实验结果的实例，几种单向纤维增强复合材料 (玻璃/环氧、硼/环氧、石墨/环氧和凯芙拉/环氧) 的力学性能列于表 11.1。这些值是能够由材料得到的有代表性的强度和弹性模量值 (除了有许多变体的环氧树脂)。然而，这些值仅用于理论解释，不应该用于复合材料的实际设计。只有最新的特定纤维和基体系统的相关数值可用于设计。还

表 11.1 几种单向纤维增强复合材料的力学性能

特性	单向纤维增强复合材料			
	玻璃/环氧	硼/环氧	石墨/环氧	凯芙拉/环氧
纵向杨氏模量 E_1/GPa	54	207	207	76
横向杨氏模量 E_2/GPa	18	21	5	5.5
面内泊松比 ν_{12}	0.25	0.3	0.25	0.34
面内剪切模量 G_{12}/GPa	9	9	2.6	2.1
纵向拉伸强度 X_t/MPa	1035	1380	1035	1380
横向拉伸强度 Y_t/MPa	28	83	41	28
面内剪切强度 S/MPa	41	124	69	44
纵向压缩强度 X_c/MPa	1035	2760	689	276
横向压缩强度 Y_c/MPa	138	276	117	138

应记住正应力–正应变曲线是基本线性的, 切应力–切应变的曲线是非线性的 (特别是硼/环氧和石墨/环氧)。当复合材料的纤维和基体含量变化时, 具体性能的值也将变化。表 11.2 给出了典型碳纤维复合材料的基本强度。

表 11.2 典型碳纤维复合材料的基本强度

材料	碳纤维 HT3/环氧 5224	碳纤维 HT3/双马来酰亚胺 QY8911
纵向拉伸强度 X_t/MPa	1400	1548
横向拉伸强度 Y_t/MPa	50	55.5
面内剪切强度 S/MPa	99	89.9
纵向压缩强度 X_c/MPa	1100	1426
横向压缩强度 Y_c/MPa	180	218

11.2 单层板的强度失效准则

单层板在材料主方向的基本刚度和强度已经确定, 本节将继续确定正交各向异性单层板在双轴应力状态下的力学行为和失效准则。

实验测定的材料强度大多基于单轴应力状态, 但一般的实际问题, 即使不是三轴应力状态, 至少也涉及两个方向。因此, 有必要建立由单轴强度信息来分析多轴加载问题的理论。获得单层板在所有方向的强度特性是不可能的, 所以须通过材料主方向的性能来表征任意方向的材料性能。此时主应力和主应变等概念是没有意义的。由于微观破坏机理的多样性, 确定其强度转换张量非常困难, 而且强度转换张量比刚度转换张量要复杂许多, 即使存在, 其阶数也比刚度转化张量要高。尽管如此, 仍然可以进行强度的张量变换, 建立一种唯象的失效准则。唯象的失效准则不是从微观尺度考虑材料的真实破坏机理, 而是基于实验数据的曲线拟合, 从宏观现象来进行研究, 因此称其为**失效准则**而非失效理论。

复合材料的强度失效准则的研究历史已经相当长, 相继提出了多种不同形式的强度失效准则, 但是由于复合材料破坏的复杂性, 没有一个失效准则可以应用于所有的复合材料。这里主要介绍几种应用较广的失效准则。多数的复合材料失效准则是在各向同性材料失效准则的基础上推广发展的。另外, 考虑到纤维复合材料的变形和破坏特点, 在建立强度失效准则时, 假设单层板失效前的应力–应变关系始终是线弹性的。

11.2.1 最大应力失效准则

单层板最大应力失效准则认为, 在复杂应力状态下, 单层板材料主方向的三个应力分量中, 任何一个达到该方向的基本强度时, 单层板失效。该失效准则的表达式为

$$
\begin{cases}
-X_c < \sigma_1 < X_t \\
-Y_c < \sigma_2 < Y_t \\
|\tau_{12}| < S
\end{cases}
\tag{11.2.1}
$$

这五个不等式相互独立，代表五个失效准则。其中任何一个不等式不满足，就意味着单层板破坏。最大应力破坏准则中各破坏方式之间没有内在的关联，因此这五个准则表示五种失效机理。

使用最大应力失效准则时，物体所受应力必须转化为材料主方向坐标中的应力。当单向增强板在与纤维夹角为 θ 方向受单轴载荷时，将单轴应力 σ_x 转化为材料主方向坐标中的双轴应力状态，得到

$$
\sigma_1 = \sigma_x \cos^2 \theta, \quad \sigma_2 = \sigma_x \sin^2 \theta, \quad \tau_{12} = -\sigma_x \sin \theta \cos \theta \tag{11.2.2}
$$

将式 (11.2.2) 代入式 (11.2.1)，整理后得到

$$
\begin{aligned}
&\frac{X_c}{\cos^2 \theta} < \sigma_x < \frac{X_t}{\cos^2 \theta} \\
&\frac{Y_c}{\sin^2 \theta} < \sigma_x < \frac{Y_t}{\sin^2 \theta} \\
&|\sigma_x| < \left| \frac{S}{\sin \theta \cos \theta} \right|
\end{aligned}
\tag{11.2.3}
$$

图 11.10 绘制了一种复合材料在拉压载荷状态下的力学行为，σ_x 是这一准则

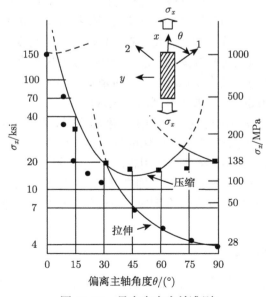

图 11.10　最大应力失效准则

1ksi $= 6.89476 \times 10^6$ Pa

中的最小值, 反映了该复合材料单轴强度和加载方向与材料主方向夹角 θ 的变化关系, 其中实线表示最大应力强度准则, 最低的曲线决定了该材料的强度。理论上强度变化的尖点没有在实验数据中出现, 但理论强度变化和实验强度变化并不一致。

11.2.2 最大应变失效准则

单层板最大应变失效准则认为, 在复杂应力状态下, 单层板材料主方向的三个应变分量中, 任何一个达到每方向基本强度对应的极限应变时, 单层板失效。该失效准则的基本表达式为

$$
\begin{cases}
-\varepsilon_{1c} < \varepsilon_1 < \varepsilon_{1t} \\
-\varepsilon_{1c} < \varepsilon_2 < \varepsilon_{1t} \\
|\gamma_{12}| < \gamma_{12s}
\end{cases}
\tag{11.2.4}
$$

由于单层板的应力–应变关系一直到破坏都是线性的, 所以式 (11.2.4) 中的极限应变可以用相应的基本强度来表示, 即

$$
\varepsilon_{1t} = \frac{X_t}{E_1}, \quad \varepsilon_{1c} = \frac{X_c}{E_1}
$$

$$
\varepsilon_{2t} = \frac{Y_t}{E_2}, \quad \varepsilon_{2c} = \frac{Y_c}{E_2}
\tag{11.2.5}
$$

$$
\gamma_{12s} = \frac{S}{G_{12}}
$$

式 (11.2.4) 中的三个应变可由广义胡克定律表示为应力的函数, 于是单层板最大应变失效准则可以用应力表示为

$$
\begin{cases}
-X_c < \sigma_1 - \nu_{12}\sigma_2 < X_t \\
-Y_c < \sigma_2 - \nu_{21}\sigma_1 < Y_t \\
|\tau_{12}| < S
\end{cases}
\tag{11.2.6}
$$

比较式 (11.2.6) 和式 (11.2.1) 可知, 最大应变失效准则中考虑了另一个材料主方向的影响, 即泊松耦合效应。

对一个任意方向加强的复合材料受 θ 方向单轴载荷, 则单轴偏心加载的最大应变失效准则为

$$
\begin{cases}
\dfrac{X_c}{\cos^2\theta - \nu_{12}\sin^2\theta} < \sigma_x < \dfrac{X_t}{\cos^2\theta - \nu_{12}\sin^2\theta} \\[3mm]
\dfrac{Y_c}{\sin^2\theta - \nu_{21}\cos^2\theta} < \sigma_x < \dfrac{Y_t}{\sin^2\theta - \nu_{21}\cos^2\theta} \\[3mm]
|\sigma_x| < \left| \dfrac{S}{\sin\theta\cos\theta} \right|
\end{cases}
\tag{11.2.7}
$$

最大应变失效准则式 (11.2.7) 和最大应力失效准则式 (11.2.3) 的唯一不同是前者包含了泊松比。

和最大应力准则一样，可以作出复合材料单轴偏心加载时最大应变失效准则和观测到的实验结果对比图，如图 11.11 所示，理论预测值和实验结果的差异与最大应力准则相似，但其差异要比图 11.10 中的更为显著。因此，最大应变失效准则仍有一定的缺陷。

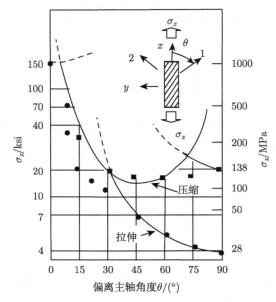

图 11.11   最大应变失效准则

11.2.3   蔡–希尔 (Tsai-Hill) 失效准则

蔡–希尔失效准则是各向同性材料的 Mises 屈服失效准则在正交各向异性材料中的推广。蔡–希尔失效准则假设了正交各向异性材料的失效准则具有类似于各向同性材料的 Mises 准则，并表示为

$$F(\sigma_2 - \sigma_3)^2 + G(\sigma_3 - \sigma_1)^2 + H(\sigma_1 - \sigma_2)^2 + 2L\tau_{23}^2 + 2M\tau_{31}^2 + 2N\tau_{12}^2 = 1 \quad (11.2.8)$$

式中，σ_1、σ_2、σ_3、τ_{23}、τ_{31}、τ_{12} 是材料主方向上的应力分量，如图 11.12 所示；F、G、H、L、M、N 称为强度参数，与材料主方向的基本强度相关。假设该材料的拉压强度相等，材料主方向基本强度为 X、Y、Z、S_{23}、S_{31}、S_{12}。各向同性的 Mises 准则描述的是物体发生畸变而非体积变化的那部分能量，但对于各向异性材料，畸变和体积改变不能独立，所以式 (11.2.8) 并不能解释为畸变能。

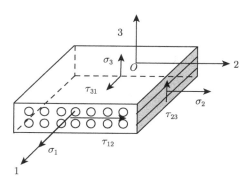

图 11.12 材料主方向上的应力分量

单层板失效强度参数 F、G、H、L、M 和 N 与基本失效强度 X、Y 和 S 之间的关系，通过特殊设计的实验确定。通过三个材料主方向的简单拉伸破坏实验，分别有 $\sigma_1 = X$，$\sigma_2 = Y$ 和 $\sigma_3 = Z$，由式 (11.2.8) 可得

$$G + H = \frac{1}{X^2}, \quad F + H = \frac{1}{Y^2}, \quad F + G = \frac{1}{Z^2} \qquad (11.2.9)$$

再经过三个正交平面内的纯剪切破坏实验，有 $\tau_{23} = S_{23}$，$\tau_{31} = S_{31}$，$\tau_{12} = S_{12}$，由式 (11.2.8) 可得

$$L = \frac{1}{2S_{23}^2}, \quad M = \frac{1}{2S_{31}^2}, \quad N = \frac{1}{2S_{12}^2} \qquad (11.2.10)$$

联立求解式 (11.2.9) 可得

$$2F = \frac{1}{Y^2} + \frac{1}{Z^2} - \frac{1}{X^2}, \quad 2G = \frac{1}{X^2} + \frac{1}{Z^2} - \frac{1}{Y^2}, \quad 2H = \frac{1}{X^2} + \frac{1}{Y^2} - \frac{1}{Z^2} \quad (11.2.11)$$

单层板处于平面应力状态，有 $\sigma_3 = \tau_{23} = \tau_{31} = 0$，则蔡–希尔失效准则可以简化为

$$(G + H)\sigma_1^2 + (F + H)\sigma_2^2 - 2H\sigma_1\sigma_2 + 2N\tau_{12}^2 = 1 \qquad (11.2.12)$$

考虑到单层板在 2O3 平面内是各向同性的，即有 $Z = Y$，并取 $S_{12} = S$。由式 (11.2.9)~ 式 (11.2.11)，可得

$$G + H = \frac{1}{X^2}, \quad F + H = \frac{1}{Y^2}$$
$$2H = \frac{1}{X^2}, \quad 2N = \frac{1}{S^2} \qquad (11.2.13)$$

代入式 (11.2.12)，可得

$$\frac{\sigma_1^2}{X^2} - \frac{\sigma_1\sigma_2}{X^2} + \frac{\sigma_2^2}{Y^2} + \frac{\tau_{12}^2}{S^2} = 1 \qquad (11.2.14)$$

式 (11.2.14) 称为蔡–希尔失效准则。蔡–希尔失效准则综合了单层板材料主方向的三个应力和相应的基本强度对单层板破坏的影响,尤其是记入了 σ_1 和 σ_2 的相互作用,因此在工程中应用较多。从式 (11.2.14) 的推导过程可知,蔡–希尔失效准则原则上只适用于拉压基本强度相同的复合材料单层板,但是通常复合材料单层板的拉压强度是不等的,工程上往往选取式 (11.2.14) 中的基本强度 X 和 Y 与所受的正应力 σ_1 和 σ_2 一致。如果正应力 σ_1 为拉伸应力,则 X 取 X_t;如果 σ_2 是压应力,则 Y 取 Y_c。

将应力转换方程 (11.2.2) 代入式 (11.2.14),可得蔡–希尔单轴偏心强度失效准则为

$$\frac{\cos^4 \theta}{X^2} + \left(\frac{1}{S^2} - \frac{1}{X^2} \right) \cos^2 \theta \sin^2 \theta + \frac{\sin^4 \theta}{Y^2} = \frac{1}{\sigma_x^2} \tag{11.2.15}$$

复合材料单层板具有不同的拉压强度,X、Y 取值与其在应力空间所处的象限有关,因此强度包络线在应力空间中由四部分组成,它们在数值上是连续的,但单轴强度的斜率并不连续。

图 11.13 给出了基于该准则的理论值和 E–玻璃/环氧的实验数据对比图,理论结果和实验数据相吻合。由此得到了适用于 E–玻璃/环氧单层板在不同方向的双轴强度准则。

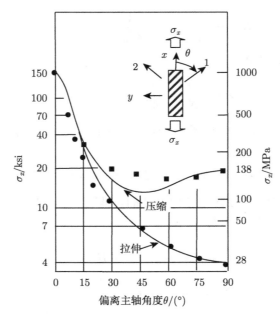

图 11.13   蔡–希尔失效准则

对于 E–玻璃/环氧复合材料的失效预测,蔡–希尔失效准则比最大应力失效准

则和最大应变失效准则更适合。除此之外，蔡–希尔失效准则还有以下优势：

(1) 强度随方向的变化更加光滑，没有尖点；

(2) 单向强度随 θ 由 $0°$ 增大而持续减小，不同于最大应力失效准则和最大应变失效准则；

(3) 理论和实验结果之间的一致性更好。

11.2.4 霍夫曼 (Hoffman) 失效准则

蔡–希尔失效准则中没有考虑单层板拉压强度不同对材料破坏的影响。霍夫曼在蔡–希尔的正交各向异性材料失效准则表达式 (11.2.8) 中增加了应力的一次项：

$$C_1(\sigma_2 - \sigma_3)^2 + C_2(\sigma_3 - \sigma_1)^2 + C_3(\sigma_1 - \sigma_2)^2$$
$$+ C_4\sigma_1 + C_5\sigma_2 + C_6\sigma_3 + C_7\tau_{23}^2 + C_8\tau_{31}^2 + C_9\tau_{12}^2 = 1 \tag{11.2.16}$$

通过类似于对蔡–希尔失效准则表达式的推导，得到单层板平面应力问题的霍夫曼失效准则，表达式为

$$\frac{\sigma_1^2 - \sigma_1\sigma_2}{X_t X_c} + \frac{\sigma_2^2}{Y_t Y_c} + \frac{X_c - X_t}{Y_t Y_c}\sigma_1 + \frac{Y_c - Y_t}{Y_t Y_c}\sigma_2 + \frac{\tau_{12}^2}{S^2} = 1 \tag{11.2.17}$$

式中 σ_1 和 σ_2 的一次项体现了单层板拉压强度不相等对材料破坏的影响。图 11.14 表示了霍夫曼失效准则与实验结果的比较。显然，当拉压强度相等时，该式就简化为蔡–希尔失效准则。霍夫曼失效准则有以下几个特征：

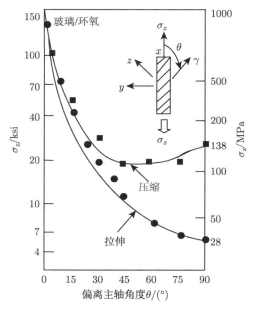

图 11.14　霍夫曼失效准则在玻璃/环氧中的应用

(1) 破坏形式之间一般是相互作用的, 但在霍夫曼失效准则中, 像最大拉伸和最大压缩这种破坏形式可以视为单独的破坏条件。

(2) 由于拉应力和压应力强度的不同, 蔡–希尔理论在 $\sigma_1 - \sigma_2$ 平面坐标系不同象限中应用条件不同。

(3) 在设计应用中, 霍夫曼失效准则是所有准则中最简单的。

11.2.5　蔡–吴 (Tsai-Wu) 张量失效准则

纤维增强复合材料在材料主方向上的拉压强度一般都不相等, 尤其是横向拉压强度相差更大, 为此蔡–吴提出了张量失效准则, 也称为应力空间失效准则。蔡–吴张量理论中曲线拟合能力增加, 在理论中多了一些强度项, 主要是两个方向应力之间的相互作用。在平面应力状态下, 该失效准则表示为

$$F_{ij}\sigma_i\sigma_j + F_i\sigma_i = 1 \quad (i = 1,2,6) \tag{11.2.18}$$

式中应力 σ_i(或 σ_j) 是应力张量, F_{ij} 和 F_i 是强度参数张量。根据张量的下标表示方法和爱因斯坦求和约定, 当式 (11.2.18) 中的应力张量和强度参数张量的任意两个下标相同时, 即对此下标变量求和, 于是式 (11.2.18) 可以展开为

$$F_{11}\sigma_1^2 + F_{12}\sigma_1\sigma_2 + F_{16}\sigma_1\sigma_6 + F_{21}\sigma_2\sigma_1 + F_{22}\sigma_2^2 + F_{26}\sigma_2\sigma_6$$
$$+ F_{61}\sigma_6\sigma_1 + F_{62}\sigma_6\sigma_2 + F_{66}\sigma_6^2 + F_1\sigma_1 + F_2\sigma_2 + F_6\sigma_6 = 1 \tag{11.2.19}$$

由于强度参数张量 F_{ij} 具有对称性, 式 (11.2.19) 可以合并为

$$F_{11}\sigma_1^2 + F_{22}\sigma_2^2 + 2F_{12}\sigma_1\sigma_2 + F_{66}\sigma_6^2 + 2F_{16}\sigma_1\sigma_6$$
$$+ 2F_{26}\sigma_2\sigma_6 + F_1\sigma_1 + F_2\sigma_2 + F_6\sigma_6 = 1 \tag{11.2.20}$$

考虑到式中 σ_6 是面内剪切应力, 当切应力方向由正变负时, 式 (11.2.20) 仍然成立, 所以式中与 σ_6 一次项有关的系数必须为零, 即

$$F_{16} = F_{26} = F_6 = 0 \tag{11.2.21}$$

对于单层板, 用应力 σ_1, σ_2 和 $\sigma_6 = \tau_{12}$ 表示式 (11.2.20), 可以得到

$$F_{11}\sigma_1^2 + F_{22}\sigma_2^2 + 2F_{12}\sigma_1\sigma_2 + F_{66}\tau_{12}^2 + F_1\sigma_1 + F_2\sigma_2 = 1 \tag{11.2.22}$$

这就是蔡–吴张量失效准则的表达式。式中的 $F_{11}, F_{22}, F_{12}, F_{66}, F_1$ 和 F_2 是与单层板基本强度有关的 6 个强度参数, 除 F_{12} 之外, 其他都可以通过单层板的简单实验来确定。

对单层板进行纵向拉伸和压缩破坏实验，由式 (11.2.22) 可得

$$\begin{cases} \text{当拉伸破坏时，} & F_{11}X_t^2 + F_1 X_t = 1 \\ \text{当拉伸破坏时，} & F_{11}X_c^2 - F_1 X_c = 1 \end{cases} \qquad (11.2.23)$$

对单层板进行横向拉伸和压缩破坏实验，由式 (11.2.22) 可得

$$\begin{cases} \text{当压缩破坏时，} & F_{22}Y_t^2 + F_2 X_t = 1 \\ \text{当压缩破坏时，} & F_{22}Y_c^2 - F_2 X_c = 1 \end{cases} \qquad (11.2.24)$$

对单层板进行面内纯剪切破坏实验，由式 (11.2.22) 可得

$$F_{66}S^2 = 1 \qquad (11.2.25)$$

对式 (11.2.23) 和式 (11.2.24) 的两式分别联立求解，便可得到蔡–吴张量失效准则的强度参数为

$$F_{11} = \frac{1}{X_t X_c}, \quad F_{22} = \frac{1}{Y_t Y_c}$$
$$F_1 = \frac{1}{X_t} - \frac{1}{X_c}, \quad F_2 = \frac{1}{Y_t} - \frac{1}{Y_c} \qquad (11.2.26)$$

由式 (11.2.25) 可直接得

$$F_{66} = \frac{1}{S^2} \qquad (11.2.27)$$

由式 (11.2.26) 可以看出，对拉压强度相等的材料，$F_1 = F_2 = 0$，式 (11.2.20) 中没有 σ_1 和 σ_2 的一次项，形式上和蔡–希尔失效准则式 (11.2.8) 相同。

式 (11.2.22) 中的强度参数 F_{12}，一般只能通过 σ_1 和 σ_2 成某一比例的双向拉伸或压缩破坏实验获得。例如，采取 $\sigma_1 = \sigma_2 = \sigma$ 的双向等轴拉伸实验，假设单层板破坏时的应力 $\sigma = \sigma_{cr}$，如图 11.15 所示，由式 (11.2.22) 可得

$$(F_{11} + F_{22} + 2F_{12})\sigma_{cr}^2 + (F_1 + F_2)\sigma_{cr} = 1 \qquad (11.2.28)$$

代入式 (11.2.26) 的 F_{11}，F_{22}，F_1 和 F_2，可得

$$F_{12} = \frac{1}{2\sigma_{cr}^2}\left[1 - \left(\frac{1}{X_t} - \frac{1}{X_c} + \frac{1}{Y_t} - \frac{1}{Y_c} \right)\sigma_{cr} - \left(\frac{1}{X_t X_c} + \frac{1}{Y_t Y_c} \right)\sigma_{cr}^2 \right] \qquad (11.2.29)$$

其中，σ_{cr} 称为单层板在材料主方向的双向等轴拉伸强度，所以强度参数 F_{12} 是基本强度和双向等轴拉伸强度的函数。

实际上，双向等轴拉伸实验非常难实现，有人采用 45° 单层板的纯剪切实验，试图获得等效于双向等轴拉伸加载的方式。但是即使对同一种材料，双向和等效双向实验获得的 F_{12} 值也相差很大。因此有必要通过理论分析的方法给出理论参考值，以下讨论 F_{12} 的理论参考值。

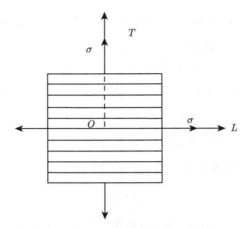

图 11.15　双向等轴拉伸示意图

为了使问题简化, 讨论一种切应力 $\sigma_6 = 0$ 的应力状态和拉压强度相等的复合材料单层板。由式 (11.2.22) 可知, 此时蔡–吴张量失效准则变为

$$F_{11}\sigma_1^2 + 2F_{12}\sigma_1\sigma_2 + F_{22}\sigma_2^2 = 1 \tag{11.2.30}$$

当单层板破坏时, 该方程表示在 $O\sigma_1\sigma_2$ 坐标下的一条二次失效曲线。失效曲线应为封闭型, 因此只可能是椭圆, 所以式 (11.2.30) 的系数必须满足

$$F_{11}F_{12} - F_{12}^2 > 0 \tag{11.2.31}$$

令

$$F_{12}^* = \frac{F_{12}}{\sqrt{F_{11}}\sqrt{F_{22}}} \tag{11.2.32}$$

则有

$$-1 < F_{12}^* < 1 \tag{11.2.33}$$

各向同性材料可以看作正交各向异性材料的特例, 其基本强度只有 σ_s, 这时, 式 (11.2.30) 中各强度参数为

$$F_{11} = \frac{1}{\sigma_s^2}, \quad F_{22} = \frac{1}{\sigma_s^2}, \quad F_{12} = \frac{F_{12}^*}{\sigma_s^2} \tag{11.2.34}$$

所以对各向同性材料, 蔡–吴张量失效准则式 (11.2.30) 变为

$$\frac{\sigma_L^2}{\sigma_s^2} + 2F_{12}^* \frac{\sigma_L\sigma_T}{\sigma_s^2} + \frac{\sigma_T^2}{\sigma_s^2} = 1 \tag{11.2.35}$$

相同应力状态下, 各向同性材料的 Mises 失效准则为

$$\frac{\sigma_1^2}{\sigma_s^2} - \frac{\sigma_1\sigma_2}{\sigma_s^2} + \frac{\sigma_2^2}{\sigma_s^2} = 1 \tag{11.2.36}$$

比较式 (11.2.35) 和式 (11.2.36)，即可得到在单层板为各向同性时

$$F_{12}^* = -\frac{1}{2}$$

或

$$F_{12} = -\frac{1}{2}\sqrt{F_{11}F_{22}} = -\frac{1}{2}\sqrt{\frac{1}{X_t X_c Y_t Y_c}} \tag{11.2.37}$$

已有研究表明，对于常用纤维增强复合材料，强度参数 F_{12} 可以在 $-\frac{1}{2}\sqrt{F_{11}F_{22}}$ 和零之间取值，F_{12} 取为 $-\frac{1}{2}\sqrt{F_{11}F_{22}}$ 或零时，代入蔡–吴张量失效准则后得到的差异在工程上是可以接受的。因此蔡–吴张量失效准则相比于蔡–希尔或者霍夫曼失效准则而言更具有普遍性。蔡–吴张量失效准则的特殊优点是：

(1) 在旋转和重新定义坐标时具有不变性。

(2) 可由已知的张量变换规则进行变换 (所以数据解释较为简单)。

(3) 与刚度和柔度一样，具有对称性，因此张量计算相对简单。

用硼/环氧复合材料进行各种偏轴实验测量了相互作用项 F_{12}。发现在不同偏轴拉伸实验中，F_{12} 有显著的变化，而偏轴压缩实验中变化不大。虽然 F_{12} 的测定并不精确，但证实了蔡–吴张量失效准则和实验数据有非常好的一致性。如图 11.16 所示，F_{12} 有 8 倍的变化，且在 $5° < \theta < 25°$ 范围内理论强度只有微小的变化。另外，蔡–吴张量失效准则和蔡–希尔失效准则在 $5° < \theta < 75°$ 的差别是小于 5% 的。

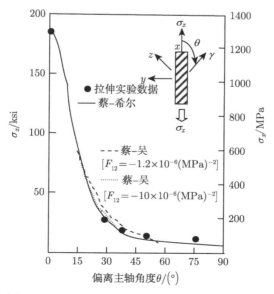

图 11.16 蔡–吴张量失效准则与实验数据的对比

蔡–吴张量失效准则有几个重要的特点；

(1) 由于方程中多了一个额外项，所以相比于蔡–希尔和霍夫曼失效准则而言，曲线拟合能力较强。

(2) 额外项 F_{12} 需要双向实验来确定。由于获得一个可靠 F_{12} 值的困难和昂贵性，且事实上 F_{12} 似乎对最后的答案有着很小的影响，有学者建议 F_{12} 应该简单地取为 0。这个方法可有效地避免双向实验的困难，具有很高的实用性。

11.2.6 强度失效准则比较

以上介绍了常用的五种复合材料单层板的强度失效准则。这些失效准则的基本形式是使用正交各向异性单层板材料主方向上的应力表示的，而各向同性材料的强度失效准则使用的是主应力。由于复合材料单层板基本强度具有明显的方向性，主应力已经不能反映材料的失效，这是复合材料的特点之一。对各个失效准则的简单讨论如下。

(1) 最大应力失效准则预测的极限载荷 F_x 值随 θ 变化的曲线分为三段，如图 11.17 所示。θ 很小时 F_x 由单层板纵向强度控制，θ 较大时 F_x 由单层板横向强度控制。中间段，F_x 由单层板的剪切强度控制，表明了单层板偏离材料主方向角度不同时可能的破坏模式。

(2) 蔡–希尔失效准则预测的 F_x 随 θ 变化的曲线是光滑的递减曲线，如图 11.17 所示，表明随 θ 增大单层板的破坏强度降低的情况。

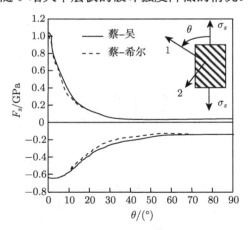

图 11.17 两种失效准则预测玻璃/环氧单层板的偏离材料主方向 F_x 随 θ 的变化曲线

(3) 蔡–希尔失效准则预测的 F_x 与实验值十分接近。最大应力失效准则预测的 F_x 在 $25° < \theta < 55°$ 与实验值偏差较大。θ 处于这一区间时，单层板材料主方向的三个应力几乎处于同一量级。考虑应力之间与强度之间的相互影响，用最大应力

(或最大应变) 失效准则预测的 F_x 结果较差是理所当然的。

蔡–吴张量失效准则和蔡–希尔失效准则都属于二次失效准则，都考虑到了应力之间和强度之间的影响，因此与预测单层板偏离材料主方向的破坏强度的效果相近。但是由于纤维增强复合材料的横向拉压强度相差较大，所以采用蔡–吴张量失效准则预测的单层板压缩强度，要比不考虑拉压强度不等的蔡–希尔失效准则更接近实验值。图 11.17 给出了采用这两种失效准则预测的一种玻璃/环氧单层板的偏离材料主方向拉伸和压缩强度随 θ 的变化曲线。可以看到两者预测的拉伸强度十分接近，对压缩强度，蔡–希尔失效准则给出了偏于保守的预测结果。

例 11.1 已知 HT3/QY8911 复合材料 45° 单层板的应力状态如图 11.18 所示，参考坐标下的应力分量为 $\sigma_x =144\text{MPa}$。$\sigma_y=50\text{MPa}$，$\tau_{xy}=50\text{ MPa}$，参考坐标 x 轴和材料主方向轴的夹角为 $\theta=45°$。单层板的基本强度在表 11.2 给出。试用强度失效准则校核该单层板的强度。

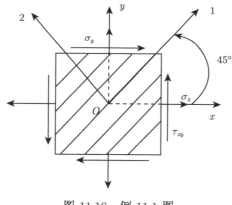

图 11.18 例 11.1 图

解 (1) 计算单层板材料主方向应力。由应力的坐标转换公式

$$\left\{\begin{array}{c} \sigma_1 \\ \sigma_2 \\ \tau_{12} \end{array}\right\} = \left[\begin{array}{ccc} m^2 & n^2 & 2mn \\ n^2 & m^2 & -2mn \\ -mn & mn & -n^2 \end{array}\right] \left\{\begin{array}{c} \sigma_x \\ \sigma_y \\ \tau_{xy} \end{array}\right\}$$

得到

$$\left\{\begin{array}{c} \sigma_1 \\ \sigma_2 \\ \tau_{12} \end{array}\right\} = \left[\begin{array}{ccc} \dfrac{1}{2} & \dfrac{1}{2} & 1 \\ \dfrac{1}{2} & \dfrac{1}{2} & -1 \\ -\dfrac{1}{2} & \dfrac{1}{2} & 0 \end{array}\right] \left\{\begin{array}{c} 144 \\ 47 \\ -47 \end{array}\right\} (\text{MPa})$$

(2) 由最大应力失效准则校核强度。

$$\sigma_1 = 147\text{MPa} < X_t = 1548\text{MPa}$$
$$\sigma_2 = 47\text{MPa} < Y_t = 55.5\text{MPa}$$
$$|\tau_{12}| = 47\text{MPa} < S = 89.9\text{MPa}$$

(3) 由蔡–希尔失效准则校核强度。将单层板材料主方向应力代入蔡–希尔失效准则表达式，有

$$\frac{\sigma_1^2}{X^2} + \frac{\sigma_2^2}{Y^2} - \frac{\sigma_1\sigma_2}{X^2} + \frac{\tau_{12}^2}{S^2} = \frac{147^2}{1548^2} + \frac{47^2}{55.5^2} - \frac{147 \times 47}{1548^2} + \frac{47^2}{89.9^2}$$
$$= 0.009 + 0.717 - 0.003 + 0.273 = 0.996$$

(4) 由蔡–吴张量失效准则校核强度。将单层板材料主方向应力代入蔡–吴张量失效准则表达式，则有

$$F_{11}\sigma_1^2 + F_{22}\sigma_2^2 + 2F_{12}\sigma_1\sigma_2 + F_{66}\sigma_{12}^2 + F_1\sigma_1 + F_2\sigma_2$$
$$= 0.01 + 0.182 - 0.042 + 0.273 - 0.006 + 0.631 = 1.048$$

从以上结果可以看到，采用不同失效准则校核强度的结果不同。用最大应力失效准则得到三个材料主方向的应力均低于相应基本强度，不但单层板安全而且达到失效还有一定裕度。用蔡–希尔失效准则判断，等式左边各项代数和已十分接近于 1，单层板处于临界失效状态。用蔡–吴张量失效准则判断，等式左边各项代数和大于 1，单层板失效。这一结果表明，考虑与不考虑应力和强度的相互作用以及拉压强度不相等的作用，对于强度失效分析的结果有显著影响，尤其是在材料主方向三个应力中有一个比较接近相应的基本强度的情况下，对结果的影响更严重。

11.3　Hashin 失效准则

复合材料破坏的物理机理和过程十分复杂，前面介绍的五种失效准则都是唯象准则，不能与材料的破坏机理和破坏模式相联系。例如，最大应力和最大应变失效准则注意了不同应力导致的破坏模式的不同，忽略了不同应力相互作用的影响，而蔡–希尔失效准则和蔡–吴张量失效准则实际上是基于各向同性金属材料塑性屈服能量理论的准则，虽然考虑了不同应力及相互作用的影响，却不能对不同失效模式进行描述。

大量的实验结果表明，纤维增强聚合物基复合材料的基本失效模式主要有两类，即基体控制失效模式和纤维控制失效模式。基体控制失效模式包括单层板的横向拉伸、压缩破坏和面内剪切破坏。面内剪切破坏是单层板在面内切应力作用下

产生纤维之间的基体平行裂纹。纤维控制失效模式主要表现为纤维的拉断和压缩失效。

Hashin 于 1980 年提出了一种复合材料单层板的破坏模型，认为复合材料的失效模式包含纤维拉伸断裂、纤维压缩屈曲折断、基体拉伸开裂和基体压缩失效。Hashin 失效准则可以表示如下。

纤维拉伸失效模式：

$$\left(\frac{\sigma_1}{X_t}\right)^2 + \left(\frac{\tau_{12}}{S_{12}}\right)^2 = 1 \quad (\sigma_1 > 0) \tag{11.3.1}$$

纤维压缩失效模式：

$$\sigma_1 = -X_c \quad (\sigma_1 < 0) \tag{11.3.2}$$

基体拉伸失效模式：

$$\left(\frac{\sigma_2}{Y_t}\right)^2 + \left(\frac{\tau_{12}}{S_{12}}\right)^2 = 1 \quad (\sigma_2 > 0) \tag{11.3.3}$$

基体压缩失效模式：

$$\frac{\sigma_2}{Y_c}\left[\left(\frac{Y_c}{2S_{23}}\right)^2 - 1\right] + \left(\frac{\sigma_2}{2S_{23}}\right)^2 + \left(\frac{\tau_{12}}{S_{12}}\right)^2 = 1 \quad (\sigma_2 < 0) \tag{11.3.4}$$

式中 S_{23} 是单层板垂直于纤维方向的切应力 τ_{23} 的极限值，实验上难以测得，一般可用面内剪切强度 S_{12} 来近似。

Hashin 失效准则的形式是四个相互独立的准则并列。只要单层板单元中的应力状态满足其中之一，即认为该单层板单元失效。该判据和最大应力失效准则、最大应变失效准则类似，但是比这两类失效准则考虑得更全面。该判据认为导致复合材料单层板失效的模式与参与的应力分量有关，例如，基体控制的失效模式只与横向正应力 σ_2 和面内切应力 τ_{12} 有关，与纵向正应力是无关的；纤维控制的失效模式则只与纵向正应力和面内切应力有关，与横向正应力无关。应用 Hashin 失效准则可以判定单层板初始失效的模式，结合单元刚度下降准则，还可以作进一步后续失效分析，也就是说，可以模拟复合材料损伤演化的过程。该准则尤其适用于复合材料层合结构的有限元分析，并且在许多的通用有限元软件中嵌入了 Hashin 失效准则。

11.4　层合板中的应力计算

先对只承受 N_x，N_y，N_{xy} 面内载荷的对称层合板讨论分析。由于 $B_{ij}=0$，且

载荷与中面应变有下列关系

$$
\left\{
\begin{array}{c}
N_x \\
N_y \\
N_{xy}
\end{array}
\right\}
=
\left[
\begin{array}{ccc}
A_{11} & A_{12} & A_{16} \\
A_{12} & A_{22} & A_{26} \\
A_{16} & A_{26} & A_{66}
\end{array}
\right]
\left\{
\begin{array}{c}
\varepsilon_x^0 \\
\varepsilon_y^0 \\
\gamma_{xy}^0
\end{array}
\right\}
\tag{11.4.1}
$$

逆关系为

$$
\left\{
\begin{array}{c}
\varepsilon_x^0 \\
\varepsilon_y^0 \\
\gamma_{xy}^0
\end{array}
\right\}
=
\left[
\begin{array}{ccc}
A_{11}' & A_{12}' & A_{16}' \\
A_{12}' & A_{22}' & A_{26}' \\
A_{16}' & A_{26}' & A_{66}'
\end{array}
\right]
\left\{
\begin{array}{c}
N_x \\
N_y \\
N_{xy}
\end{array}
\right\}
\tag{11.4.2}
$$

设 N_x，N_y，N_{xy} 按比例加载，令 $N_x = N$，$N_y = \alpha N$，$N_{xy} = \beta N$，则上式可写成

$$
\left\{
\begin{array}{c}
\varepsilon_x^0 \\
\varepsilon_y^0 \\
\gamma_{xy}^0
\end{array}
\right\}
= \boldsymbol{A}'
\left\{
\begin{array}{c}
N \\
\alpha N \\
\beta N
\end{array}
\right\}
=
\left\{
\begin{array}{c}
A_x \\
A_y \\
A_{xy}
\end{array}
\right\} N
\tag{11.4.3}
$$

式中 $A_x = A_{11}' + \alpha A_{12}' + \beta A_{16}'$，$A_y = A_{12}' + \alpha A_{22}' + \beta A_{26}'$，$A_{xy} = A_{16}' + \alpha A_{26}' + \beta A_{66}'$。

根据应力–应变关系

$$
\left\{
\begin{array}{c}
\sigma_x \\
\sigma_y \\
\tau_{xy}
\end{array}
\right\}
= \bar{\boldsymbol{Q}}
\left\{
\begin{array}{c}
\varepsilon_x \\
\varepsilon_y \\
\gamma_{xy}
\end{array}
\right\}
=
\left\{
\begin{array}{ccc}
\bar{Q}_{11} & \bar{Q}_{12} & \bar{Q}_{16} \\
\bar{Q}_{12} & \bar{Q}_{22} & \bar{Q}_{26} \\
\bar{Q}_{16} & \bar{Q}_{26} & \bar{Q}_{66}
\end{array}
\right\}
\left\{
\begin{array}{c}
\varepsilon_x \\
\varepsilon_y \\
\gamma_{xy}
\end{array}
\right\}
\tag{11.4.4}
$$

得出每一层单层板应力，第 k 层应力为

$$
\left\{
\begin{array}{c}
\sigma_x \\
\sigma_y \\
\tau_{xy}
\end{array}
\right\}
= \bar{\boldsymbol{Q}}_k
\left\{
\begin{array}{c}
A_x \\
A_y \\
A_{xy}
\end{array}
\right\} N
\tag{11.4.5}
$$

采用蔡–希尔强度理论判断各单层板强度时，需已知各单层板在材料主方向的应力，则可利用

$$
\left\{
\begin{array}{c}
\sigma_1 \\
\sigma_2 \\
\tau_{12}
\end{array}
\right\}
= \boldsymbol{T}
\left\{
\begin{array}{c}
\sigma_x \\
\sigma_y \\
\tau_{xy}
\end{array}
\right\}
\tag{11.4.6}
$$

求得第 k 层中的应力

$$
\left\{
\begin{array}{c}
\sigma_1 \\
\sigma_2 \\
\tau_{12}
\end{array}
\right\}_k
= \boldsymbol{T}
\left\{
\begin{array}{c}
\sigma_x \\
\sigma_y \\
\tau_{xy}
\end{array}
\right\}_k
= \boldsymbol{T}\bar{\boldsymbol{Q}}_k
\left\{
\begin{array}{c}
A_x \\
A_y \\
A_{xy}
\end{array}
\right\} N
\tag{11.4.7}
$$

对于一般不对称层合板，受全部内力和内力矩，存在 A_{ij}，B_{ij} 和 D_{ij} 刚度系数，则有

$$\left\{\begin{array}{c} \varepsilon^0 \\ \kappa \end{array}\right\} = \left[\begin{array}{cc} \boldsymbol{A'} & \boldsymbol{B'} \\ \boldsymbol{B'} & \boldsymbol{D'} \end{array}\right] \left\{\begin{array}{c} \boldsymbol{N} \\ \boldsymbol{M} \end{array}\right\} \tag{11.4.8}$$

式中 $\boldsymbol{A'}$，$\boldsymbol{B'}$，$\boldsymbol{D'}$ 为柔度系数，设 $N_x = N$，$N_y = \alpha N$，$N_{xy} = \beta N$，$M_x = aN$，$M_y = bN$，$M_{xy} = cN$，注意 M 和 N 量纲不同，因此 a，b，c 是有量纲系数的，则式 (11.4.8) 可写成以下形式

$$\left\{\begin{array}{c} \varepsilon_x^0 \\ \varepsilon_y^0 \\ \gamma_{xy}^0 \end{array}\right\} = \left[\begin{array}{ccc} A_{11}' & A_{12}' & A_{16}' \\ A_{12}' & A_{22}' & A_{26}' \\ A_{16}' & A_{26}' & A_{66}' \end{array}\right] \left\{\begin{array}{c} N \\ \alpha N \\ \beta N \end{array}\right\} + \left[\begin{array}{ccc} B_{11}' & B_{12}' & B_{16}' \\ B_{12}' & B_{22}' & B_{26}' \\ B_{16}' & B_{26}' & B_{66}' \end{array}\right] \left\{\begin{array}{c} aN \\ bN \\ cN \end{array}\right\} = \left\{\begin{array}{c} A_{N_x} \\ A_{N_y} \\ A_{N_{xy}} \end{array}\right\} N \tag{11.4.9}$$

$$\left\{\begin{array}{c} \kappa_x \\ \kappa_y \\ \kappa_{xy} \end{array}\right\} = \left[\begin{array}{ccc} B_{11}' & B_{12}' & B_{16}' \\ B_{12}' & B_{22}' & B_{26}' \\ B_{16}' & B_{26}' & B_{66}' \end{array}\right] \left\{\begin{array}{c} N \\ \alpha N \\ \beta N \end{array}\right\} + \left[\begin{array}{ccc} D_{11}' & D_{12}' & D_{16}' \\ D_{12}' & D_{22}' & D_{26}' \\ D_{16}' & D_{26}' & D_{66}' \end{array}\right] \left\{\begin{array}{c} aN \\ bN \\ cN \end{array}\right\} = \left\{\begin{array}{c} A_{M_x} \\ A_{M_y} \\ A_{M_{xy}} \end{array}\right\} N \tag{11.4.10}$$

式中

$$A_{N_x} = A_{11}' + \alpha A_{12}' + \beta A_{16}' + a B_{11}' + b B_{12}' + c B_{16}'$$

$$A_{N_y} = A_{12}' + \alpha A_{22}' + \beta A_{26}' + a B_{12}' + b B_{22}' + c B_{26}'$$

$$A_{N_{xy}} = A_{16}' + \alpha A_{26}' + \beta A_{66}' + a B_{16}' + b B_{26}' + c B_{66}'$$

$$A_{M_x} = B_{11}' + \alpha B_{12}' + \beta B_{16}' + a D_{11}' + b D_{12}' + c D_{16}'$$

$$A_{M_y} = B_{12}' + \alpha B_{22}' + \beta B_{26}' + a D_{12}' + b D_{22}' + c D_{26}'$$

$$A_{M_{xy}} = B_{16}' + \alpha B_{26}' + \beta B_{66}' + a D_{16}' + b D_{26}' + c D_{66}'$$

代入第 k 层单层板的应力与载荷之间的关系，同样可求得各单层板材料主方向的应力表达式如下

$$\left\{\begin{array}{c} \sigma_1 \\ \sigma_2 \\ \tau_{12} \end{array}\right\}_k = \boldsymbol{T}\bar{\boldsymbol{Q}}_k \left\{ \left\{\begin{array}{c} A_{N_x} \\ A_{N_y} \\ A_{N_{xy}} \end{array}\right\} N + z \left\{\begin{array}{c} A_{M_x} \\ A_{M_y} \\ A_{M_{xy}} \end{array}\right\} N \right\} \tag{11.4.11}$$

11.5 层合板的强度分析

复合材料层合板的破坏一般是逐层发生的，因此可以通过单层板应力分析和单层板强度来预测层合板的强度。本节主要介绍建立在单层板强度分析基础之上的层合板强度预测和分析方法。

11.5.1　单层板的安全裕度

假设单层板的加载方式是比例加载，即单层板的全部应力分量和应变分量是按同一比例增加的。单层板的极限应力和外加应力之比称为单层板的**安全裕度，也称为强度比。**

以蔡-希尔失效准则或蔡-吴张量失效准则为例，其失效准则在应力空间内就是一个失效曲面。当应力达到失效曲面时，层合板中的单层就被破坏。

设单层板外加应力为 $\sigma_i(i=1, 2, 6)$，分别表示三个材料主方向应力 σ_1、σ_2 和 σ_6 (τ_{12})，当该应力矢量按比例增加达到失效曲面时，其极限应力矢量的分量为 $\sigma_{i\max}(i=1, 2, 6)$，这个单层板被破坏，于是单层板安全裕度可以表示为

$$R = \sigma_{i\max}/\sigma_i = \varepsilon_{i\max}/\varepsilon_i \quad (i=1,2,6) \tag{11.5.1}$$

式中 $\varepsilon_{i\max}$ 和 ε_i 分别为极限应变矢量分量和外加应变矢量分量。安全裕度 R 实际上是一个安全系数，表明在外加应力状态下，单层板还有多大的强度储备，即应力还允许增大多大程度才会被破坏，显然 R 应该大于 1。由式 (11.5.1)，可得

$$\sigma_{i\max} = R\sigma_i \tag{11.5.2}$$

当单层板处于 $\sigma_{i\max}$ 应力状态时，单层板失效。

11.5.2　层合板的强度

层合板的失效有两个特征状态，即第一层失效和层合板最终失效，对应于层合板的两个特征强度：**第一层失效强度和极限强度。**

第一层失效强度是层合板中最先发生单层板失效时，与内力和内力矩对应的应力。

层合板内各单层板的应力可以采用 11.4 节的公式计算，对于简单的均匀应力状态，各单层的应力可以采用简单的近似方法计算。当只有面内载荷时，板内的平均应力可表示为

$$\left\{\begin{array}{c} \bar{\sigma}_x \\ \bar{\sigma}_y \\ \bar{\tau}_{xy} \end{array}\right\} = \frac{1}{h} \left\{\begin{array}{c} N_x \\ N_y \\ N_{xy} \end{array}\right\} \tag{11.5.3}$$

式中 h 为层合板厚度。

当只有弯矩和扭矩时，等效的弯曲正应力和扭转切应力可表示为

$$\left\{\begin{array}{c} \bar{\sigma}_x \\ \bar{\sigma}_y \\ \bar{\tau}_{xy} \end{array}\right\} = \frac{6}{h^2} \left\{\begin{array}{c} M_x \\ M_y \\ M_{xy} \end{array}\right\} \tag{11.5.4}$$

极限强度是层合板最终失效时,与内力和内力矩对应的层合板等效应力。强度分析中可以根据设计要求计算第一层失效强度和极限强度。结构中重要的承力构件,一般采用第一层失效强度。

11.5.3 失效单层板的刚度退化准则

假设层合板的失效模式是逐层失效,单层板失效后会使层合板的整体刚度下降,因此,当其中的一层单层板失效后,需要重新计算层合板的刚度。本小节讨论层合板随单层板逐步失效后的刚度退化准则。

有学者根据单层板失效的特点提出了一种失效单层板的刚度下降准则,该准则认为复合材料单层板的横向强度和剪切强度是由基体强度控制的,都比较低,所以单层板的初始失效模式主要是基体开裂,纤维一般未断。因此,在单向拉伸情况下,层合板中纤维垂直于加载方向的单层板首先被破坏。

单层板中基体开裂意味着横向刚度和剪切刚度将大幅下降。层合板中单层板失效后还有相邻层的约束作用,所以不能认为单层板中基体开裂后,其横向刚度 Q_{22}、剪切刚度 Q_{66} 和泊松耦合刚度 Q_{12} 就降为零。工程中采用了近似的方法,仍将失效单层板看作连续的,只是认为基体在出现裂纹后刚度下降,导致由基体控制的工程弹性常数有所退化,而失效单层板的纵向刚度因为纤维未断没有变化。实际中,一般采用同一刚度退化系数 D_f,对失效单层板由基体控制的工程弹性常数进行折算,即有

$$\begin{cases} E'_T = D_f E_T \\ G'_{LT} = D_f G_{LT} \\ \nu'_{LT} = D_f \nu_{LT} \end{cases} \tag{11.5.5}$$

11.5.4 层合板强度分析

层合板的强度完全由单层板的强度所控制。层合板的强度分析实际上是对各个单层板的强度进行序列分析。首先,由已知的外加载荷计算各单层板的材料主方向应力和应变;其次,由单层板的基本强度和选用的强度失效准则计算各单层板的安全裕度,安全裕度最低的单层板最先失效,由此得到第一层失效强度;再次,对失效单层板的刚度按刚度退化准则折减,并将带有失效层的层合板看作新的层合板,重新计算层合板刚度、柔度和各单层板裕度,再取安全裕度最低的单层板为第二失效层;最后,重复上述工作直到层合板中的全部单层板失效,完成层合板失效的全过程,可得到层合板第一层失效强度和最终失效强度对应的极限载荷,其过程可由图 11.19 表示。

以上介绍的层合板强度预测方法,是将带失效层的层合板看作新的层合板,加上原有外载荷,重新计算新层合板各单层的应力,并判断何时发生新的单层板失效。每次计算单层板应力和应变关系是一种全量关系,也称全量法。这种方法简单,

计算工作量较小，有足够的工程精度，因此使用较广。另外，还有一种所谓的增量法，该方法是对新的层合板施加载荷增量，得到单层板的应变增量和应力增量，然后在前一次单层板失效时各单层板应力基础上，加上应力增量，讨论在该应力状态下各单层板的强度增量，层合板的极限强度是第一层失效强度和以后各层失效强度增量的总和。增量法预测的层合板极限强度一般要略高于全量法的结果。但是不论用什么方法，由于复合材料层合板破坏模式的复杂性，其强度预测的精度远小于刚度预测的结果，所以复合材料层合板的强度分析还是离不开实验结果的验证。

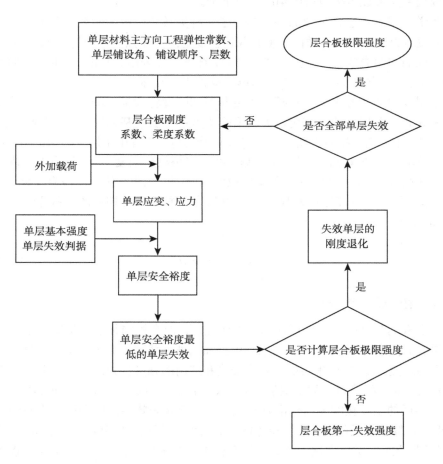

图 11.19　层合板强度计算流程图

例 11.2　已知三层对称正交层合板如图 11.20 所示，承受面内拉力 $N_x = N$，其余载荷为零。外层厚度为 t_1，内层厚度为 $t_2 = 10t_1$。各单层板材料为玻璃/环氧，其性能为：$E_1 = 53.8$GPa，$E_2 = 18.5$GPa，$\nu_{12} = 0.25$，$G_{12} = 8.7$GPa，$X_t = X_c = 1.04$GPa，

$Y_t=0.028\text{GPa}$，$Y_c=0.14\text{GPa}$，$S=0.042\text{GPa}$。

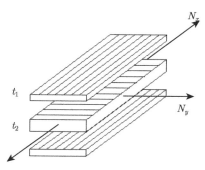

图 11.20　三层对称正交层合板

解　第一步求开始发生破坏的 "屈服" 强度值 $(N_x/t)_1$。

(1) 由原始数据计算 Q_{ij}，并组成第 k 层层合板的刚度矩阵

$$\nu_{21} = \frac{\nu_{12}E_2}{E_1} = 0.0859$$

$$Q_{11} = \frac{E_1}{1 - \nu_{12}\nu_{21}}$$

$$Q_{22} = \frac{E_2}{1 - \nu_{12}\nu_{21}}$$

$$Q_{12} = \frac{\nu_{12}E_2}{1 - \nu_{12}\nu_{21}}$$

$$Q_{66} = G_{12}$$

$$\boldsymbol{Q}_{1,3} = \begin{bmatrix} 5.498 & 0.472 & 0 \\ 0.472 & 1.891 & 0 \\ 0 & 0 & 0.87 \end{bmatrix} \times 10^4 (\text{MPa})$$

$$\boldsymbol{Q}_2 = \begin{bmatrix} 1.891 & 0.472 & 0 \\ 0.472 & 5.498 & 0 \\ 0 & 0 & 0.87 \end{bmatrix} \times 10^4 (\text{MPa})$$

(2) 组成层合板的刚度

$$A_{ij} = (Q_{ij})_{1,3} \times 2t_1 + (Q_{ij})_2 t_2, \quad t = 12t_1$$

$$\boldsymbol{A} = \begin{bmatrix} 2.492 & 0.472 & 0 \\ 0.472 & 4.897 & 0 \\ 0 & 0 & 0.87 \end{bmatrix} \times 10^4 t \ (\text{MPa})$$

求 $\boldsymbol{A}' = \boldsymbol{A}^{-1}$，$|\boldsymbol{A}| = 10.423 \times 10^4 t \, (\mathrm{MPa})^3$

$$A'_{11} = \frac{A_{22}A_{66}}{|\boldsymbol{A}|} = 4.09 \times 10^{-5} t^{-1} \, (\mathrm{MPa})^{-1}$$

$$A'_{12} = \frac{-A_{12}A_{66}}{|\boldsymbol{A}|} = -0.39 \times 10^{-5} t^{-1} \, (\mathrm{MPa})^{-1}$$

$$A'_{22} = \frac{A_{11}A_{66}}{|\boldsymbol{A}|} = 2.08 \times 10^{-5} t^{-1} \, (\mathrm{MPa})^{-1}$$

$$A'_{66} = \frac{A_{11}A_{22} - A_{12}^2}{|\boldsymbol{A}|} = 11.49 \times 10^{-5} t^{-1} \, (\mathrm{MPa})^{-1}$$

$$A'_{16} = A'_{26} = 0$$

(3) 求 $\varepsilon_x^0, \varepsilon_y^0, \gamma_{xy}^0$

$$\left\{ \begin{array}{c} \varepsilon_x^0 \\ \varepsilon_y^0 \\ \gamma_{xy}^0 \end{array} \right\} = \left[\begin{array}{ccc} A'_{11} & A'_{12} & 0 \\ A'_{12} & A'_{22} & 0 \\ 0 & 0 & A'_{66} \end{array} \right] \left\{ \begin{array}{c} N_x \\ 0 \\ 0 \end{array} \right\} = \left\{ \begin{array}{c} 4.09 \\ -0.39 \\ 0 \end{array} \right\} \frac{N_x}{t} \times 10^{-5}$$

(4) 求各层应力

$$\left\{ \begin{array}{c} \sigma_x \\ \sigma_y \\ \tau_{xy} \end{array} \right\}_{1,3} = \left\{ \begin{array}{c} \sigma_1 \\ \sigma_2 \\ \tau_{12} \end{array} \right\}_{1,3} = \boldsymbol{Q}_{1,3} \left\{ \begin{array}{c} \varepsilon_x^0 \\ \varepsilon_y^0 \\ \gamma_{xy}^0 \end{array} \right\} = \left\{ \begin{array}{c} 2.229 \\ 0.118 \\ 0 \end{array} \right\} \frac{N_x}{t} (\mathrm{MPa})$$

$$\left\{ \begin{array}{c} \sigma_x \\ \sigma_y \\ \tau_{xy} \end{array} \right\}_2 = \left\{ \begin{array}{c} \sigma_2 \\ \sigma_1 \\ \tau_{12} \end{array} \right\}_2 = \boldsymbol{Q}_2 \left\{ \begin{array}{c} \varepsilon_x^0 \\ \varepsilon_y^0 \\ \gamma_{xy}^0 \end{array} \right\} = \left\{ \begin{array}{c} 0.754 \\ -0.024 \\ 0 \end{array} \right\} \frac{N_x}{t} (\mathrm{MPa})$$

(5) 用蔡–希尔强度理论求第一个屈服载荷强度理论表达式为

$$\frac{\sigma_1^2}{X_t^2} - \frac{\sigma_1 \sigma_2}{X_t^2} + \frac{\sigma_2^2}{Y_t^2} = 1 \quad (\tau_{12} = 0)$$

将求得各单层板的材料主方向应力分别代入，解出

$$\left(\frac{N_x}{t} \right)_{1,3} = 212.1 (\mathrm{MPa})$$

$$\left(\frac{N_x}{t} \right)_2 = 37.10 (\mathrm{MPa})$$

显然第二层板先被破坏, 即 $N_x/t = 37.10 \text{(MPa)}$ 为层合板第一屈服载荷, 此时 ε_x 值为

$$\varepsilon_{x1} = A'_{11}N_x = 4.09 \times 10^{-5} \times 37.10 = 1.517 \times 10^{-3}$$

第一次破坏时各层应力为

$$\left\{ \begin{array}{c} \sigma_x \\ \sigma_y \\ \tau_{xy} \end{array} \right\}_{1,3} = \left\{ \begin{array}{c} 82.724 \\ 4.396 \\ 0 \end{array} \right\} \text{(MPa)}$$

$$\left\{ \begin{array}{c} \sigma_x \\ \sigma_y \\ \tau_{xy} \end{array} \right\}_{2} = \left\{ \begin{array}{c} 27.996 \\ -0.879 \\ 0 \end{array} \right\} \text{(MPa)}$$

第二层 σ_2 达到 Y_t, $\sigma_1 \ll X_t$, 所以断定内层的破坏是横向拉伸破坏 (内层的 x 方向是垂直于纤维的)。

第二步求再次发生破坏的 "屈服" 强度值 $(N_x/t)_2$。

(1) 求削弱后的层合板刚度

$$\boldsymbol{Q}_{1,3} = \left[\begin{array}{ccc} 5.498 & 0.472 & 0 \\ 0.472 & 1.891 & 0 \\ 0 & 0 & 0.87 \end{array} \right] \times 10^4 \text{(MPa)}$$

$$\boldsymbol{Q}_{2} = \left[\begin{array}{ccc} 0 & 0 & 0 \\ 0 & 5.489 & 0 \\ 0 & 0 & 0 \end{array} \right] \times 10^4 \text{(MPa)}$$

其中第二层层合板材料的第二主方向被破坏后, 不能抗剪, 且其在第二主方向上不能承受力, 故 $Q_{11} = Q_{12} = Q_{66} = 0$, 继续计算层合板刚度 A_{ij}:

$$\boldsymbol{A} = \left[\begin{array}{ccc} 0.9163 & 0.079 & 0 \\ 0.079 & 4.889 & 0 \\ 0 & 0 & 0.145 \end{array} \right] \times 10^4 t \text{(MPa)}$$

则 $|\boldsymbol{A}| = 0.649 \times 10^{12} t \, \text{(MPa)}^3$

$$A'_{11} = \frac{A_{22}A_{66}}{|\boldsymbol{A}|} = 1.093 \times 10^{-4} t^{-1} \, \text{(MPa)}^{-1}$$

$$A'_{12} = \frac{-A_{12}A_{66}}{|\boldsymbol{A}|} = -0.018 \times 10^{-4} t^{-1} \, \text{(MPa)}^{-1}$$

$$A'_{22} = \frac{A_{11}A_{66}}{|\boldsymbol{A}|} = 0.205 \times 10^{-4} t^{-1} \, (\text{MPa})^{-1}$$

$$A'_{66} = \frac{A_{11}A_{22} - A_{12}^2}{|\boldsymbol{A}|} = 6.897 \times 10^{-4} t^{-1} \, (\text{MPa})^{-1}$$

$$A'_{16} = A'_{26} = 0$$

(2) 检查在 $N_x/t = 37.10(\text{MPa})$ 情况下，外层是否被破坏，首先求外层材料的主方向应力：

$$\left\{ \begin{array}{c} \sigma_1 \\ \sigma_2 \\ \tau_{12} \end{array} \right\}_{1,3} = \boldsymbol{Q}_{1,3} \left[\begin{array}{ccc} A'_{11} & A'_{12} & 0 \\ A'_{12} & A'_{22} & 0 \\ 0 & 0 & A'_{66} \end{array} \right] \left\{ \begin{array}{c} N_x \\ 0 \\ 0 \end{array} \right\} = \left\{ \begin{array}{c} 6.000 \\ 0.483 \\ 0 \end{array} \right\} \frac{N_x}{t}(\text{MPa})$$

内层的主方向应力：

$$\left\{ \begin{array}{c} \sigma_2 \\ \sigma_1 \\ \tau_{12} \end{array} \right\}_2 = \boldsymbol{Q}_2 \left[\begin{array}{ccc} A'_{11} & A'_{12} & 0 \\ A'_{12} & A'_{22} & 0 \\ 0 & 0 & A'_{66} \end{array} \right] \left\{ \begin{array}{c} N_x \\ 0 \\ 0 \end{array} \right\} = \left\{ \begin{array}{c} 0 \\ -0.097 \\ 0 \end{array} \right\} \frac{N_x}{t}(\text{MPa})$$

将外层应力代入蔡–希尔强度理论，可证明在 $N_x/t = 37.10(\text{MPa})$ 情况下，外层未发生破坏。所以层合板可继续加载，设增量为 $(\Delta N)_1$，计算该增量为何值时才发生外层的破坏。

(3) 在增量 $(\Delta N_x)_1$ 作用下，求应变和应力，并代入蔡–希尔强度理论

$$\left\{ \begin{array}{c} \Delta\varepsilon_x^0 \\ \Delta\varepsilon_y^0 \\ \Delta\gamma_{xy}^0 \end{array} \right\} = \left[\begin{array}{ccc} A'_{11} & A'_{12} & 0 \\ A'_{12} & A'_{22} & 0 \\ 0 & 0 & A'_{66} \end{array} \right] \left\{ \begin{array}{c} \Delta N_x \\ 0 \\ 0 \end{array} \right\} = \left\{ \begin{array}{c} 1.093 \\ -0.018 \\ 0 \end{array} \right\} \frac{(\Delta N_x)_1}{t} \times 10^{-4}$$

$$\left\{ \begin{array}{c} \Delta\sigma_1 \\ \Delta\sigma_2 \\ \Delta\tau_{12} \end{array} \right\}_{1,3} = \boldsymbol{Q}_{1,3} \left\{ \begin{array}{c} \Delta\varepsilon_x^0 \\ \Delta\varepsilon_y^0 \\ \Delta\gamma_{xy}^0 \end{array} \right\} = \left\{ \begin{array}{c} 6.000 \\ 0.483 \\ 0 \end{array} \right\} \frac{(\Delta N_x)_1}{t}(\text{MPa})$$

$$\left\{ \begin{array}{c} \Delta\sigma_2 \\ \Delta\sigma_1 \\ \Delta\tau_{12} \end{array} \right\}_2 = \boldsymbol{Q}_2 \left\{ \begin{array}{c} \Delta\varepsilon_x^0 \\ \Delta\varepsilon_y^0 \\ \Delta\gamma_{xy}^0 \end{array} \right\} = \left\{ \begin{array}{c} 0 \\ -0.097 \\ 0 \end{array} \right\} \frac{(\Delta N_x)_1}{t}(\text{MPa})$$

$$\left\{ \begin{array}{c} \sigma_x \\ \sigma_y \\ \tau_{xy} \end{array} \right\}_{1,3} = \left\{ \begin{array}{c} 82.724 \\ 4.396 \\ 0 \end{array} \right\} + \left\{ \begin{array}{c} 6.000 \\ 0.483 \\ 0 \end{array} \right\} \frac{(\Delta N_x)_1}{t}(\text{MPa})$$

$$\left\{ \begin{array}{c} \sigma_x \\ \sigma_y \\ \tau_{xy} \end{array} \right\}_2 = \left\{ \begin{array}{c} 27.996 \\ -0.879 \\ 0 \end{array} \right\} + \left\{ \begin{array}{c} 0 \\ -0.097 \\ 0 \end{array} \right\} \frac{(\Delta N_x)_1}{t} (\text{MPa})$$

外层总应力代入蔡–希尔理论得出

$$\frac{(\Delta N_x)_1}{t} = 45.66 (\text{MPa})$$

即 $N_x/t=(37.10+45.66)\text{MPa}=82.76(\text{MPa})$ 为层合板第二屈服载荷, 此时 $\Delta \varepsilon_x$ 值为

$$\Delta \varepsilon_{x2} = A'_{11} \Delta N_x = 1.093 \times 10^{-4} \times 45.66 = 49.906 \times 10^{-4}$$

第二次破坏时各层应力为

$$\left\{ \begin{array}{c} \sigma_x \\ \sigma_y \\ \tau_{xy} \end{array} \right\}_{1,3} = \left\{ \begin{array}{c} 356.685 \\ 26.431 \\ 0 \end{array} \right\} (\text{MPa})$$

$$\left\{ \begin{array}{c} \sigma_x \\ \sigma_y \\ \tau_{xy} \end{array} \right\}_2 = \left\{ \begin{array}{c} 0 \\ -5.28 \\ 0 \end{array} \right\} (\text{MPa})$$

第一、三层 σ_2 达到 Y_t, $\sigma_1 \ll X_t$, 故第一、二、三层层合板剩余纤维方向 (第一主应力方向) 继续承受载荷, 即对整体来说, 层合板仍未破坏, 但对 N_x 来说, 内层已不起作用了, 也对外层无影响了。这时增加的载荷全由外层来承受。

第三步求最后发生破坏的 "屈服" 强度值 $(N_x/t)_3$。

(1) 求两次削弱后层合板强度

$$\boldsymbol{Q}_{1,3} = \left[\begin{array}{ccc} 5.498 & 0 & 0 \\ 0 & 0 & 0 \\ 0 & 0 & 0 \end{array} \right] \times 10^4 (\text{MPa})$$

$$\boldsymbol{Q}_2 = \left[\begin{array}{ccc} 0 & 0 & 0 \\ 0 & 5.498 & 0 \\ 0 & 0 & 0 \end{array} \right] \times 10^4 (\text{MPa})$$

$$\boldsymbol{A} = \left[\begin{array}{ccc} 0.916 & 0 & 0 \\ 0 & 4.582 & 0 \\ 0 & 0 & 0 \end{array} \right] \times 10^4 t (\text{MPa})$$

$$\boldsymbol{A'} = \begin{bmatrix} 1.091 & 0 & 0 \\ 0 & 0.218 & 0 \\ 0 & 0 & 0 \end{bmatrix} \times 10^4 t^{-1}(\text{MPa})^{-1}$$

(2) 在载荷再增加 $(\Delta N_x)_2$ 时，求应力和应变

$$\left\{ \begin{array}{c} \Delta\varepsilon_x^0 \\ \Delta\varepsilon_y^0 \\ \Delta\gamma_{xy}^0 \end{array} \right\} = \begin{bmatrix} A'_{11} & A'_{12} & 0 \\ A'_{12} & A'_{22} & 0 \\ 0 & 0 & A'_{66} \end{bmatrix} \left\{ \begin{array}{c} \Delta N_x \\ 0 \\ 0 \end{array} \right\} = \left\{ \begin{array}{c} 1.091 \\ 0 \\ 0 \end{array} \right\} \frac{(\Delta N_x)_2}{t} \times 10^{-4}$$

$$\left\{ \begin{array}{c} \Delta\sigma_1 \\ \Delta\sigma_2 \\ \Delta\tau_{12} \end{array} \right\}_{1,3} = \boldsymbol{Q}_{1,3} \left\{ \begin{array}{c} \Delta\varepsilon_x^0 \\ \Delta\varepsilon_y^0 \\ \Delta\gamma_{xy}^0 \end{array} \right\} = \left\{ \begin{array}{c} 6.000 \\ 0 \\ 0 \end{array} \right\} \frac{(\Delta N_x)_2}{t}(\text{MPa})$$

$$\left\{ \begin{array}{c} \Delta\sigma_2 \\ \Delta\sigma_1 \\ \Delta\tau_{12} \end{array} \right\}_{2} = \boldsymbol{Q}_2 \left\{ \begin{array}{c} \Delta\varepsilon_x^0 \\ \Delta\varepsilon_y^0 \\ \Delta\gamma_{xy}^0 \end{array} \right\} = \left\{ \begin{array}{c} 0 \\ 0 \\ 0 \end{array} \right\} \frac{(\Delta N_x)_2}{t}(\text{MPa})$$

$$\left\{ \begin{array}{c} \sigma_x \\ \sigma_y \\ \tau_{xy} \end{array} \right\}_{1,3} = \left\{ \begin{array}{c} 356.685 \\ 26.431 \\ 0 \end{array} \right\} + \left\{ \begin{array}{c} 6.000 \\ 0 \\ 0 \end{array} \right\} \frac{(\Delta N_x)_2}{t}(\text{MPa})$$

因为外层横向已破坏，不能承受应力，故外层成为单向应力。即纵向应力达到 $X_t = 1.04\text{GPa}$ 时，外层纵向断裂：

$$\sigma_x = 356.685 + 6.000\frac{(\Delta N_x)_2}{t} = 1040(\text{MPa})$$

因此

$$\frac{(\Delta N_x)_2}{t} = 113.886(\text{MPa})$$

当载荷增量增加到上式给定值时，外层纵向发生破坏，从而层合板被破坏。相应的应变增量为

$$\Delta\varepsilon_{x3} = 1.091 \times 10^{-4} \times \frac{(\Delta N_x)_2}{t} = 0.0124$$

极限载荷为

$$\left(\frac{N_x}{t} \right)_L = \left(\frac{N_x}{t} \right)_2 + \frac{(\Delta N_x)_1}{t} + \frac{(\Delta N_x)_2}{t} = 196.646(\text{MPa})$$

破坏后 x 方向的总应变 ε_x 为

$$\varepsilon_x = \varepsilon_{x1} + \Delta\varepsilon_{x2} + \Delta\varepsilon_{x3} = 1.894\%$$

将主要结果列于表 11.3。

表 11.3　例 11.2 主要结果

计算结果	第一次破坏时	第二次破坏时	完全破坏时
$(N_x/t)/\mathrm{MPa}$	37.10	82.76	196.646
$\varepsilon_x/\%$	0.152	0.491	1.894

习　　题

11.1　已知某复合材料单向板，强度为 $X = 980\mathrm{MPa}$，$Y = S = 39.2\mathrm{MPa}$。单向板上的应力为 $\sigma_x = 2\sigma$，$\tau_{xy} = -\sigma$，如图 11.21 所示。请按蔡–希尔失效准则计算单向板的纤维方向角 $\theta = 30°, 45°, 60°$ 时的许用应力。

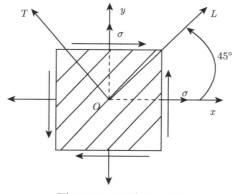

图 11.21　习题 11.1 图

11.2　试用蔡–希尔失效准则计算HT3/5224复合材料层合板$[0_2^\circ/90°]_s$在 $N_x = 100\mathrm{N/mm}$，$N_y = 20\mathrm{N/mm}$ 载荷作用下的第一层失效强度，单层板厚度为 0.125mm。（0_2° 表示 0° 层有 2 倍厚度）。

11.3　一单向碳纤维增强复合材料 HT3/QY8911 薄壁圆管，平均直径 $D_0 = 50\mathrm{mm}$，管壁厚 $t = 2\mathrm{mm}$，铺层方向与轴线夹角为 30°。试用蔡–希尔失效准则分别确定受扭和受拉时的极限载荷。

11.4　设有用 HT3/5224 复合材料层合板 $[0°/90°]_{4s}$ 制成的梁，求在力矩 M_x 作用下的极限强度，单层板厚度为 0.125mm。

11.5　求对于纯剪载荷作用在与材料主方向成各种角度的蔡–希尔失效准则，即剪切破坏的蔡–希尔准则。

第 12 章 层合板的层间应力

12.1 引 言

在经典层合板理论中，只考虑层合板的平面内应力 σ_x，σ_y 和 τ_{xy}，即假设存在平面应力状态。而实际上应力状态还具有 σ_z，τ_{xz} 和 τ_{yz} 这些**层间应力**，它们存在于相邻层之间的表面，而且通常在层界面上最大。高的层间应力是复合材料特有的破坏原因之一。图 12.1 表示对称角铺设层合板中受拉伸载荷 N_x 时，实际存在的三维应力状态。由于层间应力作用，在层合板自由边界出现脱层和随后脱层扩大，如图 12.2 所示，层合板在 z 方向分离。此外，在经典层合板理论中所指的 σ_z 和 τ_{xy} 在层合板边缘不可能存在。实际情况如下：

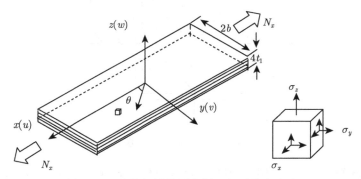

图 12.1 对称角铺设层合板几何形状和应力

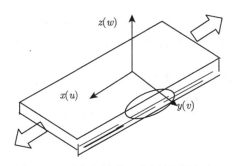

图 12.2 对称角铺设层合板的边界脱层

(1) 在层合板自由边界 (层合板边界或孔边界) 处，层间剪切力和 (或) 层间正

应力很高 (可能是奇点), 从而造成这些区域内有脱胶现象。

(2) 如改变铺层顺序, 即使不改变每层的方向, 也将使层合板强度不同, 这是层合板边界附近的层间正应力 σ_z 改变的结果。

考虑四层角铺设层合板的顶层一半的自由体图, 见图 12.3, 在远离自由边界的 x-z 平面左手侧, 可由经典层合板理论预定 τ_{xy}。相反, 图中的自由边界 $ABCD$ 面不存在 τ_{xy}。此外, 在 x 方向的前面和背面, τ_{xy} 在 AB 和 CD 线处应趋于零。为了实现 x 方向力的平衡, 应当有一应力代替 $ABCD$ 面上不存在的 τ_{xy}, 这只可能是自由体顶层的底面存在 τ_{xz}。为了对 z 轴的力矩平衡, τ_{xz} 应当很高, 因为它只存在于接近自由边界处。τ_{xz} 的大小应由三维弹性力学理论来确定。

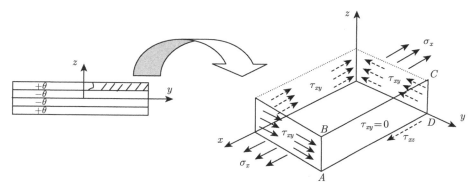

图 12.3　对称角铺设层合板自由体图

12.2　层间应力的弹性力学解

在 Pipes 和 Pagano 的弹性力学解中分析层间应力, 应考虑三向应力状态, 应力分量有 σ_x, σ_y, σ_z, τ_{xy}, τ_{yz}, τ_{xz}。正交各向异性材料主方向的应力–应变关系为

$$
\left\{
\begin{array}{c}
\sigma_1 \\
\sigma_2 \\
\sigma_3 \\
\tau_{23} \\
\tau_{31} \\
\tau_{12}
\end{array}
\right\}
=
\left[
\begin{array}{cccccc}
D_{11} & D_{12} & D_{13} & 0 & 0 & 0 \\
D_{12} & D_{22} & D_{23} & 0 & 0 & 0 \\
D_{13} & D_{23} & D_{33} & 0 & 0 & 0 \\
0 & 0 & 0 & D_{44} & 0 & 0 \\
0 & 0 & 0 & 0 & D_{55} & 0 \\
0 & 0 & 0 & 0 & 0 & D_{66}
\end{array}
\right]
\left\{
\begin{array}{c}
\varepsilon_1 \\
\varepsilon_2 \\
\varepsilon_3 \\
\gamma_{23} \\
\gamma_{31} \\
\gamma_{12}
\end{array}
\right\}
\tag{12.2.1}
$$

应用平面内的坐标转换, 用层合板坐标 x, y, z 表示应力–应变关系为

$$\left\{\begin{array}{c} \sigma_x \\ \sigma_y \\ \sigma_z \\ \tau_{yz} \\ \tau_{zx} \\ \tau_{xz} \end{array}\right\} = \left[\begin{array}{cccccc} \bar{D}_{11} & \bar{D}_{12} & \bar{D}_{13} & 0 & 0 & \bar{D}_{16} \\ \bar{D}_{21} & \bar{D}_{22} & \bar{D}_{23} & 0 & 0 & \bar{D}_{26} \\ \bar{D}_{31} & \bar{D}_{32} & \bar{D}_{33} & 0 & 0 & \bar{D}_{36} \\ 0 & 0 & 0 & \bar{D}_{44} & \bar{D}_{45} & 0 \\ 0 & 0 & 0 & \bar{D}_{54} & \bar{D}_{55} & 0 \\ \bar{D}_{61} & \bar{D}_{62} & \bar{D}_{63} & 0 & 0 & \bar{D}_{66} \end{array}\right] \left\{\begin{array}{c} \varepsilon_x \\ \varepsilon_y \\ \varepsilon_z \\ \gamma_{yz} \\ \gamma_{zx} \\ \gamma_{xy} \end{array}\right\} \qquad (12.2.2)$$

应变–位移关系为

$$\varepsilon_x = \frac{\partial u}{\partial x} = u_{,x}, \quad \varepsilon_y = \frac{\partial u}{\partial y} = v_{,y}, \quad \varepsilon_z = w_{,z}$$

$$\gamma_{yz} = v_{,z} + w_{,z}, \quad \gamma_{zx} = w_{,x} + u_{,z}, \quad \gamma_{xy} = u_{,y} + v_{,x} \qquad (12.2.3)$$

如果层合板在端部 $x = C$ 处承受均匀轴向应力，则所有应力、应变与 x 无关，因此 $\varepsilon_x = K$(常量)，这时位移场 u, v, w 为

$$u = Kx + \bar{u}(y, z), \quad v = \bar{v}(y, z), \quad w = \bar{w}(y, z) \qquad (12.2.4)$$

不计体积力，且所有应力不随 x 变化，即 $\sigma_{x,x} = 0$，$\tau_{xy,x} = 0$，$\tau_{xz,x} = 0$，这样，平衡方程变为

$$\tau_{xy,y} + \tau_{zx,z} = 0$$

$$\sigma_{y,y} + \tau_{yz,z} = 0 \qquad (12.2.5)$$

$$\tau_{yz,y} + \sigma_{z,z} = 0$$

应变–位移关系变为

$$\varepsilon_x = K, \quad \varepsilon_y = \bar{v}_{,y}, \quad \varepsilon_z = \bar{w}_{,z}$$

$$\gamma_{yz} = \bar{v}_{,z} + \bar{w}_{,z}, \quad \gamma_{zx} = \bar{u}_{,z}, \quad \gamma_{xy} = \bar{u}_{,y} \qquad (12.2.6)$$

将位移场方程代入应力–应变关系得

$$\sigma_x = \bar{D}_{11}K + \bar{D}_{12}\bar{v}_{,y} + \bar{D}_{13}\bar{w}_{,z} + \bar{D}_{16}\bar{u}_{,y}$$

$$\sigma_y = \bar{D}_{12}K + \bar{D}_{22}\bar{v}_{,y} + \bar{D}_{23}\bar{w}_{,z} + \bar{D}_{26}\bar{u}_{,y}$$

$$\sigma_z = \bar{D}_{13}K + \bar{D}_{23}\bar{v}_{,y} + \bar{D}_{33}\bar{w}_{,z} + \bar{D}_{36}\bar{u}_{,y}$$

$$\tau_{yz} = \bar{D}_{44}(\bar{v}_{,z} + \bar{w}_{,y}) + \bar{D}_{45}\bar{u}_{,z} \qquad (12.2.7)$$

$$\tau_{zx} = \bar{D}_{45}(\bar{v}_{,z} + \bar{w}_{,y}) + \bar{D}_{55}\bar{u}_{,z}$$

$$\tau_{xy} = \bar{D}_{16}K + \bar{D}_{26}\bar{v}_{,y} + \bar{D}_{36}\bar{w}_{,z} + \bar{D}_{66}\bar{u}_{,y}$$

最后代入平衡方程得

$$\bar{D}_{66}\bar{u}_{,yy} + \bar{D}_{55}\bar{u}_{,zz} + \bar{D}_{26}\bar{v}_{,yy} + \bar{D}_{45}\bar{v}_{,zz} + (\bar{D}_{36} + \bar{D}_{45})\bar{w}_{,yz} = 0$$
$$\bar{D}_{26}\bar{u}_{,yy} + \bar{D}_{45}\bar{u}_{,zz} + \bar{D}_{22}\bar{v}_{,yy} + \bar{D}_{44}\bar{v}_{,zz} + (\bar{D}_{23} + \bar{D}_{44})\bar{w}_{,yz} = 0 \qquad (12.2.8)$$
$$(\bar{D}_{45} + \bar{D}_{36})\bar{u}_{,yz} + (\bar{D}_{44} + \bar{D}_{23})\bar{v}_{,yz} + \bar{D}_{44}\bar{w}_{,yy} + \bar{D}_{33}\bar{w}_{,zz} = 0$$

这些联立二阶偏微分方程没有封闭式解。通常只需研究层合板 y-z 截面 (x 为任意值) 的四分之一区域 (图 12.4),来研究四层对称于中面的角铺设层合板,宽度为 $2b$,厚度为 $t = 4t_1$,$b = 8t_1$。如图 12.4 中上表面为自由边界,有 $\sigma_z = \tau_{xz} = \tau_{yz} = 0$,外侧边界上 $y = b$,$\sigma_y = \tau_{xy} = \tau_{yz} = 0$。中面上 $z = 0$,u,v 对称,w 反对称,有 $\bar{u}_{,z}(y,0) = \bar{v}_{,z}(y,0) = 0$,$\bar{w}(y,0) = 0$;在 $y = 0$ 上 u,v 反对称,w 对称,有 $\bar{u}(0,z) = \bar{v}(0,z) = w_{,y}(0,z) = 0$;在区域角点 $(b, 2t_1)$ 上有五个应力条件,但只需三个,另两个总是满足的。在区域中,将每一点的微分方程用有限差分方程表示,在区域内部用中心差分,边界上各点用前向和后向差分,在各层界面上 u,v,w,σ_z,τ_{xz} 和 τ_{yz} 满足连续条件。所得到的有限差分方程是线性非齐次代数方程组,点数越多,方程数也越多,但应用计算机计算还是很方便的。

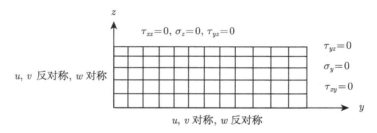

图 12.4 有限差分表示法和边界条件

对于高模量石墨/环氧复合材料,$E_1 = 138.1\text{GPa}$,$E_2 = 14.5\text{GPa}$,$G_{12} = 5.9\text{GPa}$,$\nu_{12} = 0.21$。在 $b = 8t_1$ 层间界面处 $z = t_1$ 的应力 σ_x,τ_{xz} 和 τ_{xy} 表示于图 12.5 中。图中经典层合理论表示应力是在横截面中心得到的,当接近自由边界时 σ_x 下降,$\tau_{xy} \to 0$,而 τ_{xz} 由零增加到无穷大 ($y = \pm b$ 处出现奇点)。已经证明,与经典层合理论得到的应力有所不同,应力值的范围大约为层合板厚度 $4t_1 = t$,因此层间应力可看成边缘效应,预计在离边界一个板厚的范围内,采用经典层合理论是准确的。

在层合板中面不同距离处的层间切应力 τ_{xz} 沿横截面厚度的分布用几种图像表示在图 12.6 中,由数值计算外推的应力值用虚线表示。从图中可见,层合板表面和中面上 $\tau_{xz} = 0$,对于任何图线,其极大值总发生在层间界面上 ($z/t_1 = 1$),但 τ_{xz} 的最大值发生在自由端 $y = b$ 和层间界面的交线上,并出现奇点。

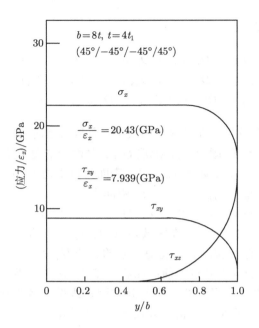

图 12.5　界面层间应力

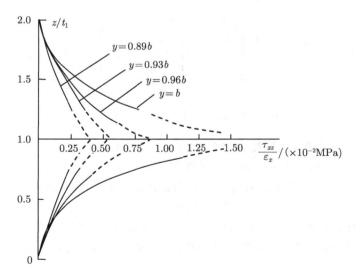

图 12.6　沿层合板厚度的层间切应力

当铺层偏轴角 θ 变化时，τ_{xz} 也变化，由图 12.7 可见，$\theta = 0°$，$60°$，$90°$ 时 $\tau_{xz} = 0$，$\theta \approx 35°$ 时 τ_{xz} 达最大值，对不同材料其数值不同。

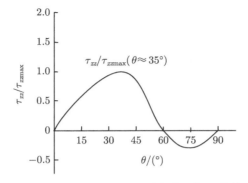

图 12.7 层间切应力 τ_{xz} 与纤维铺设角 θ 的关系

12.3 层间应力的实验证实

实验已证实层间应力的 Pipes 和 Pagano 的解, 利用云纹 (Moire) 法来检测对称角铺设层合板在轴向拉力作用下的表面位移。云纹法是由两组栅线的相对位移引起的条纹 (称为云纹) 现象而得名。一组栅线 (称为试件栅) 固定在试件上, 另一组栅线 (称为基准栅) 与其靠近, 试件栅的栅线随时间变化而变形, 而基准栅的栅线不变。两者形成的条纹 (云纹) 表示试件的变形。将长条的石墨/环氧 4 层对称角铺设层合板在不同拉力下的表面 Moire 条纹照片示于图 12.8(a), 图 12.8(b) 是 S 形 Moire 条纹的示意图。图 12.9 中表示更精确的 Moire 条纹分析确定的轴向位移与 Pipes 和 Pagano 弹性力学解的比较, 显然一致性良好, 说明层间应力实际存在。

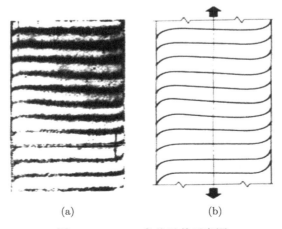

(a)   (b)

图 12.8 Moire 条纹及其示意图

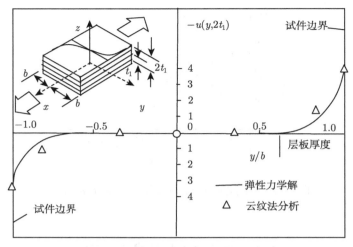

图 12.9   层合板表面 $z = 2t_1$ 处轴向位移分布

12.4   正交铺设层合板的层间应力

考虑 $[90°/0°]$ 正交铺设层合板顶层一半的自由体图, 如图 12.10 所示。经典层合理论中存在的 σ_y 在自由体的左半部分存在, 但是作为右部边界, 自由体图有自由边界 $ABCD$, 因此在 $ABCD$ 无 σ_y。为满足力在 y 方向的平衡, y 方向只有应力分量 σ_y 和 τ_{yz}, 而且 τ_{yz} 应存在于靠近自由边界顶层的底面。为了对 x 轴的力矩平衡, 应提供一个顺时针方向的力偶矩与左手面上 σ_y 的力矩平衡, 能提供这一力矩的只有应力 σ_z, 但是 σ_z 应服从 z 方向力的平衡要求而无合力。满足 Pipes 和 Pagano 假设的这两个要求的 σ_z 的分布如图 12.11 所示。注意在经典层合理论适用的区域中 σ_z 趋于零而自由边界可能趋向无限大。显然高的拉伸 σ_z 值和很高的 τ_{yz} 值一样会造成自由边界脱层。

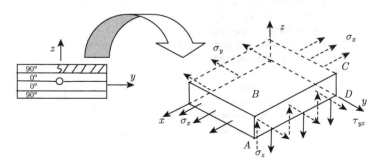

图 12.10   正交铺设层合板自由体图

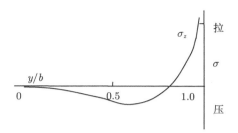

图 12.11 层间正应力 σ_z 与 y/b 的关系

12.5　层间应力的联系

　　层间应力的存在使层合复合材料板在板边缘附近或孔周围等产生脱层,这样会使设计的结构过早损坏。

　　层间应力的存在还受层板铺设顺序的影响,不同铺设顺序层合板的层间应力分布可能不相同。图 12.12 表示对称 8 层混合角铺设层合板横截面的自由体图,层合板受轴向拉伸载荷,由力的平衡可知,在自由体 15° 层中存在拉应力为 σ_y,自由边的界面上存在拉应力 σ_z,如 σ_y 为压应力,对应的 σ_z 也相反。σ_z 分布如图 12.13 所示,在经典层合理论适用的区域内 σ_z 趋于零,而在自由边界处趋于无穷大。假如 45° 层位于层合板外侧,由经典层合理论确定压应力 σ_y,则 σ_z 将是压应力,该层合板不易脱层。

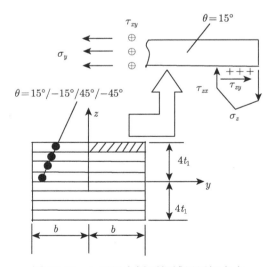

图 12.12　8 层层合板顶部铺层层间应力

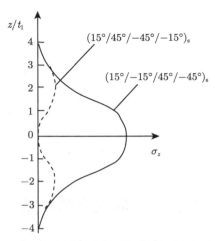

图 12.13 不同铺设层合板层间应力 σ_z 分布

　　根据 Pipes 和 Pagano 推论，厚度范围内 σ_z 的分布如图 12.13 所示，两种铺设顺序分别为 $(15°/-15°/45°/-45°)_s$ 和 $(15°/45°/-45°/-15°)_s$。显然后者比前者有较大的强度而不趋于脱层，类似的理由，$(45°/-45°/+15°/-15°)_s$ 层合板有压应力 σ_z，比 $(+15°/-15°/+45°/-45°)_s$ 的拉应力 σ_z 具有更高的强度，这两种情况中，层间切应力即使方向不同但实际上数值也是相同的。因此层间正应力 σ_z 起关键作用。

　　总之，存在三种层间应力问题：

　　(1) $(\pm\theta)$ 层板只显示剪拉耦合，所以 τ_{xz} 是唯一非零层间应力。

　　(2) $(0°/90°)$ 层板只显示层间泊松不匹配 (无剪拉耦合)，所以只有 τ_{yz} 和 σ_z 是非零层间应力。

　　(3) 以上的联合，例如，$(\pm\theta_1/\pm\theta_2)$ 层板显示剪拉耦合和层间泊松不匹配，所以有 τ_{xz}，τ_{yz} 和 σ_z 层间应力。

　　层间应力的意义与由经典层合理论确定的层合板刚度、强度和寿命有关，即除了接近自由边界很窄的边界层以外，经典层合理论确定的应力在大部分层合板中是精确的。这样层合板刚度受总体而非局部的应力影响，所以层合板刚度实质上不受层间应力影响。另一方面，局部的高应力控制破坏过程，而较低的总体应力是不重要的，这样层合板的强度和寿命受层间应力控制。

12.6　自由边界脱层的抑制方法

　　被动的自由边界脱层抑制实际上是改变层板铺设顺序。层板铺设顺序有时可安排成减小层间应力的脱层效应，例如，方向角相同的层板必须分散和分离 (如 $+\theta$

或 $-\theta$)，即用 $(15°/45°/-45°/-15°)_s$ 而不用 $(45°/-45°/+15°/-15°)_s$。一般避免用厚的层板，即用 $(45°/-45°/45°/-45°)_s$ 而不用 $(45_2°/-45_2°)_s$。注意层板铺设顺序的交换不影响拉伸刚度 (A_{ij})，而对弯曲刚度 (D_{ij}) 影响很大。

　　主动的脱层抑制包括 "边界增强" 和 "边界改变"。"边界增强" 是用边界带帽、缝补或加厚黏胶层来增强自由边界，如图 12.14(a) 所示。边界带帽和缝补可抵抗层间正应力和切应力。相反，加厚黏胶层不能抵抗层间正应力，与未增强的层合板边界差不多，但能较好地抵抗层间切应力。"边界改变" 不引起增强的自由边界性质改变，例如层片终止、切口和尖梢，如图 12.14(b) 所示。层片端部是铺设顺序的一种变化方式，它使自由边界铺设顺序略有变化，因此对层间应力影响不大。切口虽然好处不明显，但是使接近自由边界的应力场混乱，可以减小脱层效应。尖梢是接近自由边界处层合板厚度逐渐变化的一种方法。

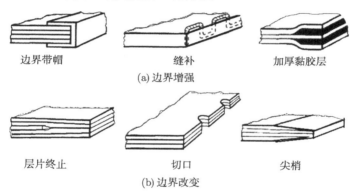

图 12.14　自由边界各种脱层抑制方法

习　　题

　　12.1　综合习题：利用有限元程序计算开孔复合材料层合板的孔边应力，并利用蔡-希尔失效准则进行强度分析。

　　12.2　综合习题：利用有限元程序计算单边缺口复合材料层合板的孔边应力，并利用 Hashin 失效准则进行强度分析。

　　12.3　综合习题：在拉压、弯曲状态下，计算矩形和圆形层合板的层间应力，特别关注边界处的层间应力变化。

第13章　复合材料的湿热效应

　　根据纤维增强复合材料的构造特点以及它的物理特性，湿热环境对复合材料性能会产生较大的影响。通常，材料产生变形除了外施载荷因素影响之外，环境温度或湿度的明显变化也是一个重要的因素。对树脂基纤维增强复合材料来说，树脂基体比纤维材料对湿热环境更加敏感。首先，在单向复合材料中，横向的湿热变形通常比纵向的湿热变形要大得多，从而表现出湿热效应的各向异性；其次，由单层板铺覆而成的多向层合板，是由受湿热环境影响而变形且具有方向性的各个单层黏接而成，当其受湿热变化时，层合板沿厚度方向的非均质性发生互相制约。简单来说，就是各层的湿热变形不一样。但由于各层间紧密黏接在一起阻止了彼此自由的湿热变形，从而在内部引起附加应力，进而会影响层合板的强度。由此看来，关于复合材料的各向异性特性，就力学性能而言，应从广义上去理解，其他的物理性能如湿热性能等也会呈现出各向异性。复合材料湿热效应的分析工作也必须得到重视。

　　从这些角度来看，本章对复合材料湿热效应影响的分析，主要从单层板的湿热变形、层合板的湿热效应、层合板的残余应变和残余应力、强度计算等方面进行研究。

13.1　层合板的湿热变形

13.1.1　单层板的湿热变形

　　高温，尤其是湿热联合作用对树脂基复合材料力学性能的影响是显著的。树脂基体在高温下，特别是吸入一定水分的基体在高温下的性能有明显下降，因而导致复合材料单层力学性能中由基体性能控制的横向模量和强度、剪切模量和强度下降。图 13.1 和图 13.2 给出了典型碳纤维增强环氧树脂基复合材料单层在22°C，60°C 和 128°C三种温度和干燥条件下的横向拉伸应力-应变曲线和面内剪切应力-应变曲线。可以看到，随着温度的升高，该材料的横向模量和剪切模量明显下降，横向拉伸强度下降较小，剪切强度在 128°C时下降显著。

　　图 13.3 给出了典型碳纤维增强环氧树脂基复合材料单层在常温干燥和常温吸湿 1%下以及在高温 (90°C) 干燥和高温 (90°C) 吸湿 1%下的面内剪切应力-应变曲线。可以看到，吸湿 1%后的材料在高温下的面内剪切模量和强度均有大幅度的下

降。这一实验结果表明，在树脂基复合材料的刚度和强度分析中必须考虑湿热的影响。

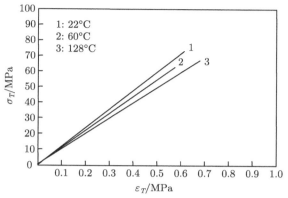

图 13.1 典型碳纤维增强环氧树脂基复合材料单层横向拉伸应力-应变曲线

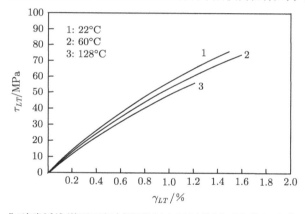

图 13.2 典型碳纤维增强环氧树脂基复合材料单层面内剪切应力-应变曲线

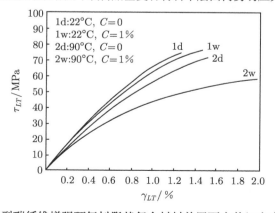

图 13.3 典型碳纤维增强环氧树脂基复合材料单层面内剪切应力-应变曲线

单层板的湿热变形是分析层合板湿热变形的基础。单层板正轴向的湿热应变一般可由线性关系表示：

$$\left\{\begin{array}{c} e_1 \\ e_2 \\ e_{12} \end{array}\right\} = \left[\begin{array}{cc} \alpha_1 & \beta_1 \\ \alpha_2 & \beta_2 \\ 0 & 0 \end{array}\right] \left\{\begin{array}{c} \Delta T \\ C \end{array}\right\} \tag{13.1.1}$$

式中 α_1, α_2 分别为单层纵向、横向的**热膨胀系数**，单位为 K^{-1} 或 $℃^{-1}$；β_1, β_2 分别为单层纵向、横向的**湿膨胀系数**；ΔT 为温度变化值 (即使用温度与初始温度之差)，单位为 K 或 ℃；C 为吸水含量，定义为材料吸湿后增加质量 ΔM 与干燥状态下质量 M 之比。

热膨胀系数和湿膨胀系数一般由实验测得，也可以由单层板的细观力学推出。图 13.4 给出了单层板的热膨胀变形示意图。

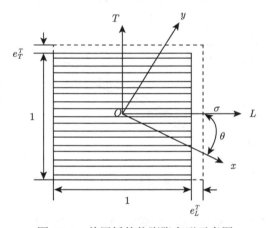

图 13.4　单层板的热膨胀变形示意图

多层板中各层的材料主方向与坐标系往往不重合，此时，只需要进行一次坐标系的转换。偏轴向应力–应变关系如下所示

$$\left\{\begin{array}{c} e_x \\ e_y \\ e_{xy} \end{array}\right\} = \left[\begin{array}{cc} \alpha_x & \beta_x \\ \alpha_y & \beta_y \\ \alpha_{xy} & \beta_{xy} \end{array}\right] \left\{\begin{array}{c} \Delta T \\ C \end{array}\right\} \tag{13.1.2}$$

13.1.2　考虑单层板湿热应变的应力–应变关系

在单层板既承受外载荷作用，又有温度和水分含量变化引起小变形的情况下，应变可以利用叠加原理求得，即正轴向总应变等于外载引起的力学应变、热应变、

湿应变之和, 从而得到包含湿热应变的应变–应力关系

$$
\left\{ \begin{array}{c} \varepsilon_1 \\ \varepsilon_2 \\ \gamma_{12} \end{array} \right\} = \left[\begin{array}{ccc} S_{11} & S_{12} & 0 \\ S_{12} & S_{22} & 0 \\ 0 & 0 & S_{66} \end{array} \right] \left\{ \begin{array}{c} \sigma_1 \\ \sigma_2 \\ \tau_{12} \end{array} \right\} + \left\{ \begin{array}{c} e_1 \\ e_2 \\ 0 \end{array} \right\}
\tag{13.1.3}
$$

或改写为应力–应变关系

$$
\left\{ \begin{array}{c} \sigma_1 \\ \sigma_2 \\ \tau_{12} \end{array} \right\} = \left[\begin{array}{ccc} Q_{11} & Q_{12} & 0 \\ Q_{12} & Q_{22} & 0 \\ 0 & 0 & Q_{66} \end{array} \right] \left\{ \begin{array}{c} \varepsilon_1 - e_1 \\ \varepsilon_2 - e_2 \\ \gamma_{12} \end{array} \right\}
\tag{13.1.4}
$$

如果将上式改成偏轴向的情况, 只需利用应变的转换公式, 可得

$$
\left\{ \begin{array}{c} \varepsilon_x - e_x \\ \varepsilon_y - e_y \\ \gamma_{xy} - e_{xy} \end{array} \right\} = \left[\begin{array}{ccc} \bar{S}_{11} & \bar{S}_{12} & \bar{S}_{16} \\ \bar{S}_{12} & \bar{S}_{22} & \bar{S}_{26} \\ \bar{S}_{16} & \bar{S}_{26} & \bar{S}_{66} \end{array} \right] \left\{ \begin{array}{c} \sigma_x \\ \sigma_y \\ \tau_{xy} \end{array} \right\}
\tag{13.1.5}
$$

或

$$
\left\{ \begin{array}{c} \sigma_x \\ \sigma_y \\ \tau_{xy} \end{array} \right\} = \left[\begin{array}{ccc} \bar{Q}_{11} & \bar{Q}_{12} & \bar{Q}_{16} \\ \bar{Q}_{12} & \bar{Q}_{22} & \bar{Q}_{26} \\ \bar{Q}_{16} & \bar{Q}_{26} & \bar{Q}_{66} \end{array} \right] \left\{ \begin{array}{c} \varepsilon_x - e_x \\ \varepsilon_y - e_y \\ \gamma_{xy} - e_{xy} \end{array} \right\}
\tag{13.1.6}
$$

13.1.3 层合板的湿热效应

首先, 我们在研究时假设层合板的温度分布和吸湿量分布是均匀的, 不考虑材料性能的变化、热传导及湿扩散的动态过程, 只考虑层合板由一种平衡状态变化到另一种平衡状态时, 由温度和吸湿量变化引起的湿热效应。

假设层合板由 n 层单板组成, 考虑温度变化和湿度环境, 第 k 层的应力–应变关系为 (一般为非材料主方向)

$$
\left\{ \begin{array}{c} \sigma_x \\ \sigma_y \\ \tau_{xy} \end{array} \right\}_k = \bar{Q}_k \left(\left\{ \begin{array}{c} \varepsilon_x \\ \varepsilon_y \\ \gamma_{xy} \end{array} \right\} - \left\{ \begin{array}{c} \alpha_x \\ \alpha_y \\ \alpha_{xy} \end{array} \right\} \Delta T - \left\{ \begin{array}{c} \beta_x \\ \beta_y \\ \beta_{xy} \end{array} \right\} C \right) = \bar{Q}_k \left\{ \begin{array}{c} \varepsilon_x - e_x \\ \varepsilon_y - e_y \\ \gamma_{xy} - e_{xy} \end{array} \right\}
\tag{13.1.7}
$$

在考虑层合板的内力–应变关系时, 利用各单层包含湿热应变的应力–应变关系, 可得层合板考虑湿热效应时的应力–应变关系, 只需在以往的内力与应变关系中将 N、M 用等效内力代替即可。

一般层合板问题，内力和内力矩是应力在厚度方向的积分，即

$$
\left\{\begin{array}{c} N_x \\ N_y \\ N_{xy} \end{array}\right\} = \int_{\frac{-t}{2}}^{\frac{t}{2}} \left\{\begin{array}{c} \sigma_x \\ \sigma_y \\ \tau_{xy} \end{array}\right\}_k \mathrm{d}z = \begin{bmatrix} A_{11} & A_{12} & A_{16} \\ A_{12} & A_{22} & A_{26} \\ A_{16} & A_{26} & A_{66} \end{bmatrix} \left\{\begin{array}{c} \varepsilon_x^0 \\ \varepsilon_y^0 \\ \gamma_{xy}^0 \end{array}\right\} + \begin{bmatrix} B_{11} & B_{12} & B_{16} \\ B_{12} & B_{22} & B_{26} \\ B_{16} & B_{26} & B_{66} \end{bmatrix} \left\{\begin{array}{c} \kappa_x \\ \kappa_y \\ \kappa_{xy} \end{array}\right\} - \left\{\begin{array}{c} N_x^T \\ N_y^T \\ N_{xy}^T \end{array}\right\} - \left\{\begin{array}{c} N_x^H \\ N_y^H \\ N_{xy}^H \end{array}\right\}
$$

$$\tag{13.1.8a}$$

$$
\left\{\begin{array}{c} M_x \\ M_y \\ M_{xy} \end{array}\right\} = \int_{\frac{-t}{2}}^{\frac{t}{2}} \left\{\begin{array}{c} \sigma_x \\ \sigma_y \\ \tau_{xy} \end{array}\right\}_k z\mathrm{d}z = \begin{bmatrix} B_{11} & B_{12} & B_{16} \\ B_{12} & B_{22} & B_{26} \\ B_{16} & B_{26} & B_{66} \end{bmatrix} \left\{\begin{array}{c} \varepsilon_x^0 \\ \varepsilon_y^0 \\ \gamma_{xy}^0 \end{array}\right\} + \begin{bmatrix} D_{11} & D_{12} & D_{16} \\ D_{12} & D_{22} & D_{26} \\ D_{16} & D_{26} & D_{66} \end{bmatrix} \left\{\begin{array}{c} \kappa_x \\ \kappa_y \\ \kappa_{xy} \end{array}\right\} - \left\{\begin{array}{c} M_x^T \\ M_y^T \\ M_{xy}^T \end{array}\right\} - \left\{\begin{array}{c} M_x^H \\ M_y^H \\ M_{xy}^H \end{array}\right\}
$$

$$\tag{13.1.8b}$$

其中

$$
\left\{\begin{array}{c} N_x^T \\ N_y^T \\ N_{xy}^T \end{array}\right\} = \int_{\frac{-t}{2}}^{\frac{t}{2}} \bar{Q}_k \left\{\begin{array}{c} \alpha_x \\ \alpha_y \\ \alpha_{xy} \end{array}\right\}_k \Delta T_k \mathrm{d}z, \qquad \left\{\begin{array}{c} M_x^T \\ M_y^T \\ M_{xy}^T \end{array}\right\} = \int_{\frac{-t}{2}}^{\frac{t}{2}} \bar{Q}_k \left\{\begin{array}{c} \alpha_x \\ \alpha_y \\ \alpha_{xy} \end{array}\right\}_k \Delta T_k z\mathrm{d}z
$$

$$
\left\{\begin{array}{c} N_x^H \\ N_y^H \\ N_{xy}^H \end{array}\right\} = \int_{\frac{-t}{2}}^{\frac{t}{2}} \bar{Q}_k \left\{\begin{array}{c} \beta_x \\ \beta_y \\ \beta_{xy} \end{array}\right\}_k C_k \mathrm{d}z, \qquad \left\{\begin{array}{c} M_x^H \\ M_y^H \\ M_{xy}^H \end{array}\right\} = \int_{\frac{-t}{2}}^{\frac{t}{2}} \bar{Q}_k \left\{\begin{array}{c} \beta_x \\ \beta_y \\ \beta_{xy} \end{array}\right\}_k C_k z\mathrm{d}z
$$

$$\tag{13.1.8c}$$

式中 N^T 和 M^T 分别称为**热内力**和**热内力矩**，它们由温度变化引起，但是只有在完全约束的条件下才是真正的力和力矩；N^H 和 M^H 分别称为**湿内力**和**湿内力矩**，式 (13.1.8a) 和式 (13.1.8b) 也可以写成

$$
\left\{\begin{array}{c} \bar{N}_x \\ \bar{N}_y \\ \bar{N}_{xy} \end{array}\right\} = \left[\begin{array}{c} N_x + N_x^T + N_x^H \\ N_y + N_y^T + N_y^H \\ N_{xy} + N_{xy}^T + N_{xy}^H \end{array}\right] = \boldsymbol{A} \left\{\begin{array}{c} \varepsilon_x^0 \\ \varepsilon_y^0 \\ \gamma_{xy}^0 \end{array}\right\} + \boldsymbol{B} \left\{\begin{array}{c} \kappa_x \\ \kappa_y \\ \kappa_{xy} \end{array}\right\}
$$

$$
\left\{\begin{array}{c} \bar{M}_x \\ \bar{M}_y \\ \bar{M}_{xy} \end{array}\right\} = \left[\begin{array}{c} M_x + M_x^T + M_x^H \\ M_y + M_y^T + M_y^H \\ M_{xy} + M_{xy}^T + M_{xy}^H \end{array}\right] = \boldsymbol{B} \left\{\begin{array}{c} \varepsilon_x^0 \\ \varepsilon_y^0 \\ \gamma_{xy}^0 \end{array}\right\} + \boldsymbol{D} \left\{\begin{array}{c} \kappa_x \\ \kappa_y \\ \kappa_{xy} \end{array}\right\}
$$

简写成

$$
\left\{\begin{array}{c} \bar{N} \\ \bar{M} \end{array}\right\} = \left\{\begin{array}{c} N \\ M \end{array}\right\} + \left\{\begin{array}{c} N^T \\ M^T \end{array}\right\} + \left\{\begin{array}{c} N^H \\ M^H \end{array}\right\} = \begin{bmatrix} \boldsymbol{A} & \boldsymbol{B} \\ \boldsymbol{C} & \boldsymbol{D} \end{bmatrix} \left\{\begin{array}{c} \boldsymbol{\varepsilon}^0 \\ \boldsymbol{\kappa} \end{array}\right\}
$$

对于均匀温度变化，ΔT_k 沿层合板厚度不变，ΔT 与坐标 z 无关，则有

$$\boldsymbol{N}^T = \sum_{k=1}^{n} \bar{Q}_k \left[\alpha_x\right]_k \Delta T \left(z_k - z_{k-1}\right)$$

$$\boldsymbol{M}^T = \frac{1}{2} \sum_{k=1}^{n} \bar{Q}_k \left[\alpha_x\right]_k \Delta T \left(z_k^2 - z_{k-1}^2\right)$$

$$(13.1.9)$$

对于均匀吸水浓度 C，且 C 与坐标 z 无关，则有

$$\boldsymbol{N}^H = \sum_{k=1}^{n} \bar{Q}_k \left[\beta_x\right]_k C \left(z_k - z_{k-1}\right)$$

$$\boldsymbol{M}^H = \frac{1}{2} \sum_{k=1}^{n} \bar{Q}_k \left[\beta_x\right]_k C \left(z_k^2 - z_{k-1}^2\right)$$

$$(13.1.10)$$

13.2 层合板的湿热应力

13.2.1 层合板的热应力

复合材料由纤维和基体组成，由于纤维和基体热膨胀性能不同，单向纤维增强的复合材料在热膨胀性能方面也具有各向异性。

正交各向异性复合材料单层板在不受外载情况下，当温度变化 ΔT 时，三维热弹性各向异性的应力–应变关系为

$$\varepsilon_i = C_{ij}\sigma_j + \alpha_i \Delta T \quad (i, j = 1, 2, \cdots, 6) \qquad (13.2.1)$$

$$\sigma_i = D_{ij}\left(\varepsilon_j - \alpha_j \Delta T\right) \quad (i, j = 1, 2, \cdots, 6) \qquad (13.2.2)$$

其中 α_i 为热膨胀系数，ΔT 为温度改变量，$D_{ij}\alpha_j\Delta T$ 为热应力，D_{ij} 为刚度系数。

正交各向异性层合板的平面应力问题在材料主方向坐标系下的本构关系为

$$\left\{\begin{array}{c} \sigma_1 \\ \sigma_2 \\ \tau_{12} \end{array}\right\} = \left[\begin{array}{ccc} Q_{11} & Q_{12} & 0 \\ Q_{12} & Q_{22} & 0 \\ 0 & 0 & Q_{66} \end{array}\right] \left\{\begin{array}{c} \varepsilon_1 - \alpha_1 \Delta T \\ \varepsilon_2 - \alpha_2 \Delta T \\ \gamma_{12} \end{array}\right\} \qquad (13.2.3)$$

其中 α_1, α_2 分别为 1，2 方向热膨胀系数。可以看出热膨胀系数值影响拉伸应变，不影响切应变。

第 k 层的层合板应力通过坐标的转换可得到应力–应变关系：

$$\left\{\begin{array}{c} \sigma_x \\ \sigma_y \\ \tau_{xy} \end{array}\right\} = \left[\begin{array}{ccc} \bar{Q}_{11} & \bar{Q}_{12} & \bar{Q}_{16} \\ \bar{Q}_{12} & \bar{Q}_{22} & \bar{Q}_{26} \\ \bar{Q}_{16} & \bar{Q}_{26} & \bar{Q}_{66} \end{array}\right] \left\{\begin{array}{c} \varepsilon_x - \alpha_x \Delta T \\ \varepsilon_y - \alpha_y \Delta T \\ \gamma_{xy} - \alpha_{xy} \Delta T \end{array}\right\}_k \qquad (13.2.4)$$

当应变沿着层合板的厚度线性变化时, 合内力和合内矩的表达式如下

$$\left\{ \begin{array}{c} N_x \\ N_y \\ N_{xy} \end{array} \right\} = \left[\begin{array}{ccc} A_{11} & A_{12} & A_{16} \\ A_{12} & A_{22} & A_{26} \\ A_{16} & A_{26} & A_{66} \end{array} \right] \left\{ \begin{array}{c} \varepsilon_x^0 \\ \varepsilon_y^0 \\ \gamma_{xy}^0 \end{array} \right\} + \left[\begin{array}{ccc} B_{11} & B_{12} & B_{16} \\ B_{12} & B_{22} & B_{26} \\ B_{16} & B_{26} & B_{66} \end{array} \right] \left\{ \begin{array}{c} \kappa_x \\ \kappa_y \\ \kappa_{xy} \end{array} \right\} - \left\{ \begin{array}{c} N_x^T \\ N_y^T \\ N_{xy}^T \end{array} \right\}$$

$$(13.2.5)$$

$$\left\{ \begin{array}{c} M_x \\ M_y \\ M_{xy} \end{array} \right\} = \left[\begin{array}{ccc} B_{11} & B_{12} & B_{16} \\ B_{12} & B_{22} & B_{26} \\ B_{16} & B_{26} & B_{66} \end{array} \right] \left\{ \begin{array}{c} \varepsilon_x^0 \\ \varepsilon_y^0 \\ \gamma_{xy}^0 \end{array} \right\} + \left[\begin{array}{ccc} D_{11} & D_{12} & D_{16} \\ D_{12} & D_{22} & D_{26} \\ D_{16} & D_{26} & D_{66} \end{array} \right] \left\{ \begin{array}{c} \kappa_x \\ \kappa_y \\ \kappa_{xy} \end{array} \right\} - \left\{ \begin{array}{c} M_x^T \\ M_y^T \\ M_{xy}^T \end{array} \right\}$$

$$(13.2.6)$$

其中 $\boldsymbol{A}$ 和 $\boldsymbol{B}$ 分别为拉伸刚度和拉伸-弯曲耦合刚度, $\boldsymbol{D}$ 为弯曲刚度。上式中有

$$\left\{ \begin{array}{c} N_x^T \\ N_y^T \\ N_{xy}^T \end{array} \right\} = \int \left[\begin{array}{ccc} \bar{Q}_{11} & \bar{Q}_{12} & \bar{Q}_{16} \\ \bar{Q}_{12} & \bar{Q}_{22} & \bar{Q}_{26} \\ \bar{Q}_{16} & \bar{Q}_{26} & \bar{Q}_{66} \end{array} \right] \left\{ \begin{array}{c} \alpha_x \\ \alpha_y \\ \alpha_{xy} \end{array} \right\} \Delta T \mathrm{d}z \qquad (13.2.7)$$

$$\left\{ \begin{array}{c} M_x^T \\ M_y^T \\ M_{xy}^T \end{array} \right\} = \int \left[\begin{array}{ccc} \bar{Q}_{11} & \bar{Q}_{12} & \bar{Q}_{16} \\ \bar{Q}_{12} & \bar{Q}_{22} & \bar{Q}_{26} \\ \bar{Q}_{16} & \bar{Q}_{26} & \bar{Q}_{66} \end{array} \right] \left\{ \begin{array}{c} \alpha_x \\ \alpha_y \\ \alpha_{xy} \end{array} \right\} \Delta T z \mathrm{d}z \qquad (13.2.8)$$

式中 $\boldsymbol{N}^T$, $\boldsymbol{M}^T$ 分别称为热内力和热内力矩, 它们由温度变化而引起, 只有在完全约束的条件下 (总的应变和曲率为 0), 才是真正的力和力矩。等效力和等效力矩的表达式分别为

$$\left\{ \begin{array}{c} \bar{N}_x \\ \bar{N}_y \\ \bar{N}_{xy} \end{array} \right\} = \left[\begin{array}{c} N_x + N_x^T \\ N_y + N_y^T \\ N_{xy} + N_{xy}^T \end{array} \right] = \left[\begin{array}{ccc} A_{11} & A_{12} & A_{16} \\ A_{12} & A_{22} & A_{26} \\ A_{16} & A_{26} & A_{66} \end{array} \right] \left\{ \begin{array}{c} \varepsilon_x^0 \\ \varepsilon_y^0 \\ \gamma_{xy}^0 \end{array} \right\} + \left[\begin{array}{ccc} B_{11} & B_{12} & B_{16} \\ B_{12} & B_{22} & B_{26} \\ B_{16} & B_{26} & B_{66} \end{array} \right] \left\{ \begin{array}{c} \kappa_x \\ \kappa_y \\ \kappa_{xy} \end{array} \right\}$$

$$(13.2.9)$$

$$\left\{ \begin{array}{c} \bar{M}_x \\ \bar{M}_y \\ \bar{M}_{xy} \end{array} \right\} = \left[\begin{array}{c} M_x + M_x^T \\ M_y + M_y^T \\ M_{xy} + M_{xy}^T \end{array} \right] = \left[\begin{array}{ccc} B_{11} & B_{12} & B_{16} \\ B_{12} & B_{22} & B_{26} \\ B_{16} & B_{26} & B_{66} \end{array} \right] \left\{ \begin{array}{c} \varepsilon_x^0 \\ \varepsilon_y^0 \\ \gamma_{xy}^0 \end{array} \right\} + \left[\begin{array}{ccc} D_{11} & D_{12} & D_{16} \\ D_{12} & D_{22} & D_{26} \\ D_{16} & D_{26} & D_{66} \end{array} \right] \left\{ \begin{array}{c} \kappa_x \\ \kappa_y \\ \kappa_{xy} \end{array} \right\}$$

$$(13.2.10)$$

上两式可以分别简写成

$$\left\{ \begin{array}{c} \bar{N} \\ \bar{M} \end{array} \right\} = \left[\begin{array}{cc} \boldsymbol{A} & \boldsymbol{B} \\ \boldsymbol{B} & \boldsymbol{D} \end{array} \right] \left\{ \begin{array}{c} \varepsilon^0 \\ \kappa \end{array} \right\} \qquad (13.2.11)$$

$$\left\{ \begin{array}{c} \varepsilon^0 \\ \kappa \end{array} \right\} = \left[\begin{array}{cc} \boldsymbol{A}' & \boldsymbol{B}' \\ \boldsymbol{B}' & \boldsymbol{D}' \end{array} \right] \left\{ \begin{array}{c} \bar{N} \\ \bar{M} \end{array} \right\} \qquad (13.2.12)$$

聚合物材料如环氧树脂在固化后容易吸收湿气产生膨胀, 这就是湿气效应。湿气影响与热影响类似, 湿膨胀的参数在材料主方向可以直接与热膨胀的参数进行类比。所有计算热效应的参数通过替代和补充可以计算湿膨胀。热传导和湿气扩散在时间尺度上是相差很大的。由热产生的结构变形和应力变化非常迅速 (通常在数秒之内), 相比之下, 湿气效应非常地慢, 是因为湿气在材料中扩散非常慢 (通常在数周或数月之内才能达到饱和湿气浓度)。

如图 13.5 所示为一个六层的层合板, 每层层合板的厚度为 t_0。在层合板的表面施加质量为 M_0 的湿气质量, 左图为不同时间后厚度与湿气质量比的关系, 从图中可以看出, 当时间为 5h 时, 第二层层合板的湿气质量比大概仅为 0.2。当时间为 50h 时, 第二层层合板的湿气质量比大概已经达到了 0.8。当时间长达 250h 时, 可以发现所有的层合板的湿气质量都已经达到了所施加的湿度质量。

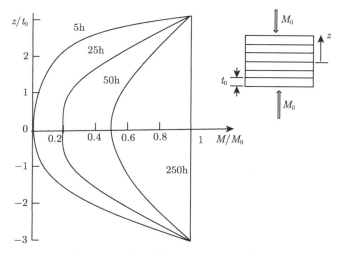

图 13.5 复合材料中各层的吸水质量

复合材料在潮湿环境中吸收水分, 吸水程度用吸水浓度 C 表示。复合材料由纤维和基体组成, 纤维和基体分别有吸水浓度 C_f 和 C_m。设复合材料在干燥状态下质量为 M, 纤维质量为 M_f, 基体质量为 M_m, 有 $M = M_f + M_m$。材料吸湿后, 质量增加 ΔM, 其中纤维和基体吸湿后分别增加 ΔM_f 和 ΔM_m, 吸水浓度 C 为

$$C = \frac{\Delta M}{M} = \frac{\Delta M_f + \Delta M_m}{M_f + M_m} \tag{13.2.13}$$

单层板吸湿后发生膨胀变形, 在材料主方向产生线应变 ε_1^H 和 ε_2^H, 而无切应变 $\gamma_{12}^H = 0$, 对于吸水浓度 C, 湿膨胀系数定义为

$$\beta_1 = \frac{\varepsilon_1^H}{C}, \quad \beta_2 = \frac{\varepsilon_2^H}{C}, \quad \beta_{12} = \frac{\gamma_{12}^H}{C} = 0 \tag{13.2.14}$$

湿膨胀应变可表示为

$$\left\{\begin{array}{c} \varepsilon_1^H \\ \varepsilon_2^H \\ \gamma_{12}^H \end{array}\right\} = C \left\{\begin{array}{c} \beta_1 \\ \beta_2 \\ 0 \end{array}\right\} \tag{13.2.15}$$

正交各向异性层合板的平面应力问题在材料主方向坐标系下的本构关系为

$$\left\{\begin{array}{c} \sigma_1 \\ \sigma_2 \\ \tau_{12} \end{array}\right\} = \left[\begin{array}{ccc} Q_{11} & Q_{12} & 0 \\ Q_{12} & Q_{22} & 0 \\ 0 & 0 & Q_{66} \end{array}\right] \left\{\begin{array}{c} \varepsilon_1 - \beta_1 C \\ \varepsilon_2 - \beta_2 C \\ \gamma_{12} \end{array}\right\} \tag{13.2.16}$$

第 k 层的层合板应力通过坐标的转换可得到应力–应变关系:

$$\left\{\begin{array}{c} \sigma_x \\ \sigma_y \\ \tau_{xy} \end{array}\right\} = \left[\begin{array}{ccc} \bar{Q}_{11} & \bar{Q}_{12} & \bar{Q}_{16} \\ \bar{Q}_{12} & \bar{Q}_{22} & \bar{Q}_{26} \\ \bar{Q}_{16} & \bar{Q}_{26} & \bar{Q}_{66} \end{array}\right] \left\{\begin{array}{c} \varepsilon_x - \beta_x C \\ \varepsilon_y - \beta_y C \\ \gamma_{xy} - \beta_{xy} C \end{array}\right\}_k \tag{13.2.17}$$

当应变沿着层合板的厚度线性变化时, 合内力和合内力矩的表达式如下

$$\left\{\begin{array}{c} N_x \\ N_y \\ N_{xy} \end{array}\right\} = \left[\begin{array}{ccc} A_{11} & A_{12} & A_{16} \\ A_{12} & A_{22} & A_{26} \\ A_{16} & A_{26} & A_{66} \end{array}\right] \left\{\begin{array}{c} \varepsilon_x^0 \\ \varepsilon_y^0 \\ \gamma_{xy}^0 \end{array}\right\} + \left[\begin{array}{ccc} B_{11} & B_{12} & B_{16} \\ B_{12} & B_{22} & B_{26} \\ B_{16} & B_{26} & B_{66} \end{array}\right] \left\{\begin{array}{c} \kappa_x \\ \kappa_y \\ \kappa_{xy} \end{array}\right\} - \left\{\begin{array}{c} N_x^H \\ N_y^H \\ N_{xy}^H \end{array}\right\} \tag{13.2.18}$$

$$\left\{\begin{array}{c} M_x \\ M_y \\ M_{xy} \end{array}\right\} = \left[\begin{array}{ccc} B_{11} & B_{12} & B_{16} \\ B_{12} & B_{22} & B_{26} \\ B_{16} & B_{26} & B_{66} \end{array}\right] \left\{\begin{array}{c} \varepsilon_x^0 \\ \varepsilon_y^0 \\ \gamma_{xy}^0 \end{array}\right\} + \left[\begin{array}{ccc} D_{11} & D_{12} & D_{16} \\ D_{12} & D_{22} & D_{26} \\ D_{16} & D_{26} & D_{66} \end{array}\right] \left\{\begin{array}{c} \kappa_x \\ \kappa_y \\ \kappa_{xy} \end{array}\right\} - \left\{\begin{array}{c} M_x^H \\ M_y^H \\ M_{xy}^H \end{array}\right\} \tag{13.2.19}$$

式中 A_{ij} 和 B_{ij} 分别为拉伸刚度和拉伸–弯曲耦合刚度, D 为弯曲刚度。

$$\left\{\begin{array}{c} N_x^H \\ N_y^H \\ N_{xy}^H \end{array}\right\} = \int \left[\begin{array}{ccc} \bar{Q}_{11} & \bar{Q}_{12} & \bar{Q}_{16} \\ \bar{Q}_{12} & \bar{Q}_{22} & \bar{Q}_{26} \\ \bar{Q}_{16} & \bar{Q}_{26} & \bar{Q}_{66} \end{array}\right] \left\{\begin{array}{c} \beta_x \\ \beta_y \\ \beta_{xy} \end{array}\right\} C \mathrm{d}z \tag{13.2.20}$$

$$\left\{\begin{array}{c} M_x^H \\ M_y^H \\ M_{xy}^H \end{array}\right\} = \int \left[\begin{array}{ccc} \bar{Q}_{11} & \bar{Q}_{12} & \bar{Q}_{16} \\ \bar{Q}_{12} & \bar{Q}_{22} & \bar{Q}_{26} \\ \bar{Q}_{16} & \bar{Q}_{26} & \bar{Q}_{66} \end{array}\right] \left\{\begin{array}{c} \beta_x \\ \beta_y \\ \beta_{xy} \end{array}\right\} C z \mathrm{d}z \tag{13.2.21}$$

N^H、M^H 分别为湿内力和湿内力矩。等效力可以用下式表示

$$\left\{\begin{array}{c} \bar{N}_x \\ \bar{N}_y \\ \bar{N}_{xy} \end{array}\right\} = \left[\begin{array}{c} N_x + N_x^H \\ N_y + N_y^H \\ N_{xy} + N_{xy}^H \end{array}\right] = \left[\begin{array}{ccc} A_{11} & A_{12} & A_{16} \\ A_{12} & A_{22} & A_{26} \\ A_{16} & A_{26} & A_{66} \end{array}\right] \left\{\begin{array}{c} \varepsilon_x^0 \\ \varepsilon_y^0 \\ \gamma_{xy}^0 \end{array}\right\}$$

$$+ \begin{bmatrix} B_{11} & B_{12} & B_{16} \\ B_{12} & B_{22} & B_{26} \\ B_{16} & B_{26} & B_{66} \end{bmatrix} \begin{Bmatrix} \kappa_x \\ \kappa_y \\ \kappa_{xy} \end{Bmatrix} \tag{13.2.22}$$

$$\begin{Bmatrix} \bar{M}_x \\ \bar{M}_y \\ \bar{M}_{xy} \end{Bmatrix} = \begin{bmatrix} M_x + M_x^H \\ M_y + M_y^H \\ M_{xy} + M_{xy}^H \end{bmatrix} = \begin{bmatrix} B_{11} & B_{12} & B_{16} \\ B_{12} & B_{22} & B_{26} \\ B_{16} & B_{26} & B_{66} \end{bmatrix} \begin{Bmatrix} \varepsilon_x^0 \\ \varepsilon_y^0 \\ \gamma_{xy}^0 \end{Bmatrix}$$

$$+ \begin{bmatrix} D_{11} & D_{12} & D_{16} \\ D_{12} & D_{22} & D_{26} \\ D_{16} & D_{26} & D_{66} \end{bmatrix} \begin{Bmatrix} \kappa_x \\ \kappa_y \\ \kappa_{xy} \end{Bmatrix} \tag{13.2.23}$$

上式可以简写成

$$\begin{Bmatrix} \bar{N} \\ \bar{M} \end{Bmatrix} = \begin{bmatrix} A & B \\ B & D \end{bmatrix} \begin{Bmatrix} \varepsilon^0 \\ \kappa \end{Bmatrix} \tag{13.2.24}$$

$$\begin{Bmatrix} \varepsilon^0 \\ \kappa \end{Bmatrix} = \begin{bmatrix} A' & B' \\ B' & D' \end{bmatrix} \begin{Bmatrix} \bar{N} \\ \bar{M} \end{Bmatrix} \tag{13.2.25}$$

13.2.2 层合板的残余应变和残余应力

层合板的残余应力是由宏观非均质性造成的,有时称其为宏观残余应力。在单层板中受到温度或湿度变化,即使完全自由,由于组分材料中的纤维和基体自由膨胀不一致,但作为复合材料又要求有一致性的变形,所以在纤维和基体中也产生残余应力,因为它是由微观非均质性造成的,通常又称为微观残余应力。

热固性复合材料在固化温度下树脂差不多都固化了,可以取这时的固化温度作为应力释放温度。当层合板从固化温度冷却到室温时,这种固化温度与室温之间的温度差将在层合板中产生残余应力。同样,层合板的湿度差也将导致残余应力。

在无外载情况下,当层合板承受温差及吸湿浓度时,层合板的应变等于湿热总应变。层合板任意一点 z 处的湿热总应变为

$$\begin{Bmatrix} \varepsilon_x^N \\ \varepsilon_y^N \\ \gamma_{xy}^N \end{Bmatrix} = \begin{Bmatrix} \varepsilon_x^{0T} + \varepsilon_x^{0H} \\ \varepsilon_y^{0T} + \varepsilon_y^{0H} \\ \gamma_{xy}^{0T} + \gamma_{xy}^{0H} \end{Bmatrix} + z \begin{Bmatrix} \kappa_x^T + \kappa_x^H \\ \kappa_y^T + \kappa_y^H \\ \kappa_{xy}^T + \kappa_{xy}^H \end{Bmatrix} \tag{13.2.26}$$

如单层板无约束,自由的湿热应变为

$$\begin{Bmatrix} \varepsilon_x^f \\ \varepsilon_y^f \\ \gamma_{xy}^f \end{Bmatrix} = \begin{Bmatrix} \alpha_x \\ \alpha_y \\ \alpha_{xy} \end{Bmatrix} \Delta T + \begin{Bmatrix} \beta_x \\ \beta_y \\ \beta_{xy} \end{Bmatrix} C \tag{13.2.27}$$

因此，在层合板中各点的残余应变为

$$
\left\{
\begin{array}{c}
\varepsilon_x^R \\
\varepsilon_y^R \\
\gamma_{xy}^R
\end{array}
\right\}
=
\left\{
\begin{array}{c}
\varepsilon_x^N \\
\varepsilon_y^N \\
\gamma_{xy}^N
\end{array}
\right\}
-
\left\{
\begin{array}{c}
\varepsilon_x^f \\
\varepsilon_y^f \\
\gamma_{xy}^f
\end{array}
\right\}
$$

$$
=
\left\{
\begin{array}{c}
\varepsilon_x^{0T} + \varepsilon_x^{0H} \\
\varepsilon_y^{0T} + \varepsilon_y^{0H} \\
\gamma_{xy}^{0T}
\end{array}
\right\}
+ z
\left\{
\begin{array}{c}
\kappa_x^T + \kappa_x^H \\
\kappa_y^T + \kappa_y^H \\
\kappa_{xy}^T + \kappa_{xy}^H
\end{array}
\right\}
-
\left\{
\begin{array}{c}
\alpha_x \\
\alpha_y \\
\alpha_{xy}
\end{array}
\right\}
\Delta T
-
\left\{
\begin{array}{c}
\beta_x \\
\beta_y \\
\beta_{xy}
\end{array}
\right\}
C
$$

$$(13.2.28)$$

与残余应变对应的应力称为残余应力

$$
\left\{
\begin{array}{c}
\sigma_x^R \\
\sigma_y^R \\
\sigma_{xy}^R
\end{array}
\right\}
=
\left[
\begin{array}{ccc}
\bar{Q}_{11} & \bar{Q}_{12} & \bar{Q}_{16} \\
\bar{Q}_{21} & \bar{Q}_{22} & \bar{Q}_{26} \\
\bar{Q}_{16} & \bar{Q}_{26} & \bar{Q}_{66}
\end{array}
\right]
\left\{
\begin{array}{c}
\varepsilon_x^R \\
\varepsilon_y^R \\
\gamma_{xy}^R
\end{array}
\right\}
\qquad (13.2.29)
$$

层合板中残余应力的存在将直接影响层合板的强度。残余应力是一种初应力，因此，在外力作用下，层合板中任一点处的应力等于力学应力与残余应力之和。但单层的安全裕度 R 应以力学应力 σ_i^M 为基准，即

$$
R = \frac{\sigma_{i(a)}^M}{\sigma_i^M} \qquad (13.2.30)
$$

其中 $\sigma_{i(a)}^M$ 表示极限力学应力分量，σ_i^M 表示施加的力学应力分量。这个比值表示单层失效之前力学应力尚能增加的倍数。而在单层中引起失效的应力是力学应力和残余应力之和，故考虑残余应力的安全裕度方程为 $\sigma_{i(a)}^M = R\sigma_i^M + \sigma_i^R$。

例 13.1   正交铺设层合板考虑温度效应的层合板强度计算。已知三层正交铺设层合板如图 13.6 所示，承受面内拉力 $N_x = N$，其余载荷为零。外层厚度为 t_1，内

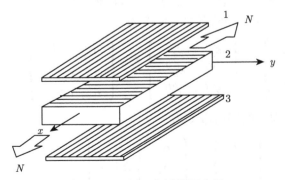

图 13.6   三层正交铺设层合板

层厚度为 $t_2=10\ t_1$。各单层材料为玻璃/环氧，其性能为：$E_1=54.00\text{GPa}$，$E_2=18.00\text{GPa}$，$\nu_{12}=0.25$，$G_{12}=8.8\text{GPa}$，$X_t=X_c=1.05\text{GPa}$，$Y_t=0.028\text{GPa}$，$Y_c=0.14\text{GPa}$，$S=0.042\text{GPa}$。$\alpha_1=6.3\times10-6℃^{-1}$，$\alpha_2=20.5\times10^{-6}℃^{-1}$。固化温度 $T_0=132℃$，工作温度 $T=21℃$，温差 $\Delta T=-111℃$。

解 第一步求开始发生破坏的"屈服"强度值 $(N_x/t)_1$。

(1) 计算材料的各主向刚度

$$\nu_{21}=\frac{\nu_{12}E_2}{E_1}=0.0859,\quad Q_{11}=\frac{E_1}{1-\nu_{12}\mu_{21}},\quad Q_{22}=\frac{E_2}{1-\nu_{12}\nu_{21}}$$

$$Q_{12}=\frac{\nu_{12}E_2}{1-\nu_{12}\mu_{21}},\quad Q_{66}=G_{12}$$

$$\boldsymbol{Q}_{1,3}=\begin{bmatrix} 5.515 & 0.4596 & 0 \\ 0.4596 & 1.838 & 0 \\ 0 & 0 & 0.880 \end{bmatrix}\times10^4(\text{MPa})$$

$$\boldsymbol{Q}_2=\begin{bmatrix} 1.838 & 0.4596 & 0 \\ 0.4596 & 5.515 & 0 \\ 0 & 0 & 0.880 \end{bmatrix}\times10^4(\text{MPa})$$

(2) 组成层合板的拉伸刚度

$$A_{ij}=(Q_{ij})_{1,3}\,2t_1+(Q_{ij})_2\,t_2$$

$$\boldsymbol{A}=\begin{bmatrix} 2.451 & 0.4596 & 0 \\ 0.4596 & 4.902 & 0 \\ 0 & 0 & 0.88 \end{bmatrix}\times10^4t(\text{MPa})$$

其中 $t=12t_1$。

求 $\boldsymbol{A}'=\boldsymbol{A}^{-1}$，$|\boldsymbol{A}|=10.39\times10^4t\,(\text{MPa})$

$$\boldsymbol{A}'=\begin{bmatrix} 4.152 & -0.3893 & 0 \\ -0.3893 & 2.076 & 0 \\ 0 & 0 & 11.36 \end{bmatrix}\times10^5t^{-1}(\text{MPa})^{-1}$$

(3) 单层板在自然坐标 x,y 的热膨胀系数为

$$\left\{\begin{array}{c} \alpha_x \\ \alpha_y \\ \alpha_{xy} \end{array}\right\}_{1,3}=\left\{\begin{array}{c} 6.3 \\ 20.5 \\ 0 \end{array}\right\}_{1,3}\times10^{-6}(℃^{-1})$$

$$\left\{ \begin{array}{c} \alpha_x \\ \alpha_y \\ \alpha_{xy} \end{array} \right\}_2 = \left\{ \begin{array}{c} 20.5 \\ 6.3 \\ 0 \end{array} \right\}_2 \times 10^{-6} (°\mathrm{C}^{-1})$$

(4) 求 N, N_y^T, N_{xy}^T

$$\left\{ \begin{array}{c} N_x^T \\ N_y^T \\ N_{xy}^T \end{array} \right\} = \left\{ \begin{array}{c} -4.570 \\ -4.836 \\ 0 \end{array} \right\} \times 10t (\mathrm{MPa})$$

(5) 求中面应变 ε^0

$$\left\{ \begin{array}{c} \varepsilon_x^T \\ \varepsilon_y^T \\ \gamma_{xy}^T \end{array} \right\} = \left[\begin{array}{ccc} A'_{11} & A'_{12} & 0 \\ A'_{12} & A'_{22} & 0 \\ 0 & 0 & A'_{66} \end{array} \right] \left\{ \begin{array}{c} N_x^T \\ N_y^T \\ N_{xy}^T \end{array} \right\} = - \left\{ \begin{array}{c} 17.09 \\ 8.26 \\ 0 \end{array} \right\} \times 10^{-4}$$

$$\left\{ \begin{array}{c} \varepsilon_x^0 \\ \varepsilon_y^0 \\ \gamma_{xy}^0 \end{array} \right\} = \left[\begin{array}{ccc} A'_{11} & A'_{12} & 0 \\ A'_{12} & A'_{22} & 0 \\ 0 & 0 & A'_{66} \end{array} \right] \left\{ \begin{array}{c} N_x \\ 0 \\ 0 \end{array} \right\} + \left\{ \begin{array}{c} \varepsilon_x^T \\ \varepsilon_y^T \\ \gamma_{xy}^T \end{array} \right\} = \left\{ \begin{array}{c} 0.4152 \dfrac{N_x}{t} - 17.09 \\ -0.03893 \dfrac{N_x}{t} - 8.26 \\ 0 \end{array} \right\} \times 10^{-4}$$

(6) 求各层应力

$$\left\{ \begin{array}{c} \sigma_x \\ \sigma_y \\ \tau_{xy} \end{array} \right\}_{1,3} = \left\{ \begin{array}{c} \sigma_1 \\ \sigma_2 \\ \tau_{12} \end{array} \right\}_{1,3} = \boldsymbol{Q}_{1,3} \left\{ \begin{array}{c} \varepsilon_x^0 - \alpha_1 \Delta T \\ \varepsilon_y^0 - \alpha_2 \Delta T \\ \gamma_{xy}^0 \end{array} \right\} = \left\{ \begin{array}{c} 2.272 \dfrac{N_x}{t} - 49.04 \\ 0.1193 \dfrac{N_x}{t} + 22.01 \\ 0 \end{array} \right\} (\mathrm{MPa})$$

$$\left\{ \begin{array}{c} \sigma_x \\ \sigma_y \\ \tau_{xy} \end{array} \right\}_2 = \left\{ \begin{array}{c} \sigma_1 \\ \sigma_2 \\ \tau_{12} \end{array} \right\}_2 = \boldsymbol{Q}_2 \left\{ \begin{array}{c} \varepsilon_x^0 - \alpha_1 \Delta T \\ \varepsilon_y^0 - \alpha_2 \Delta T \\ \gamma_{xy}^0 \end{array} \right\} = \left\{ \begin{array}{c} 0.7453 \dfrac{N_x}{t} + 9.838 \\ -0.0239 \dfrac{N_x}{t} - 4.398 \\ 0 \end{array} \right\} (\mathrm{MPa})$$

(7) 将各层应力代入蔡–希尔失效准则, 分别计算出各单层破坏时的载荷, 其中最小的载荷对应的单层板就是首先破坏的单层板. 用蔡–希尔强度理论求第一个屈服载荷强度理论表达式为

$$\frac{\sigma_1^2}{X_t^2} - \frac{\sigma_1 \sigma_2}{X_t^2} + \frac{\sigma_2^2}{Y_t^2} = 1 \quad (\tau_{12} = 0)$$

将求得的各单层材料主方向应力分别代入, 解出

$$\left(\frac{N_x}{t} \right)_{1,3} = 49.97 (\mathrm{MPa}), \quad \left(\frac{N_x}{t} \right)_2 = 24.37 (\mathrm{MPa})$$

显然第二层板先被破坏，即 $N_x/t = 24.37(\mathrm{MPa})$ 为层合板第一屈服载荷，此时 ε_x 值为

$$\varepsilon_{x1} = A'_{11}N_x = 3.97 \times 10^{-5} \times 39.21 = 0.1557\%$$

第二步计算分析第二层在第 2 主方向屈服后的承载能力。$N_x/t = 24.37(\mathrm{MPa})$ 时，第二层板中应力

$$\sigma_2 = 0.7453\frac{N_x}{t} + 9.838 = 28.0(\mathrm{MPa}) = Y_t$$

$$\sigma_1 = -0.0239\frac{N_x}{t} - 4.398 = -4.98(\mathrm{MPa}) < X_c$$

说明第二层板在材料第 1 主方向仍能继续承载。

(1) 求削弱后的层合板刚度

$$\boldsymbol{Q}_{1,3} = \begin{bmatrix} 5.515 & 0.4596 & 0 \\ 0.4596 & 1.838 & 0 \\ 0 & 0 & 0.88 \end{bmatrix} \times 10^4(\mathrm{MPa})$$

$$\boldsymbol{Q}_2 = \begin{bmatrix} 0 & 0 & 0 \\ 0 & 5.515 & 0 \\ 0 & 0 & 0 \end{bmatrix} \times 10^4(\mathrm{MPa})$$

其中，第二层板材料的第 2 主方向破坏后，不能抗剪，且其在第 2 主方向上不能承受力，故 $Q_{11} = Q_{12} = Q_{66} = 0$，继续计算层合板刚度 A_{ij}

$$\boldsymbol{A} = \begin{bmatrix} 0.9192 & 0.766 & 0 \\ 0.766 & 4.902 & 0 \\ 0 & 0 & 0.1467 \end{bmatrix} \times 10^4 t(\mathrm{MPa})$$

求 $\boldsymbol{A}' = \boldsymbol{A}^{-1}$，$|\boldsymbol{A}| = 0.6602 \times 10^{12} t^3 (\mathrm{MPa})^3$

$$\boldsymbol{A}' = \begin{bmatrix} 1.089 & -0.170 & 0 \\ -0.170 & 2.043 & 0 \\ 0 & 0 & 6.817 \end{bmatrix} \times 10^{-5} t^{-1} (\mathrm{MPa})^{-1}$$

(2) 求应变和应力。

同上述计算方法步骤一样

$$\left\{ \begin{array}{c} N_x^T \\ N_y^T \\ N_{xy}^T \end{array} \right\} = \left\{ \begin{array}{c} -8.171 \\ -39.64 \\ 0 \end{array} \right\} \times 10t(\mathrm{MPa})$$

(3) 求中面应变

$$\left\{ \begin{array}{c} \varepsilon_x^T \\ \varepsilon_y^T \\ \gamma_{xy}^T \end{array} \right\} = \left\{ \begin{array}{c} 8.224 \\ 7.959 \\ 0 \end{array} \right\} \times 10^4$$

$$\left\{ \begin{array}{c} \varepsilon_x^0 \\ \varepsilon_y^0 \\ \gamma_{xy}^0 \end{array} \right\} = \left\{ \begin{array}{c} 1.089\dfrac{N_x}{t} - 8.224 \\[2mm] -0.01702\dfrac{N_x}{t} - 7.959 \\[2mm] 0 \end{array} \right\} \times 10^4$$

(4) 求各层应力

$$\left\{ \begin{array}{c} \sigma_2 \\ \sigma_1 \\ \tau_{12} \end{array} \right\}_{1,3} = \bar{\boldsymbol{Q}}_{1,3} \left\{ \begin{array}{c} \varepsilon_x^0 - \alpha_1 \Delta T \\ \varepsilon_y^0 - \alpha_2 \Delta T \\ \gamma_{xy}^0 \end{array} \right\} = \left\{ \begin{array}{c} 5.998\dfrac{N_x}{t} + 0.0136 \\[2mm] 0.4692\dfrac{N_x}{t} + 26.64 \\[2mm] 0 \end{array} \right\} (\mathrm{MPa})$$

$$\left\{ \begin{array}{c} \sigma_2 \\ \sigma_1 \\ \tau_{12} \end{array} \right\}_{2} = \bar{\boldsymbol{Q}}_{2} \left\{ \begin{array}{c} \varepsilon_x^0 - \alpha_2 \Delta T \\ \varepsilon_y^0 - \alpha_1 \Delta T \\ \gamma_{xy}^0 \end{array} \right\} = \left\{ \begin{array}{c} 0 \\ -0.094\dfrac{N_x}{t} - 5.493 \\ 0 \end{array} \right\} (\mathrm{MPa})$$

(5) 将应力代入蔡–希尔强度理论可得出

$$\left(\frac{\Delta N_x}{t} \right)_{1,3} = 2.90(\mathrm{MPa}) < \left(\frac{\Delta N_x}{t} \right)_1 = 24.37(\mathrm{MPa})$$

$$\left(\frac{\Delta N_x}{t} \right)_{2} = 1.111 \times 10^4(\mathrm{MPa})$$

由此结果可见，刚度削弱后第一、三层板小于第一屈服载荷 24.37MPa，因此第一、三层也同时被破坏，需再做刚度计算，在第一、三层板中：

$$\sigma_1 = 0.4692\frac{N_x}{t} + 26.64 = 28.01(\mathrm{MPa}) < X_t$$

$$\sigma_2 = 5.998\frac{N_x}{t} + 0.0136 = 17.47(\mathrm{MPa}) = Y_t$$

可见第一、三层板材料在第 2 主方向破坏，只剩第 1 主方向继续承受载荷，再做进一步计算。

第三步计算剩余刚度和剩余承载能力。

(1) 求削弱后层合板刚度

$$\bar{Q}_{1,3} = \begin{bmatrix} 5.515 & 0 & 0 \\ 0 & 0 & 0 \\ 0 & 0 & 0 \end{bmatrix} \times 10^4 (\text{MPa}), \quad Q_2 = \begin{bmatrix} 0 & 0 & 0 \\ 0 & 5.515 & 0 \\ 0 & 0 & 0 \end{bmatrix} \times 10^4 (\text{MPa})$$

$$A = \begin{bmatrix} 0.9192 & 0 & 0 \\ 0 & 4.592 & 0 \\ 0 & 0 & 0 \end{bmatrix} \times 10^4 t (\text{MPa})$$

$$A' = \begin{bmatrix} 1.088 & 0 & 0 \\ 0 & 0.2176 & 0 \\ 0 & 0 & 0 \end{bmatrix} \times 10^4 t^{-1} (\text{MPa})^{-1}$$

(2) 求应变增量 (在第一屈服载荷后增量 $\dfrac{\Delta N_x}{t}$ 下)

$$\left\{ \begin{array}{c} \Delta \varepsilon_x \\ \Delta \varepsilon_y \\ \Delta \gamma_{xy} \end{array} \right\} = \left\{ \begin{array}{c} 1.088 \\ 0 \\ 0 \end{array} \right\} \frac{\Delta N_x}{t} \times 10^4$$

(3) 求应力增量

$$\left\{ \begin{array}{c} \Delta \sigma_1 \\ \Delta \sigma_2 \\ \Delta \tau_{12} \end{array} \right\}_{1,3} = \left\{ \begin{array}{c} 5.998 \\ 0 \\ 0 \end{array} \right\} \frac{\Delta N_x}{t} (\text{MPa}), \quad \left\{ \begin{array}{c} \Delta \sigma_2 \\ \Delta \sigma_1 \\ \Delta \tau_{12} \end{array} \right\}_2 = 0$$

这时只有第一、三层纤维方向载荷, 将其代入强度理论公式, 得

$$\left(\frac{\Delta N_x}{t} \right)_{1,3} = 175.1 (\text{MPa})$$

此时应变增量为

$$\Delta \varepsilon_x = 1.088 \frac{\Delta N_x}{t} \times 10^{-4} = 1.905\%$$

(4) 极限载荷值

$$\left(\frac{N_x}{t} \right)_L = \left(\frac{N_x}{t} \right)_1 + \frac{N_x}{t} = 199.4 (\text{MPa})$$

总应变 $\varepsilon = \Delta \varepsilon_x + \varepsilon_{x_1} = 2.0607\%$。这就是复合材料层合板的最终承载能力和最终应变。

习　　题

　　13.1　综合习题：利用有限元法，分别计算层合板受到热、湿以及湿热共同作用时的应力和变形。

　　13.2　综合习题：利用蔡–希尔失效准则，进行层合板的湿热强度分析。

附录 A 弹性力学和有限元法基本理论

本章简要概述弹性力学和有限元法的基本概念及基本方程。弹性力学和弹性问题的有限元法是计算固体力学中的基础知识，但是本附录并不展开其全部内容，只是概述主要的概念和方程。有关详细的内容，读者可以阅读有关弹性力学和有限元法的教科书。

A.0 基 本 记 法

本节中应用了四种记法：指标记法、张量记法、矩阵记法和 Voigt 记法。张量与矩阵记法属于抽象记法，连续介质力学中的方程一般采用张量记法，以表示与坐标选择无关，但是公式推演仍采用指标记法。有限元法中的方程一般采用指标记法或者矩阵记法，对二阶以上的张量采用 Voigt 记法，以利于程序的编写。

A.0.1 指标记法

在指标记法中，用分量明确表示一个张量或者矩阵。这样，一个矢量 (即一阶张量) 用指标记法 x_i 表示，这里指标 i 的范围指空间维数。根据爱因斯坦求和约定，在一项中指标重复两次为求和。例如，对于一个三维问题，如果 x_i 是数值为 r 的位置矢量，则

$$r^2 = x_i x_i = x_1 x_1 + x_2 x_2 + x_3 x_3 = x^2 + y^2 + z^2 \qquad (A.0.1)$$

其中 $x_1 = x, x_2 = y, x_3 = z$。

A.0.2 张量记法

在张量记法中，只用一个黑体字母表示一个张量，分量和指标不出现。张量记法是独立于坐标系的，适用于柱坐标、曲线坐标等各种坐标系，因此也称为张量的抽象记法，具有简洁性和通用性。

在张量记法中，用小写黑体字母表示一阶张量，用大写黑体字母表示高阶张量。例如，速度矢量的张量记法为 $\boldsymbol{v}$，二阶张量格林应变用大写黑体字母 $\boldsymbol{E}$ 表示。若用张量记法重写式 (A.0.1)，则为 $r^2 = \boldsymbol{x} \cdot \boldsymbol{x}$。字母中间的点表示内部指标的缩并 (点积)。

特别注意，张量运算在各项之间应用运算符号，如 $\boldsymbol{a} \cdot \boldsymbol{b}$ 和 $\boldsymbol{A} : \boldsymbol{B}$，以区别于下面介绍的矩阵记法。符号 ":" 表示对重复指标的缩并 (双点积)，$\boldsymbol{A} : \boldsymbol{B} = A_{ij} B_{ij}$。

例如，线性本构方程可用以下张量记法和指标记法的形式给出

$$\boldsymbol{\sigma} = \boldsymbol{L} : \boldsymbol{\varepsilon} \quad \text{或} \quad \sigma_{ij} = L_{ijkl}\varepsilon_{kl} \tag{A.0.2}$$

A.0.3   矩阵记法

对于一个矩阵，使用与张量相同的记法，但是不使用运算符号。因此，式 (A.0.1) 用矩阵记法为 $r^2 = \boldsymbol{x}^\mathrm{T}\boldsymbol{x}$。所有一阶矩阵用小写黑体字母表示，如位置矢量、速度是列阵：

$$\boldsymbol{x} = \left\{ \begin{array}{c} x \\ y \\ z \end{array} \right\}, \quad \boldsymbol{V} = \left\{ \begin{array}{c} v_1 \\ v_2 \\ v_3 \end{array} \right\} \tag{A.0.3}$$

一般矩阵用大写黑体字母表示。矩阵的转置用上标 "T" 表示。一个 2×2 的矩阵 $\boldsymbol{A}$ 和一个 2×4 的矩阵 $\boldsymbol{B}$ 写成下面的形式

$$\boldsymbol{A} = \left[\begin{array}{cc} A_{11} & A_{12} \\ A_{21} & A_{22} \end{array} \right], \quad \boldsymbol{B} = \left[\begin{array}{cccc} B_{11} & B_{12} & B_{13} & B_{14} \\ B_{21} & B_{22} & B_{23} & B_{24} \end{array} \right] \tag{A.0.4}$$

A.0.4   Voigt 记法

二阶张量常被转换成用 Voigt 记法表示的矩阵。在有限元编程中，常将对称的二阶张量写成列矩阵，称为张量的 Voigt 记法。在二维情况下，应力张量的 Voigt 记法为

$$\boldsymbol{\sigma} = \left[\begin{array}{cc} \sigma_{11} & \sigma_{12} \\ \sigma_{21} & \sigma_{22} \end{array} \right] \rightarrow \left\{ \begin{array}{c} \sigma_{11} \\ \sigma_{22} \\ \sigma_{12} \end{array} \right\} = \left\{ \begin{array}{c} \sigma_1 \\ \sigma_2 \\ \sigma_6 \end{array} \right\} \equiv \{\boldsymbol{\sigma}\} \tag{A.0.5}$$

在三维情况下，应力张量的 Voigt 记法为

$$\boldsymbol{\sigma} = \left[\begin{array}{ccc} \sigma_{11} & \sigma_{12} & \sigma_{13} \\ \sigma_{21} & \sigma_{22} & \sigma_{23} \\ \sigma_{31} & \sigma_{32} & \sigma_{33} \end{array} \right] \rightarrow \left\{ \begin{array}{c} \sigma_{11} \\ \sigma_{22} \\ \sigma_{33} \\ \sigma_{23} \\ \sigma_{13} \\ \sigma_{12} \end{array} \right\} = \left\{ \begin{array}{c} \sigma_1 \\ \sigma_2 \\ \sigma_3 \\ \sigma_4 \\ \sigma_5 \\ \sigma_6 \end{array} \right\} \equiv \{\boldsymbol{\sigma}\} \tag{A.0.6}$$

列矩阵中项的顺序遵守如下规则，通过沿着张量的主对角线下画一条线，然后在最后一列向上，并返回横向第一行。任何通过 Voigt 规则转换的张量或者矩阵的 Voigt 形式，用括号括起来。关于应变的 Voigt 记法在二维情况下为

$$\boldsymbol{\varepsilon} = \begin{bmatrix} \varepsilon_{11} & \varepsilon_{12} \\ \varepsilon_{21} & \varepsilon_{22} \end{bmatrix} \rightarrow \begin{Bmatrix} \varepsilon_{11} \\ \varepsilon_{22} \\ \varepsilon_{12} \end{Bmatrix} = \begin{Bmatrix} \varepsilon_1 \\ \varepsilon_2 \\ \varepsilon_6 \end{Bmatrix} \equiv \{\boldsymbol{\varepsilon}\} \tag{A.0.7}$$

在三维情况下为

$$\boldsymbol{\varepsilon} = \begin{bmatrix} \varepsilon_{11} & \varepsilon_{12} & \varepsilon_{13} \\ \varepsilon_{12} & \varepsilon_{22} & \varepsilon_{23} \\ \varepsilon_{13} & \varepsilon_{23} & \varepsilon_{33} \end{bmatrix} \rightarrow \begin{Bmatrix} \varepsilon_{11} \\ \varepsilon_{22} \\ \varepsilon_{33} \\ \varepsilon_{23} \\ \varepsilon_{13} \\ \varepsilon_{12} \end{Bmatrix} = \begin{Bmatrix} \varepsilon_1 \\ \varepsilon_2 \\ \varepsilon_3 \\ \varepsilon_4 \\ \varepsilon_5 \\ \varepsilon_6 \end{Bmatrix} \equiv \{\boldsymbol{\varepsilon}\} \tag{A.0.8}$$

对于高阶张量, 例如, 平面应变的弹性矩阵的 Voigt 形式为

$$\boldsymbol{D} = \begin{bmatrix} D_{1111} & D_{1122} & D_{1112} \\ D_{2211} & D_{2222} & D_{2212} \\ D_{1211} & D_{1222} & D_{1212} \end{bmatrix} = \begin{bmatrix} D_{11} & D_{12} & D_{13} \\ D_{21} & D_{22} & D_{23} \\ D_{31} & D_{32} & D_{33} \end{bmatrix} \tag{A.0.9}$$

第一个矩阵表示用张量记法的弹性系数, 第二个矩阵表示采用了 Voigt 记法。应力通过弹性矩阵和应变表示为

$$\{\boldsymbol{\sigma}\} = \boldsymbol{D}\,\{\boldsymbol{\varepsilon}\} \quad \text{或} \quad \sigma_\alpha = D_{\alpha\beta}\varepsilon_\beta \tag{A.0.10}$$

为了表示各种记法, 一个二项式和应变能的表示如下

$$\underbrace{\boldsymbol{x} \cdot \boldsymbol{A} \cdot \boldsymbol{x}}_{\text{张量}} = \underbrace{\boldsymbol{x}^{\mathrm{T}} \boldsymbol{A} \boldsymbol{x}}_{\text{矩阵}} = \underbrace{x_i A_{ij} x_j}_{\text{指标}}, \quad \underbrace{\frac{1}{2}\boldsymbol{\varepsilon} : \boldsymbol{D} : \boldsymbol{\varepsilon}}_{\text{张量}} = \underbrace{\frac{1}{2}\varepsilon_{ij} D_{ijkl}\varepsilon_{kl}}_{\text{指标}} = \underbrace{\frac{1}{2}\{\boldsymbol{\varepsilon}\}^{\mathrm{T}} [\boldsymbol{D}] \{\boldsymbol{\varepsilon}\}}_{\text{Voigt}}$$

A.1　弹性力学基本方程

　　弹性力学研究连续介质在外部作用下的弹性小变形问题, 其基本方程由平衡微分方程、几何方程、物理方程和相应的边界条件组成。将应力分量表示成如下的张量形式或工程形式

$$\begin{bmatrix} \sigma_{11} & \sigma_{12} & \sigma_{13} \\ \sigma_{21} & \sigma_{22} & \sigma_{23} \\ \sigma_{31} & \sigma_{32} & \sigma_{33} \end{bmatrix} = \begin{bmatrix} \sigma_x & \tau_{xy} & \tau_{xz} \\ \tau_{yx} & \sigma_y & \tau_{yz} \\ \tau_{zx} & \tau_{zy} & \sigma_z \end{bmatrix} \tag{A.1.1}$$

并且将体力密度表示为 $(b_1, b_2, b_3) = (b_x, b_y, b_z)$，弹性力学的**平衡微分方程**可表示为

$$\frac{\partial \sigma_x}{\partial x} + \frac{\partial \tau_{yx}}{\partial y} + \frac{\partial \tau_{zx}}{\partial z} + b_x = 0$$

$$\frac{\partial \tau_{xy}}{\partial x} + \frac{\partial \sigma_y}{\partial y} + \frac{\partial \tau_{zy}}{\partial z} + b_y = 0 \tag{A.1.2a}$$

$$\frac{\partial \tau_{xz}}{\partial x} + \frac{\partial \tau_{yz}}{\partial y} + \frac{\partial \sigma_z}{\partial z} + b_z = 0$$

或者用张量的紧缩形式表示为

$$\sigma_{ij,j} + b_i = 0 \quad (i = 1, 2, 3) \tag{A.1.2b}$$

在小变形情况下，弹性体的**应变-位移关系**或**几何方程**为

$$\varepsilon_x = \frac{\partial u}{\partial x}, \quad \varepsilon_y = \frac{\partial v}{\partial y}, \quad \varepsilon_z = \frac{\partial w}{\partial z} \tag{A.1.3a}$$

$$\gamma_{xy} = \frac{\partial v}{\partial x} + \frac{\partial u}{\partial y}, \quad \gamma_{yz} = \frac{\partial w}{\partial y} + \frac{\partial v}{\partial z}, \quad \gamma_{zx} = \frac{\partial u}{\partial z} + \frac{\partial w}{\partial x} \tag{A.1.3b}$$

或者用张量的紧缩形式表示为

$$\varepsilon_{ij} = \frac{1}{2}(u_{i,j} + u_{j,i}) \tag{A.1.3c}$$

如果已知位移分量，通过几何方程可以直接求解应变分量，但是反过来不能由应变分量直接求出三个位移分量，因为对任意的六个应变分量，用六个方程不能唯一地确定三个未知的位移分量。因此，应变分量必须满足一定的条件——变形协调条件，才能构成真实的变形。在三维状态下的变形协调条件

$$\frac{\partial^2 \varepsilon_x}{\partial y^2} + \frac{\partial^2 \varepsilon_y}{\partial x^2} = \frac{\partial^2 \gamma_{xy}}{\partial x \partial y} \tag{A.1.4a}$$

$$\frac{\partial^2 \varepsilon_y}{\partial z^2} + \frac{\partial^2 \varepsilon_z}{\partial y^2} = \frac{\partial^2 \gamma_{yz}}{\partial y \partial z} \tag{A.1.4b}$$

$$\frac{\partial^2 \varepsilon_z}{\partial x^2} + \frac{\partial^2 \varepsilon_x}{\partial z^2} = \frac{\partial^2 \gamma_{zx}}{\partial z \partial x} \tag{A.1.4c}$$

$$2\frac{\partial^2 \varepsilon_x}{\partial y \partial z} = \frac{\partial}{\partial x}\left(-\frac{\partial \gamma_{yz}}{\partial x} + \frac{\partial \gamma_{zx}}{\partial y} + \frac{\partial \gamma_{xy}}{\partial z}\right) \tag{A.1.4d}$$

$$2\frac{\partial^2 \varepsilon_y}{\partial z \partial x} = \frac{\partial}{\partial y}\left(\frac{\partial \gamma_{yz}}{\partial x} - \frac{\partial \gamma_{zx}}{\partial y} + \frac{\partial \gamma_{xy}}{\partial z}\right) \tag{A.1.4e}$$

$$2\frac{\partial^2 \varepsilon_z}{\partial x \partial y} = \frac{\partial}{\partial z}\left(\frac{\partial \gamma_{yz}}{\partial x} + \frac{\partial \gamma_{zx}}{\partial y} - \frac{\partial \gamma_{xy}}{\partial z}\right) \tag{A.1.4f}$$

变形协调条件用张量紧缩形式表示为

$$\varepsilon_{ik,jl} + \varepsilon_{jl,ik} - \varepsilon_{il,jk} - \varepsilon_{jk,il} = 0 \qquad (A.1.4g)$$

各向同性弹性材料的应力–应变关系，即**物理方程**，用广义胡克定律表示：

$$\varepsilon_x = \frac{1}{E}\left[\sigma_x - \nu(\sigma_y + \sigma_z)\right]$$

$$\varepsilon_y = \frac{1}{E}\left[\sigma_y - \nu(\sigma_x + \sigma_z)\right] \qquad (A.1.5a)$$

$$\varepsilon_z = \frac{1}{E}\left[\sigma_z - \nu(\sigma_x + \sigma_y)\right]$$

$$\gamma_{xy} = \frac{2(1+\nu)}{E}\tau_{xy}, \quad \gamma_{yz} = \frac{2(1+\nu)}{E}\tau_{yz}, \quad \gamma_{zx} = \frac{2(1+\nu)}{E}\tau_{zx} \qquad (A.1.5b)$$

其中材料常数 E 称为杨氏模量, ν 称为泊松比。用矩阵形式可表示为

$$
\begin{Bmatrix} \varepsilon_x \\ \varepsilon_y \\ \varepsilon_z \\ \gamma_{xy} \\ \gamma_{yz} \\ \gamma_{zx} \end{Bmatrix}
= \frac{1}{E}
\begin{bmatrix}
1 & -\nu & -\nu & 0 & 0 & 0 \\
-\nu & 1 & -\nu & 0 & 0 & 0 \\
-\nu & -\nu & 1 & 0 & 0 & 0 \\
0 & 0 & 0 & 2(1+\nu) & 0 & 0 \\
0 & 0 & 0 & 0 & 2(1+\nu) & 0 \\
0 & 0 & 0 & 0 & 0 & 2(1+\nu)
\end{bmatrix}
\begin{Bmatrix} \sigma_x \\ \sigma_y \\ \sigma_z \\ \tau_{xy} \\ \tau_{yz} \\ \tau_{zx} \end{Bmatrix}
$$
$$(A.1.5c)$$

或

$$\boldsymbol{\varepsilon} = \boldsymbol{C}\boldsymbol{\sigma} \qquad (A.1.5d)$$

用张量紧缩形式表示为

$$\varepsilon_{ij} = C_{ijkl}\sigma_{kl} \qquad (A.1.5e)$$

各向同性弹性材料的应力–应变关系也可用应变分量表示应力分量：

$$
\begin{Bmatrix} \sigma_x \\ \sigma_y \\ \sigma_z \\ \tau_{xy} \\ \tau_{yz} \\ \tau_{zx} \end{Bmatrix}
= \frac{E(1-\nu)}{(1+\nu)(1-2\nu)}
\begin{bmatrix}
1 & \dfrac{\nu}{1-\nu} & \dfrac{\nu}{1-\nu} & 0 & 0 & 0 \\
0 & 1 & \dfrac{\nu}{1-\nu} & 0 & 0 & 0 \\
0 & 0 & 1 & 0 & 0 & 0 \\
0 & 0 & 0 & \dfrac{1-2\nu}{2(1-\nu)} & 0 & 0 \\
0 & 0 & 0 & 0 & \dfrac{1-2\nu}{2(1-\nu)} & 0 \\
0 & 0 & 0 & 0 & 0 & \dfrac{1-2\nu}{2(1-\nu)}
\end{bmatrix}
\begin{Bmatrix} \varepsilon_x \\ \varepsilon_y \\ \varepsilon_z \\ \gamma_{xy} \\ \gamma_{yz} \\ \gamma_{zx} \end{Bmatrix}
$$
$$(A.1.6a)$$

或

$$\boldsymbol{\sigma} = \boldsymbol{D}\boldsymbol{\varepsilon} \tag{A.1.6b}$$

用张量紧缩形式表示为

$$\sigma_{ij} = D_{ijkl}\varepsilon_{kl} \tag{A.1.6c}$$

其中 C_{ijkl} 和 D_{ijkl} 是四阶对称张量。

用 (t_x, t_y, t_z) 表示作用于变形体边界的表面力密度，力的边界条件可表示为

$$\begin{aligned} t_x &= \sigma_x l + \tau_{xy} m + \tau_{xz} n \\ t_y &= \tau_{xy} l + \sigma_y m + \tau_{yz} n \\ t_z &= \tau_{xz} l + \tau_{yz} m + \sigma_z n \end{aligned} \tag{A.1.7a}$$

其中 (l, m, n) 是表面外法线方向余弦。应力边界条件用张量紧缩形式表示为

$$\sigma_{ij} n_j = t_i \tag{A.1.7b}$$

其中 $(n_1, n_2, n_3) = (l, m, n)$, $(t_1, t_2, t_3) = (t_x, t_y, t_z)$。

位移边界条件，定义在边界 S_u 上，可表示为

$$u = \bar{u}, \quad v = \bar{v}, \quad w = \bar{w} \tag{A.1.8}$$

其中 $\bar{u}, \bar{v}$ 和 $\bar{w}$ 是边界上给定的位移分量。

A.2　弹性力学问题的建立与求解

弹性力学问题共有三类变量，即三个位移分量、六个应变分量和六个应力分量。这些变量必须满足平衡方程、几何方程和物理方程，这些方程称为弹性力学的基本方程。未知量的个数正好等于方程的个数，因此，弹性力学问题是封闭的。从原理上说，给定边界条件后，可以求解弹性力学边值问题。

根据边界条件的形式，弹性力学问题可分为三种类型：

第一种类型：已知体力和面力 (应力边界条件)，求域内的应力和位移。

第二种类型：已知体力和边界位移 (位移边界条件)，求域内的应力和位移。

第三种类型：已知体力、部分面力和部分位移，求域内应力和位移。

弹性力学问题的求解一般采用消元的办法。如果首先消去应力和应变分量，只保留位移分量，称为**位移解法**。因此，将几何方程代入物理方程，再代入平衡方程，得到如下用位移表示的基本方程

$$\frac{E}{2(1+\nu)}\left(\frac{1}{1-2\nu}\frac{\partial e}{\partial x} + \nabla^2 u\right) + b_x = 0$$

$$\frac{E}{2(1+\nu)}\left(\frac{1}{1-2\nu}\frac{\partial e}{\partial y} + \nabla^2 v\right) + b_y = 0 \qquad (A.2.1)$$

$$\frac{E}{2(1+\nu)}\left(\frac{1}{1-2\nu}\frac{\partial e}{\partial z} + \nabla^2 w\right) + b_z = 0$$

其中 $e = \dfrac{\partial u}{\partial x} + \dfrac{\partial v}{\partial y} + \dfrac{\partial w}{\partial z}$, $\nabla^2 = \dfrac{\partial^2}{\partial x^2} + \dfrac{\partial^2}{\partial y^2} + \dfrac{\partial^2}{\partial z^2}$。

方程 (A.2.1) 用张量符号表示为

$$\frac{E}{2(1+\nu)}\left(\frac{1}{1-2\nu}e_{,i} + \nabla^2 u_i\right) + b_i = 0 \qquad (A.2.2)$$

位移法的基本方程是由三个微分方程组成的方程组，它适合于位移和应力边界条件，但其求解仍然非常困难。因此，在经典弹性力学中，位移法的发展受到很大的限制。

如果首先消去位移和应变分量，只保留应力分量，称为**应力解法**。因此，将几何方程中的位移消去，得到协调方程，然后将本构方程代入协调方程，得到

$$(1+\nu)\left(\frac{\partial^2 \sigma_x}{\partial z^2} + \frac{\partial^2 \sigma_z}{\partial y^2}\right) - \nu\left(\frac{\partial^2 \Theta}{\partial z^2} + \frac{\partial^2 \Theta}{\partial y^2}\right) = 2(1+\nu)\frac{\partial^2 \tau_{yz}}{\partial y \partial z} \qquad (A.2.3)$$

轮换下标可以得到其他的方程。在三维情况下，这样的方程有六个。利用平衡方程对上式进行简化，并且不计体力，得到

$$(1+\nu)\nabla^2\sigma_x + \frac{\partial^2 \Theta}{\partial x^2} = 0, \qquad (1+\nu)\nabla^2\tau_{xy} + \frac{\partial^2 \Theta}{\partial x \partial y} = 0$$

$$(1+\nu)\nabla^2\sigma_y + \frac{\partial^2 \Theta}{\partial y^2} = 0, \qquad (1+\nu)\nabla^2\tau_{yz} + \frac{\partial^2 \Theta}{\partial y \partial z} = 0 \qquad (A.2.4)$$

$$(1+\nu)\nabla^2\sigma_z + \frac{\partial^2 \Theta}{\partial z^2} = 0, \qquad (1+\nu)\nabla^2\tau_{zx} + \frac{\partial^2 \Theta}{\partial z \partial x} = 0$$

其中 $\Theta = \sigma_x + \sigma_y + \sigma_z$。

方程 (A.2.4) 用张量符号表示为

$$(1+\nu)\nabla^2\sigma_{ij} + \Theta_{,ij} = 0 \qquad (A.2.5)$$

应力法的基本方程含有六个微分方程，但在简单的情况下，可进一步简化。应力法一般不能解决给定位移的边界条件问题，因为位移边界条件很难用应力表示。

上述讨论是针对一般的三维情况进行的，但是实际的三维问题往往被简化成相对简单的平面问题。

如果所有的应力分量、应变分量和位移分量都与第三个坐标 z 无关,而且 $w = 0$,则称为**平面应变问题**。例如,很长的等截面水坝受重力和水压力问题,隧洞受内外压力问题等。由此可得到 $\varepsilon_z = 0$, $\gamma_{yz} = \gamma_{zy} = 0$, $\gamma_{zx} = \gamma_{xz} = 0$,基本方程从三维简化为二维。

平衡方程:

$$\frac{\partial \sigma_x}{\partial x} + \frac{\partial \tau_{yx}}{\partial y} + b_x = 0, \quad \frac{\partial \tau_{xy}}{\partial x} + \frac{\partial \sigma_y}{\partial y} + b_y = 0 \tag{A.2.6}$$

几何方程:

$$\varepsilon_x = \frac{\partial u}{\partial x}, \quad \varepsilon_y = \frac{\partial v}{\partial y}, \quad \gamma_{xy} = \frac{\partial v}{\partial x} + \frac{\partial u}{\partial y} \tag{A.2.7}$$

物理方程:

$$\left\{ \begin{array}{c} \sigma_x \\ \sigma_y \\ \tau_{xy} \end{array} \right\} = \frac{E(1-\nu)}{(1+\nu)(1-2\nu)} \left[\begin{array}{ccc} 1 & \dfrac{\nu}{1-\nu} & 0 \\ \dfrac{\nu}{1-\nu} & 1 & 0 \\ 0 & 0 & \dfrac{1-2\nu}{2(1-\nu)} \end{array} \right] \left\{ \begin{array}{c} \varepsilon_x \\ \varepsilon_y \\ \gamma_{xy} \end{array} \right\} \tag{A.2.8}$$

或

$$\left\{ \begin{array}{c} \varepsilon_x \\ \varepsilon_y \\ \gamma_{xy} \end{array} \right\} = \frac{1-\nu^2}{E} \left[\begin{array}{ccc} 1 & -\dfrac{\nu}{1-\nu} & 0 \\ -\dfrac{\nu}{1-\nu} & 1 & 0 \\ 0 & 0 & \dfrac{2(1+\nu)}{1-\nu^2} \end{array} \right] \left\{ \begin{array}{c} \sigma_x \\ \sigma_y \\ \tau_{xy} \end{array} \right\} \tag{A.2.9}$$

应力边界条件:

$$t_x = \sigma_x l + \tau_{xy} m, \quad t_y = \tau_{xy} l + \sigma_y m \tag{A.2.10}$$

位移边界条件:

$$u = \bar{u}, \quad v = \bar{v} \tag{A.2.11}$$

如果变形体在 z 方向的厚度很小,且不受该方向的外力作用,则称为**平面应力问题**。因此,可近似假设在整个厚度内有 $\sigma_z = \tau_{zx} = \tau_{zy} = 0$。此条件导致 $\varepsilon_z = \dfrac{\partial w}{\partial z} = -\dfrac{\nu}{E}(\sigma_x + \sigma_y)$ 和 $\dfrac{\partial u}{\partial z} = -\dfrac{\partial w}{\partial x}$, $\dfrac{\partial v}{\partial z} = -\dfrac{\partial w}{\partial y}$,可见平面应力问题实际上是一个三维问题,即保留的位移和应力分量是 (x, y, z) 的函数。

简化后的平衡方程和保留的几何方程及边界条件都与平面应变问题相同。而平面应力问题的物理方程可以在广义胡克定律中令 $\sigma_z = 0$ 得到,即为

$$\left\{ \begin{array}{c} \varepsilon_x \\ \varepsilon_y \\ \gamma_{xy} \end{array} \right\} = \frac{1}{E} \left[\begin{array}{ccc} 1 & -\nu & 0 \\ -\nu & 1 & 0 \\ 0 & 0 & 2(1+\nu) \end{array} \right] \left\{ \begin{array}{c} \sigma_x \\ \sigma_y \\ \tau_{xy} \end{array} \right\} \tag{A.2.12}$$

或

$$
\left\{
\begin{array}{c}
\sigma_x \\
\sigma_y \\
\tau_{xy}
\end{array}
\right\}
=
\frac{E}{1-\nu^2}
\left[
\begin{array}{ccc}
1 & \nu & 0 \\
\nu & 1 & 0 \\
0 & 0 & \dfrac{1-\nu^2}{2(1+\nu)}
\end{array}
\right]
\left\{
\begin{array}{c}
\varepsilon_x \\
\varepsilon_y \\
\gamma_{xy}
\end{array}
\right\}
\tag{A.2.13}
$$

从数学上看, 平面应力问题与平面应变问题是相通的。只要将平面应力问题中的 E 换为 $\dfrac{E}{1-\nu^2}$, ν 换为 $\dfrac{\nu}{1-\nu}$, 平面应力问题就成为平面应变问题。反之, 则需 E 换为 $\dfrac{E(1-2\nu)}{(1+\nu)^2}$, ν 换为 $\dfrac{\nu}{1+\nu}$。

A.3   弹性体的能量原理

弹性体受到外力的作用, 外力在微小位移 (可以是任意虚位移) 上做功, 弹性体发生变形而使物体的总能量改变。物体的总能量由其动能和内能 Λ 组成, 物体在平衡状态时, 总能量只有内能 Λ。

根据热力学第一定律, 平衡状态下, 物体内能 Λ 的变化等于物体发生微小位移过程中的外力功 δW 与传输给物体的热量 δQ 之和, 即

$$
\delta \Lambda = \delta W + \delta Q
\tag{A.3.1}
$$

假设物体在变形过程中与外界没有热量交换, 即绝热变形情况, 则 $\delta Q = 0$。假设在常体力 $\boldsymbol{b} = [b_x, b_y, b_z]$ 和面力 $\boldsymbol{t} = [t_x, t_y, t_z]$ 的作用下, 弹性体产生了虚位移 $\delta \boldsymbol{u} = (\delta u, \delta v, \delta w)$, 则外力的虚功可表示为

$$
\begin{aligned}
\delta V &= -\left(\int_{\Omega} \boldsymbol{b}^{\mathrm{T}} \delta \boldsymbol{u} \mathrm{d}\Omega + \int_{S_p} \boldsymbol{t}^{\mathrm{T}} \delta \boldsymbol{u} \mathrm{d}s \right) \\
&= -\left(\int_{\Omega} b_i \delta u_i \mathrm{d}\Omega + \int_{S_p} t_i \delta u_i \mathrm{d}s \right)
\end{aligned}
\tag{A.3.2}
$$

式中的负号表示外力在弹性体上做功。

定义单位体积的比内能 (比应变能)U 的增量为

$$
\delta U = \sigma_{ij} \delta \varepsilon_{ij}
\tag{A.3.3}
$$

其中虚应变由几何方程确定, 即 $\delta \varepsilon_{ij} = \dfrac{1}{2}(\delta u_{i,j} + \delta u_{j,i})$。对于弹性变形, 应变能为

$$
U = \bar{U} = \frac{1}{2} \sigma_{ij} \varepsilon_{ij}
\tag{A.3.4}
$$

内能增量 (也称为虚应变能) 的表示式为

$$\delta \varLambda = \int_{\Omega} \delta U \mathrm{d}\Omega = \int_{\Omega} \sigma_{ij} \delta \varepsilon_{ij} \mathrm{d}\Omega \tag{A.3.5}$$

在物体的变形过程中,外力虚功全部转换为虚应变能 (内力虚功),如果令总虚功为 $\delta W = \delta \varLambda + \delta V$,则有

$$\delta W = 0 \tag{A.3.6}$$

这就是**虚位移原理**或**虚功原理**,其物理意义是: 在平衡状态中的变形体,所有实际的力在机动许可的虚位移上所做的虚功等于零。所谓机动许可的虚位移是指满足几何方程与位移边界条件的虚位移。虚功原理不依赖于材料的属性,适用于任何弹性和非弹性体。

定义系统的总势能为

$$\varPi = \varLambda + V \tag{A.3.7}$$

利用式 (A.3.1),得到势能的变化为

$$\delta \varPi = \delta(\varLambda + V) = 0 \tag{A.3.8}$$

将式 (A.3.2) 和 (A.3.3) 代入得

$$\delta \varPi = \delta(\varLambda + V) = \delta \left(\int_{\Omega} U \mathrm{d}\Omega - \int_{\Omega} b_i u_i \mathrm{d}\Omega - \int_{S_p} t_i u_i \mathrm{d}s \right) = 0 \tag{A.3.9}$$

式 (A.3.9) 称为**最小势能原理**。它的物理含义是: 任意平衡状态的总势能取极值,这个极值为最小值。注意,在推导最小势能原理的过程中,使用了几何方程和位移边界条件,这意味着这些方程是自然满足的。因此,最小势能原理的完整表述是: 在任意平衡状态,满足几何方程和位移边界条件的位移,使总势能取最小值。

定义单位体积的比余能为

$$\bar{U} = \sigma_{ij} \varepsilon_{ij} - U \tag{A.3.10}$$

对比余能进行变分,得到比余能的增量 (虚余能)

$$\delta \bar{U} = \frac{\partial \bar{U}}{\partial \sigma_{ij}} \delta \sigma_{ij} = \varepsilon_{ij} \delta \sigma_{ij} = u_{i,j} \delta \sigma_{ij} \tag{A.3.11}$$

式 (A.3.11) 的体积积分为

$$\int_{\Omega} \delta \bar{U} \mathrm{d}\Omega = \int_{\Omega} u_{i,j} \delta \sigma_{ij} \mathrm{d}\Omega \tag{A.3.12}$$

右边的积分为

$$\int_\Omega u_{i,j}\delta\sigma_{ij}\mathrm{d}\Omega = -\int_\Omega \delta\sigma_{ij,j}u_i\mathrm{d}\Omega + \int_S \delta\sigma_{ij}u_in_j\mathrm{d}s \tag{A.3.13}$$

由平衡方程可知，在 Ω 内，$\delta\sigma_{ij,j}=0$，而在 S_p 上，有 $\delta\sigma_{ij}=0$，所以上述积分变为

$$\int_\Omega u_{i,j}\delta\sigma_{ij}\mathrm{d}\Omega = \int_{S_u} \delta\sigma_{ij}u_in_j\mathrm{d}s = \int_{S_u} \delta\sigma_{ij}\bar{u}_in_j\mathrm{d}s \tag{A.3.14}$$

这样式 (A.3.12) 为

$$\begin{aligned} &\int_\Omega \delta\bar{U}\mathrm{d}\Omega - \int_{S_u} \delta\sigma_{ij}\bar{u}_in_j\mathrm{d}s \\ &= \delta\left(\int_\Omega \bar{U}\mathrm{d}\Omega - \int_{S_u} \sigma_{ij}\bar{u}_in_j\mathrm{d}s\right) = 0 \end{aligned} \tag{A.3.15}$$

定义系统的余能为

$$\bar{\Pi}_c = \int_\Omega \bar{U}\mathrm{d}\Omega - \int_{S_u} \sigma_{ij}\bar{u}_in_j\mathrm{d}s \tag{A.3.16}$$

则有关系

$$\delta\bar{\Pi}_c = \delta\left(\int_\Omega \bar{U}\mathrm{d}\Omega - \int_{S_u} \sigma_{ij}\bar{u}_in_j\mathrm{d}s\right) = 0 \tag{A.3.17}$$

式 (A.3.17) 称为**最小余能原理**，其物理含义表示弹性体的余能取最小值。与最小势能原理一样，在推导最小余能原理的过程中，使用了平衡方程和应力边界条件，意味着最小余能原理成立的先决条件是虚应力要满足平衡方程和应力边界条件。因此，最小余能原理的完整表述是，满足平衡方程和应力边界条件的虚应力，使弹性体的余能取最小值。

A.4　有限元分析的基本过程

弹性力学的基本方程建立以后，经典的解法是在各种简化条件下寻求方程的精确解或解析解，这构成了经典弹性力学的主要内容。有限元法从另一个角度——弹性体的能量原理出发，寻求基本方程的近似解或数值解。

有限元法的分析过程包括结构的离散化、单元分析、整体分析和应力的计算等主要环节。单元分析的目的是建立单元的位移模式，并通过单元刚度阵建立节点力与节点位移的关系。整体分析的目的是将离散化的结构再组装起来，并引入边界条件以便求解。求出位移后可以计算应变和应力等物理量，从而完成有限元的分析。这个分析过程可以用流程图 A.1 表示。

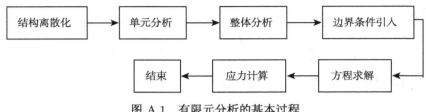

图 A.1 有限元分析的基本过程

A.4.1   单元位移模式

单元位移模式也称为单元位移函数，也就是在一个单元内位移按照怎样的模式变化。单元位移模式一般采用插值法得到，即用节点的位移值通过某一插值方式得到位移场的分布。

对于二维单元

$$u(x,y) = N_1 u_1 + N_2 u_2 + \cdots + N_n u_n = \sum_{i=1}^{n} N_i u_i \tag{A.4.1a}$$

$$v(x,y) = N_1 v_1 + N_2 v_2 + \cdots + N_n v_n = \sum_{i=1}^{n} N_i v_i \tag{A.4.1b}$$

或

$$\boldsymbol{u} = \left\{ \begin{array}{c} u \\ v \end{array} \right\} = \boldsymbol{N} \boldsymbol{a}^e \tag{A.4.2}$$

其中 $\boldsymbol{a}^e = \begin{bmatrix} u_1 & v_1 & u_2 & v_2 & \cdots & u_n & v_n \end{bmatrix}^{\mathrm{T}}$ 是节点位移，也称为节点自由度，n 是单元的节点数，而

$$\boldsymbol{N} = \begin{bmatrix} N_1 & 0 & N_2 & \cdots & N_n & 0 \\ 0 & N_1 & 0 & \cdots & 0 & N_n \end{bmatrix} \tag{A.4.3}$$

是二维形函数矩阵，N_i 称为**形函数**。

单元位移模式的选择必须满足一定的要求，即当单元的尺寸变小时，位移模式趋向精确的解，因此单元位移模式要满足一定的收敛准则。

A.4.2   单元刚度阵和有限元方程的建立

建立了单元位移模式以后，就可根据几何方程对位移求导数，得到单元内的应变表示式。以平面问题为例，单元位移模式由式 (A.4.2) 确定，由几何方程可得到应变

$$\boldsymbol{\varepsilon} = \left\{ \begin{array}{c} \varepsilon_x \\ \varepsilon_y \\ \gamma_{xy} \end{array} \right\} = \left[\begin{array}{cc} \dfrac{\partial}{\partial x} & 0 \\ 0 & \dfrac{\partial}{\partial y} \\ \dfrac{\partial}{\partial y} & \dfrac{\partial}{\partial x} \end{array} \right] \left\{ \begin{array}{c} u \\ v \end{array} \right\} = \boldsymbol{B} \boldsymbol{a}^e \tag{A.4.4}$$

其中

$$\boldsymbol{B} = \left[\begin{array}{cc} \dfrac{\partial}{\partial x} & 0 \\ 0 & \dfrac{\partial}{\partial y} \\ \dfrac{\partial}{\partial y} & \dfrac{\partial}{\partial x} \end{array} \right] \left[\begin{array}{ccccccc} N_1 & 0 & N_2 & 0 & \cdots & N_n & 0 \\ 0 & N_1 & 0 & N_2 & \cdots & 0 & N_n \end{array} \right] \tag{A.4.5}$$

是 $3 \times 2n$ 的矩阵，称为应变矩阵。

引入应力-应变关系 (以平面应力问题为例)

$$\boldsymbol{\sigma} = \left\{ \begin{array}{c} \sigma_x \\ \sigma_y \\ \tau_{xy} \end{array} \right\} = \boldsymbol{D}\boldsymbol{\varepsilon} = \dfrac{E}{1-\nu^2} \left[\begin{array}{ccc} 1 & \nu & 0 \\ \nu & 1 & 0 \\ 0 & 0 & \dfrac{1-\nu}{2} \end{array} \right] \left\{ \begin{array}{c} \varepsilon_x \\ \varepsilon_y \\ \gamma_{xy} \end{array} \right\} = \boldsymbol{D}\boldsymbol{B}\boldsymbol{a}^e = \boldsymbol{S}\boldsymbol{a}^e \tag{A.4.6}$$

其中 $\boldsymbol{S} = \boldsymbol{D}\boldsymbol{B}$ 称为应力矩阵。至此，用节点位移表示出了单元内的应变和应力。

假设任一单元 Ω_e 受体力 $\boldsymbol{b} = \{b_1 \; b_2 \; b_3\}^{\mathrm{T}}$ 的作用，在边界 S_{ep} 上受面力 $\boldsymbol{t} = \{t_1 \; t_2 \; t_3\}^{\mathrm{T}}$ 的作用，则单元的总势能为

$$\Pi_e = \dfrac{1}{2} \int_{\Omega_e} \boldsymbol{\varepsilon}^{\mathrm{T}} \boldsymbol{D} \varepsilon \mathrm{d}\Omega - \int_{\Omega_e} \boldsymbol{u}^{\mathrm{T}} \boldsymbol{b} \mathrm{d}\Omega - \int_{S_{ep}} \boldsymbol{u}^{\mathrm{T}} \boldsymbol{t} \mathrm{d}s \tag{A.4.7}$$

将式 (A.4.2)，式 (A.4.5) 和式 (A.4.6) 代入上式得

$$\Pi_e = \dfrac{1}{2} \int_{\Omega_e} (\boldsymbol{B}\boldsymbol{a}^e)^{\mathrm{T}} \boldsymbol{D}\boldsymbol{B}\boldsymbol{a}^e \mathrm{d}\Omega - \int_{\Omega_e} (\boldsymbol{N}\boldsymbol{a}^e)^{\mathrm{T}} \boldsymbol{b} \mathrm{d}v - \int_{S_{ep}} (\boldsymbol{N}\boldsymbol{a}^e)^{\mathrm{T}} \boldsymbol{t} \mathrm{d}s \tag{A.4.8}$$

应用最小势能原理，即由 $\dfrac{\partial \Pi_e}{\partial \boldsymbol{a}^e} = 0$ 得

$$\int_{\Omega_e} \boldsymbol{B}^{\mathrm{T}} \boldsymbol{D}\boldsymbol{B}\boldsymbol{\delta}^e \mathrm{d}\Omega - \int_{\Omega_e} \boldsymbol{N}^{\mathrm{T}} \boldsymbol{b} \mathrm{d}\Omega - \int_{S_{ep}} \boldsymbol{N}^{\mathrm{T}} \boldsymbol{t} \mathrm{d}s = 0 \tag{A.4.9}$$

$\boldsymbol{a}^e$ 与坐标无关，可以提到积分号外面，并且

$$\int_{\Omega_e} \boldsymbol{B}^{\mathrm{T}} \boldsymbol{D}\boldsymbol{B} \mathrm{d}\Omega = \boldsymbol{K}^e \text{ 称为单元刚度阵}$$

$$\int_{\Omega_e} \boldsymbol{N}^{\mathrm{T}} \boldsymbol{b} \mathrm{d}\Omega = \boldsymbol{F}^e \text{ 称为单元体力的等效节点载荷向量}$$

$$\int_{S_{ep}} \boldsymbol{N}^{\mathrm{T}} \boldsymbol{t} \mathrm{d}s = \boldsymbol{T}^e \text{ 称为单元面力的等效节点载荷向量}$$

于是得到单元的有限元典型方程

$$\boldsymbol{K}^e \boldsymbol{a}^e = \boldsymbol{F}^e + \boldsymbol{T}^e \tag{A.4.10}$$

A.4.3 整体有限元方程的组装

对于有 np 个节点，ne 个单元的有限元结构，可以将单元位移按节点顺序排列，得到整个结构的节点位移

$$\boldsymbol{a} = \begin{bmatrix} u_1 & v_1 & u_2 & v_2 & \cdots & u_{np} & v_{np} \end{bmatrix}^{\mathrm{T}} \tag{A.4.11}$$

对所有单元的势能求和：

$$\Pi = \sum_{e=1}^{ne} \Pi_e = \sum_{e=1}^{ne} \left[\frac{1}{2} \int_{\Omega_e} \boldsymbol{\varepsilon}^{\mathrm{T}} \boldsymbol{D} \boldsymbol{\varepsilon} \mathrm{d}\Omega - \int_{\Omega_e} \boldsymbol{u}^{\mathrm{T}} \boldsymbol{b} \mathrm{d}\Omega - \int_{S_{ep}} \boldsymbol{u}^{\mathrm{T}} \boldsymbol{t} \mathrm{d}s \right] \tag{A.4.12}$$

并对整体结构应用最小势能原理得到

$$\boldsymbol{K} \boldsymbol{a} = \boldsymbol{F} + \boldsymbol{T} \tag{A.4.13}$$

其中 $\boldsymbol{K}$ 是整体刚度矩阵，$\boldsymbol{F}$ 和 $\boldsymbol{T}$ 分别是体力和面力的等效节点力。

$$\boldsymbol{K} = \sum_{e=1}^{ne} \boldsymbol{K}^e, \quad \boldsymbol{F} = \sum_{e=1}^{ne} \boldsymbol{F}^e, \quad \boldsymbol{T} = \sum_{e=1}^{ne} \boldsymbol{T}^e \tag{A.4.14}$$

注意面力的等效节点力对单元求和后，单元之间的作用力互相抵消，只需计算整体结构的边界部分 S_p 上的面力所对应的等效节点力。

在一般情况下，节点自由度的数目越多，有限元解就越接近于真实解。这意味着在实际计算中应采用较多的节点，可通过使用较为细密的有限元网格做到这一点。一般地，有限元解是在总势能取最小值条件下得出的，但位移有限元法得到的近似解总是给出比最小值较大的势能，也就是说，由于解是近似的，一般不可能使势能达到实际的最小值。因此，有限元位移解对应于总势能的上界值，也可以理解为有限元模型比实际弹性力学模型要更刚化。

A.4.4 边界条件的引入与方程的求解

在引入边界条件之前，整体刚度矩阵是奇异的，这意味着有限元方程是不可解的。要想求解有限元方程，对边界条件进行处理是必不可少的步骤。边界条件的处理有许多方法，其中方程缩减法和充大数法是常用的方法。

在方程中引进正确的边界条件后,有限元方程变为具有唯一解的线性方程组,可用数值方法求解。大型线性方程组的解法主要有直接解法和迭代法等,读者可以参阅线性代数和其他有限元的书籍。

A.5　有限元法的一般化——加权余值法

在前几节中,概述了怎样将弹性力学的微分方程转化为有限元的线性代数方程组。在本节中,我们针对一般形式的微分方程,讨论将微分方程转化为线性方程组的过程。假设有偏微分方程 (组)

$$\boldsymbol{A}(\boldsymbol{u}) = \left\{ \begin{array}{c} A_1(\boldsymbol{u}) \\ A_2(\boldsymbol{u}) \\ \cdots \end{array} \right\} = 0 \quad (在\ \Omega\ 内) \tag{A.5.1}$$

其中 $\boldsymbol{u}$ 是要寻找的未知函数,$\boldsymbol{u}$ 是一组向量。其边界条件为

$$\boldsymbol{B}(\boldsymbol{u}) = \left\{ \begin{array}{c} B_1(\boldsymbol{u}) \\ B_2(\boldsymbol{u}) \\ \cdots \end{array} \right\} = 0 \quad (在\ S\ 上) \tag{A.5.2}$$

上述微分方程和边界条件完全确定了一个边值问题。

因为微分方程 (A.5.1) 是在 Ω 内每一点都成立的,所以有

$$\int_{\Omega} \boldsymbol{v}^{\mathrm{T}} \boldsymbol{A}(\boldsymbol{u}) \mathrm{d}\Omega = \int_{\Omega} (v_1 A_1 + v_2 A_2 + \cdots) \mathrm{d}\Omega = 0 \tag{A.5.3}$$

其中

$$\boldsymbol{v}^{\mathrm{T}} = [v_1 \quad v_2 \quad \cdots] \tag{A.5.4}$$

是一组任意的函数,称为权函数。由权函数的任意性,如果式 (A.5.3) 成立,则必定有式 (A.5.1) 成立,即式 (A.5.1) 和式 (A.5.3) 是完全等价的。

如果边界条件也同时得到满足,则对式 (A.5.2) 也有等价的积分形式

$$\int_{S} \bar{\boldsymbol{v}}^{\mathrm{T}} \boldsymbol{B}(\boldsymbol{u}) \mathrm{d}s = \int_{S} (\bar{v}_1 B_1 + \bar{v}_2 B_2 + \cdots) \mathrm{d}s = 0 \tag{A.5.5}$$

事实上,如果

$$\int_{\Omega} \boldsymbol{v}^{\mathrm{T}} \boldsymbol{A}(\boldsymbol{u}) \mathrm{d}\Omega + \int_{S} \bar{\boldsymbol{v}}^{\mathrm{T}} \boldsymbol{B}(\boldsymbol{u}) \mathrm{d}\Omega = 0 \tag{A.5.6}$$

对于一切 $\boldsymbol{v}$ 和 $\bar{\boldsymbol{v}}$ 都成立,就等价于式 (A.5.1) 和式 (A.5.2) 得到满足。

如果对式 (A.5.6) 分部积分，并写成一般形式：

$$\int_{\Omega} \boldsymbol{C}(\boldsymbol{v})^{\mathrm{T}} \boldsymbol{D}(\boldsymbol{u}) \mathrm{d}\Omega + \int_{S} \boldsymbol{E}(\bar{\boldsymbol{v}})^{\mathrm{T}} \boldsymbol{F}(\boldsymbol{u}) \mathrm{d}s = 0 \tag{A.5.7}$$

这个积分形式称为方程 (A.5.1) 和方程 (A.5.2) 的**弱形式**。式 (A.5.7) 与式 (A.5.6) 相比，$\boldsymbol{D}, \boldsymbol{F}$ 算子的导数阶次比 $\boldsymbol{A}, \boldsymbol{B}$ 要低，对 $\boldsymbol{u}$ 的连续性要求降低，但 $\boldsymbol{C}, \boldsymbol{E}$ 对 $\boldsymbol{v}, \bar{\boldsymbol{v}}$ 的连续性要求较高。

下面讨论如何利用微分方程的等价积分形式导出近似解。取近似解为

$$\boldsymbol{u} \approx \tilde{\boldsymbol{u}} = \sum_{i=1}^{r} N_i a_i = \boldsymbol{N}\boldsymbol{a} \tag{A.5.8}$$

其中 $\boldsymbol{a}$ 是待定的参数，在有限元法中表示节点位移；$\boldsymbol{N}$ 是已知的基函数，在有限元法中称为形函数。只要确定了参数 $\boldsymbol{a}$，就确定了近似解 (A.5.8)。为此，取任意的权函数 $\boldsymbol{v}$ 和 $\bar{\boldsymbol{v}}$ 为有限个给定的函数。

$$\boldsymbol{v} = \boldsymbol{w}_j, \quad \bar{\boldsymbol{v}} = \bar{\boldsymbol{w}}_j \quad (j = 1, 2, \cdots, n) \tag{A.5.9}$$

其中 n 是 a_i 中未知参数的个数 $(n \leqslant r)$，则式 (A.5.6) 变成

$$\int_{\Omega} \boldsymbol{w}_j^{\mathrm{T}} A(\boldsymbol{N}\boldsymbol{a}) \mathrm{d}\Omega + \int_{S} \bar{\boldsymbol{w}}_j^{\mathrm{T}} \boldsymbol{B}(\boldsymbol{N}\boldsymbol{a}) \mathrm{d}s = 0 \quad (j = 1, 2, \cdots, n) \tag{A.5.10}$$

或者分部积分后，弱形式为

$$\int_{\Omega} \boldsymbol{C}(\boldsymbol{w}_j)^{\mathrm{T}} \boldsymbol{D}(\boldsymbol{N}\boldsymbol{a}) \mathrm{d}\Omega + \int_{S} \boldsymbol{E}(\bar{\boldsymbol{w}}_j)^{\mathrm{T}} \boldsymbol{F}(\boldsymbol{N}\boldsymbol{a}) \mathrm{d}s = 0 \tag{A.5.11}$$

从式 (A.5.10) 中可以看出，$\boldsymbol{A}(\boldsymbol{N}\boldsymbol{a})$ 和 $\boldsymbol{B}(\boldsymbol{N}\boldsymbol{a})$ 是把近似解代入微分方程中得到的余值或差值，而方程 (A.5.10) 令这种余值的加权积分等于零，这种方法因而得名**加权余值法**。

总之，上述过程是首先将微分方程变为等价的积分形式或弱形式，然后代入假定的近似解，利用余值加权积分为零的条件，并对方程进行分部积分，得到式 (A.5.11)。以后将会看到，式 (A.5.11) 实际上是一组关于参数 a_i 的代数方程组。

由于权函数的任意性，选取不同的权函数可以得到不同的近似形式。例如，选取虚位移作为加权函数，对平衡方程应用加权余值法，就可得到虚功原理或最小势能原理，有限元方程就可以直接从虚功原理或最小势能原理导出。

习　　题

A.1 推导弹性力学的平衡方程和几何方程。

A.2 证明各向同性材料的弹性常数存在关系: $G = E/[2(1+\nu)]$。

A.3 推导拉梅常量,用弹性模量和泊松比表示。

A.4 推导变形协调方程,并说明其作用。

A.5 证明: 最小势能原理与平衡方程等价; 最小余能原理与几何方程等价。

A.6 分别导出应力解法和位移解法的基本方程。

参 考 文 献

陈建桥. 2016. 复合材料力学. 武汉: 华中科技大学出版社.

秦庆华, 杨庆生. 2006. 非均匀材料多场耦合行为的宏细观理论. 北京: 高等教育出版社.

沈观林, 胡更开, 刘彬. 2013. 复合材料力学. 2 版. 北京: 清华大学出版社.

杨庆生, 刘夏, 郭士军. 2015. 碳纳米管集合体及其复合材料力学. 北京: 科学出版社.

杨庆生. 2000. 复合材料细观结构力学与设计. 北京: 中国铁道出版社.

Chou T W. 1992. Micromechanical Design of Fiber Composites. London: Cambridge Press.

Jones R M. 1999. Mechanics of Composite Materials. 2nd ed. New York: Taylor & Francis, Inc..

Kaw A K. 2006. Mechanics of Composite Materials. 2nd ed. New York: CRC Press.

Mura T. 1987. Micromechanics of Defect in Solids. 2nd ed. New York: Martins Nijhoff.

Reddy J N. 2004. Mechanics of Laminated Composite Plates and Shells: Theory and Analysis. 2nd ed. New York: CRC Press.

Vasiliev V V, Morozov E V. 2007. Advanced Mechanics of Composite Materials. 2nd ed. Oxford: Elsvier.